本书获得国家自然科学基金面上项目（71974172）、浙江省软科学重点项目（2024C25025）等项目支持

何·以·新·之·丛·书

专利之道

专利破解的系统化解决方案

姚威　储昭卫　韩旭　著

CONSPECTUS OF PATENT

A SYSTEMATIC SOLUTION
FOR PATENT CIRCUMVENTION

ZHEJIANG UNIVERSITY PRESS
浙江大学出版社
·杭州·

图书在版编目（CIP）数据

专利之道：专利破解的系统化解决方案 / 姚威，储
昭卫，韩旭著. —杭州：浙江大学出版社，2024.5
ISBN 978-7-308-24894-5

Ⅰ. ①专… Ⅱ. ①姚… ②储… ③韩… Ⅲ. ①专利—
管理—教材 Ⅳ. ①G306.3

中国国家版本馆 CIP 数据核字（2024）第 083114 号

专利之道——专利破解的系统化解决方案

姚 威 储昭卫 韩 旭 著

责任编辑	李海燕
责任校对	朱梦琳
封面设计	雷建军
责任印制	范洪法
出版发行	浙江大学出版社
	（杭州市天目山路 148 号　邮政编码 310007）
	（网址：http://www.zjupress.com）
排　　版	杭州好友排版工作室
印　　刷	杭州高腾印务有限公司
开　　本	710mm×1000mm　1/16
印　　张	23
字　　数	438 千
版 印 次	2024 年 5 月第 1 版　2024 年 5 月第 1 次印刷
书　　号	ISBN 978-7-308-24894-5
定　　价	79.00 元

序

自 2008 年科技部等四部委联合发布《关于加强创新方法工作的若干意见》以来,以 TRIZ 为主的创新方法在中国大规模的推广与应用已经 15 年了。在这期间,教育部高等学校创新方法教学指导分委员会(下简称"创新方法教指委")编制了《创新工程知识体系与系统课程建设方案》,同时大量企业一线的工程技术人员通过了创新工程师(后更名为"创新方法应用能力")、创新咨询师(后更名为"创新方法综合应用能力")和创新培训师(后更名为"创新方法扩散能力")认证,并在培训和应用中解决了大量技术难题,取得了显著的经济效益。这些成果既得益于相关政府部门领导有方、创新方法研究相关各社会组织推广得力,也得益于创新方法教指委与高校和相关科研院所的卓越研究工作,更得益于正在阅读本书的读者以及各行各业热衷学习创新方法的工程师们,各方共同推动了创新方法在中国落地、生根乃至焕发新生。近年来,全国和各省的创新方法大赛如火如荼地开展,参赛企业数量和技术难题质量更是突飞猛进,呈现出欣欣向荣的大好局面。

应该注意的是,在过去的 15 年间,国内外战略环境和创新形势发生了重大变化。国际经济与政治格局巨变,致使各国围绕产业链和供应链的主导权展开拉锯,针对关键核心技术的创新攻坚战和知识产权争夺战愈演愈烈。在国内,企业整体技术创新能力已大幅提升,但在部分关键技术和新兴领域上仍处于被"卡脖子"的劣势地位,企业对原始创新和高能级创新的渴望极为强烈。环境和形势的变化给创新方法工作提出了新的要求。创新方法的研究和推广工作必须加快提升应用上的"提质增效",能够"立竿见影"解决企业燃眉之急,加快推动企业产生社会经济效益,以"创新方法组合拳"帮助企业在日趋严峻的国际市场中赢得竞争优势。

本书的出版是浙江省创新方法应用与推广团队服务社会的一个重要努力。一方面,书中大量案例与当前国家和社会急需、经济热点相结合,体现了作者强烈的运用创新方法工作服务国家战略的意识。另一方面,作者在应用创新方法解题和咨询的基础上更进一步,积极向知识产权保护等方面拓展,帮助企业提升更高的可持续发展能力。

　　本书既是浙江省创新方法推广与应用工作的最新实践成果,也是全国创新方法工作历经 15 年沉淀后的"开花结果"。书中提出的标准化的专利破解流程,以及对 TRIZ 工具在专利破解中的应用重构,使其更加符合专利破解的实战需要。其整套方法体系和流程对读者学习专利创新,以及开展专利破解实践十分有效。作为理论紧密结合实际的方法手册,相信会为各位读者带来很大的收获!

吴晓波

于浙江大学求是园

前　言

"先生！救我！"

13年前，一位银发满头的企业家一见面就紧紧握住了我的手，说出了这四个字。原因是欧盟刚刚颁布的第2011/65/EU号指令，使得他们即将在欧洲靠岸的货物无法销售，必须在两天时间内设计出一个满足以下要求的产品改进方案：1）既要满足欧盟最新规定，2）又要规避已有的成熟专利，3）还要改造成本平摊到每个产品上不能超过1分钱（8厘）。当时我作为一个刚接触创新方法没几年的毛头小子，第一次直接感受到了专利武器的巨大威力。从那时起我就立志开发出能破解专利的简单办法，让优秀的民族企业不再受这种窝囊气。

2018年川普上台，拉开了中美"脱钩断链"的序幕，当时的国际形势导致专利授权和保护收紧，部分外贸企业面临专利"卡脖子"困境。针对上述问题，在浙江省科技厅的支持下，我们在湖州南浔首次开设了应用创新方法破解专利培训班，利用创新方法在三天内产生对目标专利的破解方案。随后我们在持续的培训过程中不断迭代和完善，最终完成本书，因此本书的绝大多数案例均来自培训过程中企业的真实案例，并获得授权。

以"服务企业专利破解的实战需求出发"为基本原则，本书共分十章，安排如下。

第一章，导论。本章首先对专利破解的现实需求展开讨论，其次介绍了系统化创新方法的基本概念和发展趋势，最后介绍了专利破解的研究进展。

第二章，基于系统化创新方法的专利破解。重点介绍基于系统化创新方法的专利破解的理论基础、流程、工具及实战效果，初步介绍了组件、功能、进化及流程等多个层次的破解工具。

第三章，专利检索与分析。重点介绍如何进行专利文本分析和专利功能分析，如何绘制专利功能模型并做失效分析，最后结合具体案例讲解常见问题。

第四章，组件层次的专利破解。结合真实案例介绍如何运用"减换加拆"四种方法在组件层次对专利进行破解。

第五章，功能层次的专利破解。结合真实案例介绍如何综合运用功能效应库和属性效应库在功能层次对专利进行破解。

第六章，进化层次的专利破解。结合真实案例介绍如何运用进化法则及进化路线在系统层次预测专利的进化趋势，并进行有效布局。

第七章，流程层次的专利破解。针对部分不适合应用功能分析的问题或流程类问题，结合真实案例介绍如何运用 39 个流优化措施从流分析的视角对专利进行破解。

第八章，综合实战案例。结合若干真实案例介绍如何综合运用改进的系统化创新方法在组件、功能、进化等多个层次上对专利进行全面破解，形成批量的概念方案。

第九章，专利侵权及技术交底书撰写。针对企业在实际专利破解过程中关于如何有效组合概念方案，如何避免侵权，以及如何与专利代理人进行高效沟通等现实诉求，本章重点介绍专利侵权的基础知识、专利创意（概念方案）的评估及技术交底书的写作方法。

第十章，技术交底书撰写实战。结合浙江省创新方法师资应用创新方法抗击新冠疫情的真实案例介绍如何将系统性创新方法产生的批量破解方案转化为技术交底书。

本书的理论及现实贡献可概括为以下几点。

第一，为企业开展专利破解、布局和自我保护提供了实用的工具。当前专利服务机构和企业知识产权部门绝大多数是从文字、法律或管理策略等层面来被动规避，注重的是专利文本文字的推敲及商业层面的专利布局策略，即被动防守＋跑路。但在技术层面主动改进专利，布局专利，以及实施反规避或在原专利基础上产生全新专利等方面简单实用的工具则少之又少。本书则着重利用系统化创新方法从技术层面对专利进行分析，即正面进攻，注重的是突出新专利的创新性和潜在价值，与前者相辅相成。

第二，为基于系统化创新方法面向具体场景开发定制工具提供了可行路径。本书基于作者之前提出的 CAFE-TRIZ 理论，根据专利破解这一应用场景的实际特点，对已有系统化创新方法进行了简化和改进，将学习时间从原先的十几天缩短到三天，并提供了相应的"创新咖啡厅"计算机辅助创新软件，极大地降低了创新方法的学习和应用成本。作者所在研究团队按同样的思路陆续还开发了面向抗疫、数字（软件）创新、新兴行业等特定场景的创新方法工具，上述探索为未来创新方法向新产业、新赛道和新业态的积极拓展提供了经验。

第三，为未来开发基于 AI 的专利破解智能算法奠定了基础。作者团队已基于本书内容开发了"创新咖啡厅"计算机辅助创新软件，未来可考虑应用NLP、强化学习等人工智能技术提升该软件在识别创新需求，自动运行创新流程、优选概念方案、自主学习提升等环节的智能化水平,为未来专利破解智能算法的开发提供参考。

本书从策划到出版历时刚好"一纪",回望12年这一路走来,若没有学界、政府和企业的各位专家、领导及广大工程师们的鼎力支持,本书就不可能问世。这里首先要感谢的就是浙江省科技宣传教育中心原主任陈敏玲女士,以及原副主任戴银燕先生,现主任费必胜先生和现副主任严伟先生,正是在他们15年来的持续接力支持下,本书成果才得以在浙江省内外广泛传播,帮助数百家企业有效开展专利破解及专利保护等活动,惠及上万名工程师,并催生了千余个新专利和五百多个发明专利。

其次衷心感谢包括浙江理工大学鲁玉军教授、浙江工业大学潘柏松教授、中国计量大学万延见老师、浙江工业职业技术学院张奇鹏副教授、浙江理工大学汪崟老师、浙江省冶金院有限公司吴彩霞高级工程师等在内的浙江省创新方法师资团队的骨干师资,在我们依托本书成果共同开展培训的过程中,他们提出的大量宝贵意见对修正本书的理论和工具大有裨益。

同时还要感谢浙江大华陈明珠、赵雅杰、吴小伟,三花集团胡梅宴、石伟、苏晓帆、郁天洋,吉利集团石军平,中电海康王方瑞,海康威视刘觐、林海等一大批来自企业的专家、领导和工程师,你们的反馈对本书理论工具的推广和改进具有极大的促进作用。

最后要特别感谢中南大学的欧阳辰星副研究员,她为本书提供了很多独特的灵感和启发。

除储昭卫、韩旭两位合作者外,参加本书编写工作的还有参与数据搜集和案例整理的胡顺顺博士、毛笛博士及谢雯港博士,承担了大量排版和校对工作的钱圣凡博士、杨淑娴同学和邢嘉岩同学,以及为本书出版付出了大量心血的浙江大学出版社的李海燕老师,还有耐心帮忙在修订书稿上贴条条的姚思辰小朋友,在此一并表示感谢。

回望来时路,汗泪交加,但心中充满了感激,虽还有诸多不完善之处,但仍衷心希望本书能够成为一枚火花,为在黑暗中苦苦探索的人们带去一丝温暖、一丝希望,助他们坚定地踏上心中的创新之路。

姚　威

2024 年 4 月于启真湖畔

目　录

附 录

01 专利破解导论

1.1 背景

2021年1月,中央政治局第二十五次集体学习,国家主席习近平强调要"全面加强知识产权保护工作,激发创新活力,推动构建新发展格局"[①]。当前,我国知识产权法律法规日趋完善,知识产权保护力度逐渐加大。可以预见,今后企业将围绕知识产权展开更加激烈的竞争。

专利制度的首倡者美国前总统林肯曾说道:"专利制度是为天才之火浇上利益之油。"专利是为保护发明成果、激励发明创新而授予发明人一定期限的垄断权利。然而与发达国家相比,知识产权保护意识的落后,以及技术创新的后发劣势,导致我国企业频频在国内外产品销售中遭遇专利"卡脖子"的情况。就我国企业的专利保有量和专利质量来看,还存在几个明显不足。首先是专利授权密度低,无论是人均专利保有量、申请量还是授权数都低于发达国家。专利持有量少主要是由两方面原因造成:一方面是缺乏核心技术和创新能力,另一方面是缺乏专利布局。以我国的"名片企业"为例,高铁行业、核工业、通信行业等都存在专利数量不足、核心专利缺乏、未进行专利布局等问题。[②] 以装备制造业为例,2016年中国的装备制造专利申

---

① 习近平.全面加强知识产权保护工作　激发创新活力推动构建新发展格局[EB/OL].(2021-01-31)[2023-10-27].http://www.gov.cn/xinwen/2021/01/31/content_5583920.htm.

② 魏琼.中国高铁装备制造业的专利能力评析[J].中国科技论坛,2018(4):94-100.

请远低于德国、美国、日本,分别为三者的 1/11、1/9 和 1/7 左右。①

其次是遭遇知识产权上的"后发劣势",处于被动挨打的地位。外国企业常常利用技术优势在国内外申请保护严密的专利群,从而获得技术垄断优势,进而以技术壁垒的方式围堵竞争对手的发展。近年来,国内企业在海外遭遇大量专利侵权处罚。以美国"337 调查"为例,超 1/3 的被告为中国企业,且败诉率高达 60% 以上。专利侵权行为会导致罚款、禁售等严厉处罚,如 2014 年印度的"小米禁售风波"。此外,由于缺乏专利,中国企业还面临"流氓专利"的围堵,这些都给企业的发展和经营带来了威胁。②

最后是专利质量和市场转化能力有待提升。相比于国内的科研院所,本土企业将创新创造转化为发明专利的能力较弱,有应用价值的高质量专利较少,对产品保护和市场谈判极为不利。③

随着我国企业创新能力的提升和国内知识产权保护力度的加大,无论国内业务还是产品外销,企业都会遭遇更多的知识产权纠纷和专利诉讼问题。④ 创新方法是一项由科技部、中国科协、国家发展和改革委员会、教育部等联合倡导推进的方法体系,专利破解是基于创新方法的系统的专利规避和强化策略。专利破解能够有效提升企业专利创新能力,保障知识产权安全,避免企业正常经营生产活动遭遇无端打压。同时,基于专利破解还可以设计专利布局、建立专利墙,帮助企业在与国内外对手的竞争中占据有利地位。

本书作者依托浙江省创新方法推广应用与服务基地,主持了多期基于创新方法的专利破解培训课程,积累了丰富的基于系统化创新方法的专利破解的经验和案例,为提升我国企业知识产权保护能力而撰写本书。

1.2 系统化创新方法介绍及基本概念

本节对本书中用到的 TRIZ 基本概念及工具进行介绍,明确相关概念。有关 TRIZ 基础知识的介绍和应用,请参阅姚威等于 2015 年由浙江大学出版社出版的《工程师创新手册》和 2019 年由清华大学出版社出版的《创新之道:TRIZ

---

① 常雁. 我国装备制造业"走出去"专利风险分析及应对[J]. 法制博览,2017(18):38-40.
② 蒋佳妮,王灿,翟欢欢. 中国核电技术专利国际竞争力研究[J]. 中国科技论坛,2017(6):92-100.
③ 成思源,米晶晶,杨雪荣,等. 面向创新的专利规避设计研究[J]. 包装工程,2016,37(14):1-6;刘兰,王军雷. 我国车企高价值专利的发展现状及对策研究[J]. 汽车文摘,2022(2):42-46.
④ 辛成国,鞠镁隆,娄丽娜. 电力企业知识产权的发展现状、问题和建议研究[J]. 产业创新研究,2022(2):48-50.

理论与实战精要》。① 如果想进一步了解 TRIZ 研究和应用的前沿现状，请参考姚威、储昭卫和韩旭于 2020 年由科学出版社出版的《TRIZ 研究与实践：连接创造力、工程和创新》。②

1.2.1　系统化创新方法的概念和发展历程

"发明问题解决理论"的俄文名称为"теории решения изобретательских задач"，将俄文转译成罗马字母之后变为"Teoriya Resheniya Izobreatatelskikh Zadatch"，其首字母缩写为"TRIZ"，此即该理论最常用的称呼，发音/tri：z/。英语通常译作"TIPS"（Theory of Inventive Problem Solving），汉语常译作"萃智"。

有关 TRIZ 理论的缘起，还要追溯到 20 世纪 40 年代。当时，年轻的根里奇·阿奇舒勒（Genrich S. Altshuller）担任苏联海军专利调查员。在因工作需要阅读了大量专利文本之后，他敏锐地注意到在这些貌似孤立的专利中存在一些解决问题的通用模式——每一个具有创意的专利，基本上都是在解决问题背后的矛盾，且解决矛盾的一些基本原理被一再地使用。阿奇舒勒据此推论，发明问题解决过程中所寻求的科学原理和法则是客观存在的，大量发明面临的基本问题和矛盾也是相同的，同样的技术创新原理和相应的解决问题方案会在后来一次次的发明中被重复应用，只是应用的技术领域不同而已。因此，将那些已有的知识进行提炼和重组，形成一套系统化的理论，就可以用来指导后来者的发明创新。如果后来的发明家能够拥有早期解决方案的知识，那么他们的发明创新工作将会更加高效。他在笔记中记录下了当时的设想：一旦我们对大量好的专利进行分析，提取它们的问题解决模式，人们就能够学习这些模式，从而获得创造性解决问题的能力。阿奇舒勒随即着手开始验证自己的设想，开发 TRIZ 理论并举办早期研讨班。他于 1956 年首次发表文章《发明创造心理学和技术进化理论》，该文是第一篇正式发表的 TRIZ 论文，介绍了技术冲突、理想化、创造性系统思维、技术系统完整性定律、发明原理等，标志着 TRIZ 理论逐步进入公众视野。此后，TRIZ 理论在阿奇舒勒的耕耘下蓬勃发展。其于 1961 年首次出版书籍《如何学会发明》，TRIZ 理论在苏联的影响力逐渐提升，成为苏联科学家、发明家以及工程师解决问题的有力武器。阿奇舒勒所创立的"发明问题解决理论"之所以能脱颖而出，是因为该理论通过对高水平发明专利的分析挖掘，总结各种

---

① 姚威, 韩旭, 储昭卫. 创新之道: TRIZ 理论与实战精要[M]. 北京: 清华大学出版社, 2019.

② 莱昂纳德·契储金. TRIZ 研究与实践: 连接创造力、工程和创新[M]. 姚威, 储昭卫, 韩旭, 译. 北京: 科学出版社, 2020.

技术发展进化遵循的客观规律,并提出指导人们进行发明创新、解决工程问题的系统化的方法学体系。具体包含以下三方面内容。

(1)理想化的方向:对于技术发展的新认识——所有技术系统都最终向理想化的方向进化,这使得发明有了明确的方向,不再依赖试错和灵感。

(2)系统化的流程:TRIZ 提供了系统化的"问题分析—问题解决"流程,能够将具体的工程问题转化为标准问题,进而运用结构化的知识库构建解决方案。

(3)结构化的知识库:TRIZ 认为"某人、某时、某地已经解决了你的问题或类似的问题。你只需找到那个答案,应用在目前的问题上"。因此,TRIZ 开发了常用知识效应库,采用从功能/属性到所需知识(实现方法)的组织形式,有效帮助创新者迅速准确地找到所需知识,大大提高了发明效率。

随着 TRIZ 的发展和创新方法工具的大量涌现,逐渐形成了包括 TRIZ 在内的系统化创新方法体系。对于系统化创新方法,各界有不同的定义。如科技部原副部长刘燕华认为创新方法是创新的思维、方法和工具的有机结合。[①] 王海燕认为创新方法是"贯穿于创意产生、科学研究、技术开发、生产控制和商业模式几个环节的系统工程方法组成的方法集或方法体系"[②]。Yao & Sun 认为"系统化创新方法(systematic innovation method,SIM)是以科学思维和系统性的流程为指引,指导人们进行发明创新、解决工程问题的方法学体系"[③]。Usharani、Sheu 和 Mann 认为"系统化创新方法(systematic innovation method,SIM)是在技术、战略或商业层面的机会识别或问题解决中,能够产生创新方案的一系列方法或过程"[④]。

从类型学来看,Sheu 将创新方法分为如图 1-1 所示的随机创新(random innovation method,RIM)和 SIM。根据 SIM 是否来源于人类经验又可分为两类[⑤]。一类是从人类自身创造经验中抽象出来的系统化创新方法(human-originated SIM),典型代表有两个:一是 TRIZ 及其拓展(TRIZ & TRIZ extension),主要是从专利和文献中提取出来的知识;二是基于人类经验的非 TRIZ 的创新方法(non-TRIZ human-originated SIM)。另一类是从自然现象中抽象出来的

① 冉鸿燕. 研究创新方法、推进自主创新、促进科学发展、提升能力建设之多维审视——全国"2010创新方法与能力建设上海高层论坛"综述[J]. 自然辩证法研究,2010(10):127-128.

② 王海燕. 运用创新方法提升企业创新能力的思考[J]. 中国国情国力,2016(7):14-17.

③ Yao W, Sun Y Q. Applications of SAFC analytical model in non-technology field[J]. International Journal of Systematic Innovation,2016,4(1),50-56.

④ Usharani H G, Sheu D D, Mann D. Review of systematic software innovation using TRIZ [J]. International Journal of Systematic Innovation,2019,5(3):72-90.

⑤ Sheu, D D. Mastering TRIZ Innovation Tools [M]. 4th edition. Ontario:Agitek International Consulting,2015.

系统化创新方法（nature-inspired SIM），典型代表也有两个：一是各种仿生学（bionics/biomimicry/bio-mimetics）；二是不基于生物现象的创新方法（non-bio-inspired systematic innovation）。

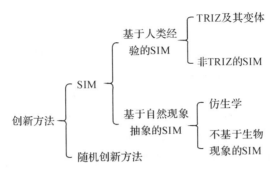

图 1-1 创新方法的分类

图片来源：Sheu，D D. Mastering TRIZ Innovation Tools（4th Edition）[M]. Ontario：Agitek International Consulting，2015.

综上所述，可将"创新方法"视为在生产生活中所使用的全部创新技巧、方法或理念，而"系统化创新方法"是一系列用于指导技术和商业创新活动的系统思维和科学方法的集合。由于 TRIZ 是当下应用范围最广、全球影响力最大和最典型的一种系统化创新方法，本书中的专利破解方法将以 TRIZ 为基础，同时兼顾其他方法。

根据后续 TRIZ 与众多创新方法工具的发展，SIM 理论的发展可分为三个阶段。①②③ 第一阶段是 20 世纪 40 年代中到 80 年代初，其标志是经典 TRIZ 体系的初步建立和大量设计工具的诞生。SIM 的诞生得益于大量创造力和创新规律研究提供的哲学基础。经济快速增长使产品设计工具的需求增加，大量工具被相继开发，如矛盾矩阵和发明原理、发明问题解决算法（algorithm for inventive-problem solving，ARIZ）、理想化最终结果（ideal final result，IFR）、进化法则、物—场模型以及非 TRIZ 体系的公理设计（axiomatic design，AD）、失效模式及其后果分析（failure mode and effects analysis，FMEA）以及质量功能展

① Zusman A. Roots，structure，and theoretical[M]//TRIZ in Progress：Transactions of the Ideation Research Group. Southfield：Ideation International Inc，1999.

② Souchkov V. A brief history of TRIZ[EB/OL]. (2015-04-19)[2019-04-15]. http://www. xtriz. com/BriefHistoryOfTRIZ. pdf.

③ Souchkov V. TRIZ in the world：History，current status，and issues of concern[C]//Proceedings of the 8th International Conference "TRIZ：Application Practices and Development Issues". Moscow，2016：1-23.

开(quality function deployment,QFD)。

第二阶段是 20 世纪 80 年代到 90 年代初,其标志是经典 TRIZ 体系的完善和大批质量改善工具的诞生。这一时期全球经济发展进入了"滞胀期",商品供应过剩,人们转而寻求更高的产品质量和使用体验,这使得 SIM 和质量改善工具得到了充分发展。以 ARIZ-85C 的诞生为标志,研究者们将 TRIZ 的发明原理增加至 40 条、标准解增加至 76 个,并大大完善了知识库,经典 TRIZ 体系趋于完善。此外六西格玛、故障树分析(fault tree analysis,FTA)、约束理论(theory of constraint,TOC)、顾客之声(voice of customer,VOC)等质量改善工具大量涌现。这一时期还诞生了"Invention Machine™""techOptimizer™"和"Goldfire Innovator™"等计算机辅助创新(computer aided innovation,CAI)软件,为下一阶段 SIM 与信息化技术的融合奠定了基础。

第三阶段是 20 世纪 90 年代末至今,其标志是 SIM 的全球传播和 SIM 体系的发展。互联网推进了 SIM 在全球范围内的传播,大量 SIM 社群先后建立。经济全球化倒逼研发提升效率,导致研究者更关注如何通过 SIM 体系发展、方法和工具集成来提高实践效率。此外,新体系、新方法的出现也有助于拓展 SIM 的应用领域和应用目的,CAI 在此期间也得到了长足发展。这一时期的 SIM 研究呈现"百花齐放"的特点。

1.2.2　发明等级

在阿奇舒勒开始对大量专利进行分析、研究之初,他就遇到了一个无法回避的问题:如何评价一个专利的创新水平? 在海量的专利中,有的是在原有基础上对技术系统内某个性能指标进行简单改进;有的则是提出了原来根本不存在的全新技术系统(如蒸汽机、飞机、互联网的发明),这些是人类科技发展史上的里程碑,具有极高的技术含量。显然,这两种专利在创新水平上存在差距。那么,该如何制定一个相对客观的标准来评价它们在创新水平上的差异? 这样的标准可以将专利分门别类,以便更加科学、有效地进行剖析。基于这样的思路,阿奇舒勒提出了发明专利的五个级别(见表 1-1)。

下面以飞机设计和制造领域的案例具体比较和解释这五级发明的内涵。

第一级发明:解决方案明显,属于常规设计问题或者是技术系统的简单改进,可以利用个人的、本领域的相关专业知识加以解决,大约 35% 的问题属于此等级。例如将单层玻璃改成双层玻璃,增加飞机客舱的保温和隔音效果;再比如运用高强度工程塑料代替飞机上的某些传统金属部件,既能够保证材料强度,又能够减轻重量,易于加工,方便个性化定制——这是技术系统的简单改进,属于第一级发明。

表 1-1　发明的五个等级①

发明等级	重要特征	
第一级发明 合理化建议 （占总体的 35%）	原始状况	带有一个通用工程参数的课题
	问题来源	问题明显且解题容易
	解题所需知识范围	基本专业培养
	困难程度	课题不存在矛盾
	转换规律	在相应工程参数上发生显著变化
	解题后引起的变化	在相应特性上产生明显变化
第二级发明 适度新型革新 （占总体的 45%）	原始状况	带有数个通用工程参数、存在 结构模型的课题
	问题来源	系统中的问题不明确
	解题所需知识范围	传统的专业培训
	困难程度	标准问题
	转换规律	选择常用的标准模型
	解题后引起的变化	在作用原理不变的情况下 解决了原系统的功能和结构问题
第三级发明 专利 （占总体的 16%）	原始状况	成堆工作量，只有功能模型的课题
	问题来源	通常由其他等级系统和行业中 的知识衍生而来
	解题所需知识范围	发展和集成的创新思想
	困难程度	非标准问题
	转换规律	利用集成方法解决发明问题
	解题后引起的变化	在转变作用原理的情况下 使系统成为有价值的、较高效能的发明
第四级发明 综合性重要专利 （占总体的 3%）	原始状况	有许多不确定的因素， 结构和功能模型都无先例的课题
	问题来源	来源于不同的知识领域
	解题所需知识范围	渊博的知识和脱离传统概念的能力
	困难程度	复杂问题
	转换规律	运用效应知识库解决发明问题
	解题后引起的变化	使系统产生极高的效能，并将会明显 导致相近技术系统改变的"高级发明"

① 部分内容改编自：姚威，朱凌，韩旭. 工程师创新手册[M]. 杭州：浙江大学出版社，2015.

续表

发明等级	重要特征	
第五级发明 新发现 （占总体的 1%）	原始状况	没有最初目标，也没有任何现存模型的课题
	问题来源	来源或用途均不确定
	解题所需知识范围	运用全人类的知识
	困难程度	独特异常问题
	转换规律	科学和技术上的重大突破
	解题后引起的变化	使技术系统产生突变， 并将会导致社会文化变革的"卓越发明"

第二级发明：对技术系统的局部进行改进，所需知识仅涉及单一工程领域，常常利用折中设计思想降低技术系统内存在矛盾的危害性，大约 45% 的问题属于此等级。例如需要增加某型号飞机的发动机功率，然而问题在于，发动机功率越大，工作时需要吸入的空气就越多，发动机整流罩的直径就越大。整流罩增大，其与地面的距离就会缩短，而该距离的缩短是不被允许的，此为一对矛盾。其中一个解决方案是：增大整流罩直径，以便增加空气的吸入量，但为了不缩短其与地面之间的距离，将整流罩底部的曲线变为直线，以加大与地面的距离，这样的解决方案属于第二级发明（见图 1-2、图 1-3）。

图 1-2　飞机整流罩改进示意

图片来源：姚威，朱凌，韩旭.工程师创新手册［M］.杭州：浙江大学出版社，2015.

第三级发明：对技术系统进行本质性的改进，大大提升系统性能，所需知识涉及不同工程领域，设计过程须解决矛盾，大约 16% 的问题属于此等级。例如将传统的活塞式发动机改进为喷气式发动机，能够把吸气、压缩、燃烧、做功四个工作过程连接起来，增加了能量密度，属于第三级发明。

图 1-3 飞机整流罩改进实物

图片来源:姚威,朱凌,韩旭.工程师创新手册[M].杭州:浙江大学出版社,2015.

第四级发明:全面升级现有技术系统,引入完全不同的体系和全新的工作原理完成技术系统的主要功能,所需知识涉及不同科学领域,大约 4% 的问题属于此等级。例如在制造飞机高强度部件时,需要用到金刚石刀具进行切割,此时不希望金刚石内部有微小裂纹。因此须设计一种设备,可以将大块金刚石沿已存在的微小裂纹的方向将其分解为小块,保证每个小块内部没有裂纹。该问题的解决,需要用到其他领域的知识。在食品工业中,将胡椒的皮与籽分离采用了升压与降压原理。首先将胡椒放在容器中,将容器中的空气升至 8 个大气压,之后快速降压,胡椒的皮与籽就分离了。采用同样的原理设计一个耐压容器,将大块金刚石放入,之后升压(具体压力值可由实验得到),突然降压,大块金刚石将沿内部微裂纹分开。通过升压/降压分解金刚石的原理来自机械行业以外其他科学领域的知识,属于第四级发明。

第五级发明:通过发现新的科学现象或新物质建立全新的技术系统,所需知识涉及整个人类的已知范畴,只有 1% 的问题属于此等级。在这个过程中,新的技术系统逐步融入社会发展过程中,原有技术系统被逐步淘汰。例如电磁感应的发现成为发电机发明的基础,蒸汽机和内燃机逐步退出历史舞台;质能方程的提出为后续原子弹的发明做了根本性铺垫,这些都是人类科技发展史上的里程碑,属于第五级发明。此外,磁流体发动机的飞速发展将有可能取代现有的涡轮或冲压发动机,使低成本的超声速飞行成为可能。但为适应超声速飞行,飞机的气动布局、航控系统等都将进行相应调整,从而颠覆整个传统的飞机制造领域,也将对人类的出行方式造成影响，因此也可视为第五级发明。

阿奇舒勒认为，第一级发明只是对现有系统的某些参数进行简单改进，并没有针对性地解决矛盾；而第五级发明通常起源于重大的科学或者技术进步，进而引起人类社会的巨大变革，但这样的发明不到发明总数的 1%。研究表明，TRIZ 可以帮助人们完成至少 80%的创新产品技术课题。通过不断地、充分地实践，TRIZ 可以帮助人们程序化地迅速解决 95%以上的课题。

1.2.3 技术系统

技术系统，是指人类为了实现某种目的而设计、制造的一种人造系统。该定义阐述了技术系统的两点本质：第一，技术系统是一种人造系统，它是人类为了实现某种目的而创造出来的，这也是其与自然系统的最大差别；第二，技术系统能够提供某种功能，实现人类期望的某种目的。因此，技术系统具有明显的"功能"特征。在对技术系统进行设计、分析时，应该牢牢把握"功能"这个概念。

一个技术系统，往往由多个零件（这个概念不仅仅局限于实体零件，虚拟的也可）按照一定的关系组合而成。系统中最小的零件或零件之间的连接关系，通常被称为系统的元素。由这些元素组成的，具有一定功能的集合体通常被称作子系统。一个能够完成一定功能的技术系统往往由多个子系统构成。

一个技术系统包含一个或多个子系统，每个子系统执行自身功能，又可分为更小的子系统。在 TRIZ 中，最简单的技术系统由两个元素以及两个元素间传递的能量组成。例如含技术系统"汽车"由"引擎""换向装置"和"刹车"等子系统组成，而"刹车"又由"踏板""液压传动装置"等子系统组成。所有的子系统均在更高层系统中相互连接，任何子系统的改变都将会影响更高层系统。在解决技术问题时，常常要考虑与其子系统和更高层系统之间的相互作用。

子系统是当前系统的一部分，而超系统为可影响整个分析系统的外部要素。需要注意的是，"超系统"的概念与"环境"的概念是截然不同的，系统边界外的要素都可以算为环境要素，但只有系统外部环境要素与系统或系统组件发生关系时才作为超系统来考虑，不发生关系就不是超系统。例如以一部手机为当前系统进行研究，其子系统为"触摸屏""信号收发系统""CPU"等，如果要研究的问题涉及无线网络信号的传输，则"无线路由发射器"肯定与系统有关，所以将其纳入超系统考虑。如果要研究的是触摸屏灵敏度的问题，不涉及信号发射与传输，此时"无线路由发射器"没有与系统发生作用，就不是超系统。

1.2.4 功能及功能的抽象表述 SVOP

19 世纪 40 年代，价值工程理论的创始人，美国通用电气的工程师迈尔斯首先关注功能的概念。迈尔斯认为,顾客买的不是产品本身,而是产品的功能。例如冰箱具有满足人们"冷藏食品"需要属性,起重机具有帮助人们"移动物体"的属性。因此,企业实际上生产的是产品的功能,顾客购买的实际上也是产品的功能。也就是说,功能是产品存在的目的。从系统科学的观点来看,功能是系统存在的理由,是系统的外在表现;结构是系统功能的载体,是系统的客观存在;功能是结构的抽象,结构是功能的具体。

功能(function)是指某组件(子系统、功能载体)改变或保持另一组件(子系统、功能对象)的某个参数的行为或作用(action)。关于这个概念,有以下几个要点需要注意。

(1)功能载体以及对象都必须是实体,不能是虚拟的物质或者参数。因为根据定义,功能的载体和对象都必须是组件(子系统、功能载体)。

(2)功能必须"改变或保持"对象的"某个参数",因此功能是一种"客观存在"并"产生了影响"的行为或作用。也就是说未发生的,推测或臆想的行为或作用都不是功能;此外,没有效果的行为或作用,即没有"改变或保持"对象的"某个参数"的行为或作用,也不算功能。以人靠着墙站为例,墙改变了人的状态(不然人会摔倒),那么此时墙对人有支撑的功能;但如果人仅仅是贴墙站着,墙没有改变人的状态,此时墙对人没有功能。

在 TRIZ 中,功能是产品或技术系统特定工作能力抽象化的描述。任何产品都具有特定的功能,功能是产品存在的理由,产品是功能的载体,功能附属于产品,又不等同于产品。根据功能的定义,一般采用 SVOP 的形式来规范、定义功能。其中,S 表示技术系统或功能载体名称,V 表示施加的动作,O 表示作用对象,P 表示作用对象的"被改变或保持的"参数。在 S 不言自明的情况下,可以将功能定义为 VOP 的简化形式(见图1-4)。

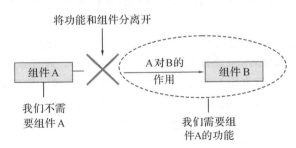

图 1-4 系统功能的 SVOP 定义法示意

其中,施加的动作 V 尽量用抽象的动词表达,避免使用专业术语和直觉表达。TRIZ 的功能定义采用抽象表达的目的在于,通过抽象定义的方法产生更多和更灵活的想法。功能定义越抽象,引发的构想就越多。而直觉表达其实描述的不是功能,而是功能执行的结果。直觉表达和抽象表达的区别如表 12 所示。

表 1-2 直觉表达与抽象表达定义的系统功能

技术系统	直觉表达	抽象表达 (省略功能载体的规范性表述 VOP)
电吹风机	吹干头发	蒸发水分
电风扇	凉爽身体	移动空气
放大镜	放大目标物	改变光线
白炽灯	照亮房间	发光
挡风玻璃	保护司机	防止车外物体撞击
二极管	整流电流	阻滞某电流极性

1.2.5 科学效应与知识库

随着人类社会的发展,现代科技的分工越来越细化。从求学阶段开始,工程师们就分别接受不同专业领域的训练。因此,一个领域的工程师往往不知道,也不会运用其他领域中解决问题的技巧或方法。同时,随着现代工程系统复杂程度的增加,一个技术领域中的产品往往包含了多个不同专业的知识。要想设计一个新产品或改进一个已有产品,就必须整合不同专业领域的知识。但是,绝大部分工程师都缺乏系统整合的训练。他们往往不知道,在其所面对的问题中,90%已经在其所不了解的其他领域被解决了。由于知识领域的限制,他们无法运用其他技术领域的解题技巧和知识。因此,可以说工程师缺乏跨领域知识,是创新的重大障碍之一。

正如阿奇舒勒在《创造是精确的科学》一书中所论述的,"不难发现,简单的综合方法(如分割、反转、组合等)在宏观水平上占优势。而在微观水平上占优势的那些方法,差不多总是用到物理(或者化学)效应和现象。因此,为发明家们提供关于物理学以及化学方法的系统资料就显得尤为重要,这可以大大提高他们将科学效应和现象用于发明的可能性"[①]。

(1)科学效应与知识库

科学效应(以下简称效应)是在科学理论的指导下,实施科学现象的技术结

---

① 阿齐舒勒.创造是精确的科学[M].广州:广东人民出版社,1987:248-249.

果,即按照定律规定的原理将输入量转化为输出量,以实现相应的功能。① 阿奇舒勒在对大量高水平专利研究的过程中发现了这样一个现象:那些不同凡响的发明专利都利用了某种科学效应,或者出人意料地将已知的效应(或几个效应组成的效应链)应用于以前没有使用过该效应的技术领域中。例如在食品工业中,采用升压与迅速降压原理将胡椒的皮与籽分离。同样的操作可应用于分割大块的金刚石。

阿奇舒勒及后续研究者通过对海量专利的分析将自然科学及工程领域涉及的常用科学效应按照从功能到知识的原则进行编排,形成了基本学科知识效应库。随后,按功能分类的实现预期功能的效应知识库(以下简称功能库),以及按属性分类的改变对象属性的效应知识库(以下简称属性库)也相继问世。

科学效应知识库可能是 TRIZ 体系中最容易应用的工具。就像为浩瀚的知识海洋装上了准确高效的搜索引擎,只要使用者确定了需要实现的功能或需要改变的属性(就好像在搜索引擎中输入关键词一样),就可以看到相应的知识,非常便利。在 CAI 软件的帮助下,TRIZ 中的知识库更是得到了极大丰富,搜索使用也更加便捷。科学效应所体现的自然规律的本性和固有可靠性(严格遵守自然法则),使效应成为获得解决问题资源(新属性)的最佳方式。

(2)属性

属性是物质相互作用的本质,功能(包括有用功能、有害功能、不足或过量功能等等)是不同属性间相互作用产生的。但在很多情况下,人类难以对属性进行直接观察和影响,而是需要借助参数。参数是有量纲的,能够被有效地检测、分析以及改变。因此,参数能够体现特定条件下属性的量值及其变化过程。对属性应有以下的认识②。

① 不同类型的对象具有不同的属性;

② 同种类型的对象具有相同的属性,但是量值不同;

③ 同一个对象常表现出多种属性,如内燃机系统中油的属性有流动性、黏度、可压缩性、润滑性、与系统材料的兼容性、化学稳定性、抗腐蚀性、快速释放空气、良好的反乳化性、良好的传导性、电绝缘性、密封性等;

④ 属性随不同时间而有所改变,并具有方向性。

属性知识效应库以使用者期望改变的属性[如亮度、颜色等,属性效应库总结了常用的 37 项属性(如表 1-3 所示)]为基础,将对属性的操作分成五类(改变、稳定、减少、增加、测量),构建了属性库表格。以该表格为索引,查找属性效

---

① 张武城,李海军,王冠姝. 经典 TRIZ 与 U-TRIZ(创新方法应用培训讲义)[R]. 2015:30.
② 张武城,李海军,王冠姝. 经典 TRIZ 与 U-TRIZ(创新方法应用培训讲义)[R]. 2015:36.

应库,构建问题的解决方案。

表 1-3 规范属性的参数列表

1. 亮度 brightness	2. 颜色 colour	3. 浓度 concentration	4. 密度 density	5. 电导率 electrical conductivity
6. 能量 energy	7. 力 force	8. 频率 frequency	9. 摩擦力 friction	10. 硬度 hardness
11. 热导率 heat conduction	12. 同质性/均匀度 homogeneity	13. 湿度 humidity	14. 长度 length	15. 磁性 magnetic properties
16. 定位/方向 orientation	17. 极化/偏振 polarisation	18. 孔隙率 porosity	19. 位置 position	20. 动力/功率 power
21. 压力/压强 pressure	22. 纯度 purity	23. 刚度 rigidity	24. 形状 shape	25. 声音 sound
26. 速度 speed	27. 强度 strength	28. 表面积 surface area	29. 表面光洁度 surface finish	30. 温度 temperature
31. 时间 time	32. 透明度 translucency	33. 黏度 viscosity	34. 体积/容积 volume	35. 重量 weight
36. 阻力 * drag	37. 液体流量 * ① fluid flow			

资料来源:姚威,韩旭,储昭卫,等.工程师创新手册(进阶)——CAFE-TRIZ方法与知识库应用[M].杭州:浙江大学出版社,2019.

1.2.6 矛盾、工程参数与发明原理

通过对大量发明专利的研究,阿奇舒勒发现,真正的"发明"往往需要解决隐藏在问题当中的矛盾。因此矛盾是发明问题的核心,是否存在矛盾是区分发明问题与普通问题的标志,解决矛盾就成为 TRIZ 最根本的任务。

(1)矛盾与工程参数

科学合理地刻画和描述矛盾,是解决矛盾的关键步骤之一。因此,阿奇舒勒在对大量的发明专利进行分析后,总结出 39 个适用范围广泛的通用工程参数(包括质量、体积、速度、功率、结构的稳定性、可靠性等)。近年来,研究者将其扩充至 48 个工程参数。由此,TRIZ 使用者可以用合适的通用工程参数描述具体问题中的矛盾。例如在坦克装甲加厚导致机动性下降这一矛盾中,可以用"运动

---

① 参见网址 http://wbam2244.dns-systems.net//EDB_Welcome.php。最后两个属性是牛津大学数据库中近年更新的,本书追踪最新版本并进行了整理。

物体的质量"(改善的参数)和"速度"(恶化的参数)两个工程参数进行描述,从而将具体问题转化为典型问题,进而通过查询矛盾矩阵以及发明原理加以解决。

需要说明的是,用工程参数描述矛盾的过程没有标准答案,也不必拘泥于唯一答案,可将你认为的矛盾统统列出,最终你会发现,对于同一问题,不同的矛盾可能会用到相同的发明原理,颇有"殊途同归"之妙。

TRIZ 理论明确地将矛盾分为两种类型。第一种是"技术矛盾",也就是当技术系统的某个工程参数得到改善时,可能会引起另外的工程参数的恶化,这种情况下存在的矛盾被称为"技术矛盾(technical contradiction)",即"此消彼长"。例如,增加坦克装甲的厚度,使得其抗打击能力得到提升,然而却引发了速度、机动性、耗油量等一系列指标的恶化。

技术矛盾出现的几种常见情况如下。

① 引入或实现一种有用功能,同时导致或带来了一种有害功能;

② 消除一种有害功能,导致另一个子系统有用功能减退;

③ 通过有用功能的加强或者有害功能的减少,使系统变得太复杂。

与技术矛盾相对应的另一种矛盾类型是"物理矛盾"(physical contradiction)。其定义为:为了实现某种功能,对某个对象(或者某个子系统)的同一个工程参数提出了互斥的要求。例如,为了增加飞机的巡航距离,需要携带更多的燃油以提供能源。但同样为了增加飞机的巡航距离,需要减轻飞机的重量。在飞机整体材料重量不变的情况下,要求携带更少的燃油——于是就对"物质的量(携带燃油量)"这一参数提出了互斥的要求,产生了物理矛盾。

(2)矛盾与发明原理

如前所述,TRIZ 理论认为"矛盾是发明问题的核心"。阿奇舒勒通过对大量专利进行分析,提炼并总结出了常用的 40 个发明原理。同时他发现,相同的矛盾可用相同的发明原理解决。为了方便使用者更加有效地分析技术矛盾并且应用相应的发明原理,阿奇舒勒构建了一个 39×39(称之为经典矩阵,本书使用的是 48×48 的 2003 矩阵)的二维矩阵。矩阵的纵轴表示希望得到改善的参数,横轴则表示某技术特性改善引起恶化的参数,横纵轴各参数交叉处的数字表示解决技术矛盾时所使用的创新原理的编号。使用者通过查表,得到 TRIZ 建议的某典型问题的典型解法(即若干条发明原理),然后根据这些原理的提示开发具体的解决方案。

1.3 系统化创新方法的发展趋势

20世纪末以来，系统化创新方法在理论体系、工具集成应用、计算机辅助创新和应用领域拓展四个方面取得了较大进展。

1.3.1 系统化创新方法体系的分化与发展

TRIZ 在全球范围内的广泛传播为其发展提供了理论创新的土壤。针对经典 TRIZ 体系庞杂、学习困难、不利于推广等问题，学者们开发了新体系，改进了原有体系或完善了相应的工具。国际上比较知名的有 I-TRIZ、OTSM-TRIZ（general theory on powerful thinking，强大思维通用理论）等衍生体系，以及 SIT（systematic inventive thinking，系统发明思维）、USIT（unified structured inventive thinking，统一结构化发明思维）等简化体系。[①] 如表 1-4 所示，这些新体系彼此虽然在形式上存在差异，但都具有分析框架统一、形式化水平和结构化程度高、可生成工具综合性方案等特点[②]，同时各自也存在一些局限。

表 1-4 国际上开发的系统化创新方法体系对比[③]

理论:开发者(时间)	开发目的、体系特点或优势	缺点
OTSM-TRIZ: Khomenko 等 (1990s)	目的:解决多冲突问题; 特点:尝试将多冲突问题转变为"问题流(problem flow)"或"问题网络"(network of problems)并予以解决; 优势:运用元素—名称—量值(elements-name-value)模型，有助于快速识别多冲突问题中的各类矛盾。	缺乏复杂问题分析工具和关键问题的选取方法;没有明确的冲突消除方法;难以确定主要冲突;使用规则和策略有待优化

---

① Souchkov V, A brief history of TRIZ[EB/OL]. (2015-04)[2019-09-10]. http://www.xtriz.com/BriefHistoryOfTRIZ.pdf.

② 周贤永,陈光.国际主流技术创新方法的比较分析及其启示[J].科学学与科学技术管理,2010,31(12):78-85.

③ 受限于篇幅和作者的理解,本部分仅对各体系之间区别最突出的部分予以展示。

续表

理论:开发者(时间)	开发目的、体系特点或优势	缺点
I-TRIZ:多位阿奇舒勒团队成员共同开发(1990s)	目的:解决复杂的、周期性的问题,发现或阻止失效; 特点:由发明问题解决、预期失效分析、定向进化、知识产权管理四大模块组成;由高度抽象的操作算子(operators)组成建议方案集合; 优势:将 SIM 的应用拓展至整个创新链	在问题分析时(problem formulator),需要时刻确定问题分析表(diagrams)中的关系(relationship);但没有确定关系的具体标准和流程
SIT/ASIT:Filkovsky(1980s)	目的:简化 TRIZ 体系,在"封闭世界"内实现质变; 特点:清晰的问题定义(三个列表),系统化的流程(三个步骤),精简的工具体系(五种工具); 优势:相对简单易学,能最大限度挖掘系统内部潜力	问题解决阶段仍然要依次遍历 5 个工具下属的 40 条原理,缺乏针对性; 过于强调封闭世界,不允许引入外部新知识、新资源,难以相较原有系统产生大幅度创新,难以与 CAI 结合以充分发挥其优势
USIT:Ckafus 和 Nakagawa 等(1990s)	目的:简化 TRIZ 体系,在"封闭世界"内实现质变; 特点:采用"物体—属性—功能"的分析框架;有物体多元法、属性维度法、功能配置法、方案组合法以及方案转换五种方案生成法; 优势:直接面向问题本质,加快解题过程,避免过度抽象	在概念方案产生阶段没有筛选机制,必须遍历所有 5 类共 32 种方法,降低了解题效率

资料来源:姚威,储昭卫.系统化创新方法研究:理论进展与实践效果评价[J].广东工业大学学报(自然科学版),2021,38(5):97-107.

SIM 并非经过同行评议的科学理论,其浓厚的"俄式风格"和"神秘色彩"使理论本土化成为推广的重要组成。①② 国内学者在大量实践和研究的基础上,相继开发了多个新体系,代表性体系如下:第一,融合了因果分析、属性分析和功能分析,统一了分析问题、解决问题过程的 SAFC(substance-attribute-function-cause)理论③;第二,强调"以功能为导向,以属性为核心"的 U-TRIZ(unified TRIZ)理论④;第三,以"约束分析和打破约束"为特征的 CAFÉ-TRIZ(cause、attribute、function、effect)理论⑤;第四,由 TRIZ 及其拓展、问题导向方法、目标导向方法、过程再造方法组成的 C-TRIZ 理论等⑥。

SIM 理论体系的发展还体现在对工具和流程的改进上,如扩充经典 TRIZ 的科学效应库⑦,开发 2003 矛盾矩阵并增加通用工程参数⑧,推出 ARIZ-2009 版本⑨、ARIZ-2010 版本⑩、ARIZ-Universal-2014 版本⑪等。

1.3.2 面向复杂问题求解的系统化创新方法工具的集成

在长期的应用过程中,使用者发现工具间集成应用能避免单个工具的不足,更好地解决设计问题。⑫ 欧洲 TRIZ 协会的学者 Spreafico 在 2016 年的一项调查中发现 SIM 通常以 TRIZ 为核心,与 QFD、FMEA、TOC、FTA 和六西格玛等

---

① IlevbareI M, Probert D, Phaal R. A review of TRIZ, and its benefits and challenges in practice [J]. Technovation,2013,33(2-3):30-37.

② Chechurin L. Research and practice on the theory of Inventive problem solving(TRIZ)[M]. Berlin:Springer,2016:2-5.

③ 张武城,赵敏,陈劲.基于 U-TRIZ 的 SAFC 分析模型[J]. 技术经济,2014(12):7-13.

④ 赵敏,张武城.TRIZ 进阶及实战:大道至简的发明方法[M]. 北京:机械工业出版社,2016.

⑤ 姚威,韩旭.C-K 理论视角下的理想化创新方法 CAFE-TRIZ[J]. 科技管理研究,2018,38(8):8-17.

⑥ 檀润华.C-TRIZ 及其应用——发明过程解决理论[M]. 北京:高等教育出版社,2020.

⑦ Timokhov V, Biological Effects:Help for a Biology Teacher[M]. Riga:NTZ Progress, 1993.

⑧ Mann D, Dewulf S, Zlotin, B, Zusman A. Matrix[M]. Ieper:Creax Press, 2003.

⑨ Ivanov G. Algorithm of Solving Engineering Problems[EB/OL]. (2009-09-09)[2019-09-18]. http://www. trizway. com/art/search/221_2. html.

⑩ Petrov V. USIT on Wikipedia[EB/OL]. (2010-05-01)[2019-09-18]. http://en. wikipedia. org/wiki/Unified_Structured_Inventive_Thinking.

⑪ Rubin M. On developing ARIZ-2014 Universal[EB/OL]. (2010-05-01)[2019-09-18]. in TRIZ Summit 2014, Prague. http://triz-summit. ru/en/205040/.

⑫ Mann D. Common ground-integrating the world's most effective creative design strategies[EB/OL]. (2007-01-01)[2020-06-08]. http://citeseerx. ist. psu. edu/viewdoc/download; jsessionid = 9AA4AFFB552 D5C550FF5BC313DFD1361? doi = 10. 1. 1. 514. 3435&rep = rep1&type = pdf. 2007-01-01//2020-06-08.

集成应用。① 根据工具特点和使用目的差别,可以从产品开发、产品实现、产品使用和维护三个阶段详述工具集成过程。

在产品开发阶段,QFD 与 TRIZ 集成较多,能够将环境问题②、安全问题③、服务设计等特殊需求参数转变为设计诉求并加以解决。④⑤ 此外,在本阶段较为常见的还有 TRIZ 与 VOC、Kano、Kansei 等工具集成,可用于解决复杂技术需求问题,从而改善产品的市场竞争力。⑥⑦⑧ 这一阶段和 TRIZ 集成的工具大多具有较强的问题分析、机会识别能力,其目的在于充分考虑初始产品的技术需求,提高开发能力。⑨⑩

在产品实现阶段,TRIZ 常与 AD 集成用于设计复杂产品,或解决参数耦合

① Spreafico C,Russo D. TRIZ industrial case studies: A critical survey[J]. Procedia Cirp,2016 (39):51-56.

② Sakao T. A QFD-centered design methodology for environmentally conscious product design[J]. International Journal of Production Research,2007,45(18-19):4143-4162.

③ Yeh C H,Huang J C Y,Yu C K. Integration of four-phase QFD and TRIZ in product R&D: A notebook case study[J]. Research in Engineering Design,2011,22(3):125-141.

④ Melemez K,Gironimo G D, Esposito G, et al. Concept design in virtual reality of a forestry trailer using a QFD-TRIZ based approach[J]. Turkish Journal of Agriculture & Forestry,2013,37(6):789-801.

⑤ Frizziero L,Curbastro F R. Innovative methodologies in mechanical design: QFD vs TRIZ to develop an innovative pressure control system[J]. Journal of Engineering & Applied Sciences, 2014,9(6):966-970.

⑥ Vinodh S,Kamala V,Jayakrishna K. Integration of ECQFD,TRIZ,and AHP for innovative and sustainable product development[J]. Applied Mathematical Modelling,2014,38(11-12):2758-2770.

⑦ Hartono M. The extended integrated model of kansei engineering,Kano,and TRIZ incorporating cultural differences into services[J]. International Journal of Technology,2015,7(1):97.

⑧ Yang C X, Cheng J X, Wang X. Hybrid quality function deployment method for innovative new product design based on the theory of inventive problem solving and Kansei evaluation[J]. Advances in Mechanical Engineering,2019,11(5):1-17.

⑨ Coulibaly Solomani, HuaZhongsheng, ShiQin. TRIZ technology forecasting as qfd input within the npd activities[J]. Chinese Journal of Mechanical Engineering,2004,17(2):284-288.

⑩ Ionica A,Leba M,Edelhauser E. QFD and TRIZ in product development lifecycle[J]. Transformation in Business & Economics,2014,13(2B):697-716.

问题等。①②③④ 与 TOC 结合用于改善供应链和设计中的瓶颈问题,加快产品设计和实现速度⑤⑥⑦;TRIZ 还可以与 CBR(案例式推理)集成,以自主解决技术问题,提高设计效率⑧⑨⑩,与 DFMA(面向装配和制造的设计)集成,以提升装配制造和维护效率⑪,与 AHP(层次分析法)集成,用于方案评价和筛选⑫⑬。

在产品使用和维护阶段,TRIZ、FMEA、FIT、AFP 等工具集成可用于分析产品故障、寻找系统中的薄弱点并加以预防⑭⑮;与六西格玛集成,用于改善产品

① Kim Y S,Cochran D S. Reviewing TRIZ from the perspective of axiomatic design[J]. Journal of Engineering Design,2000,11(1):79-94.

② Ogot M. Conceptual design using axiomatic design in a TRIZ framework[J]. Procedia Engineering,2011,9(9):736-744.

③ 俞斌,陈振华.基于 AD 和 TRIZ 的产品优化设计研究与应用[J].现代制造工程,2019(7):115-120.

④ Wu Y L, Zhou F, Kong J Z. Innovative design approach for product design based on TRIZ, AD, fuzzy and Grey relational analysis[J]. Computers & Industrial Engineering, 2020(140):1-15.

⑤ Stratton R,Mann D. Systematic innovation and the underlying principles behind TRIZ and TOC [J]. Journal of Materials Processing Technology,2003,139(1-3):120-126.

⑥ Li G,Tan R,Liu Z,et al. Idea generation for fuzzy front end using TRIZ and TOC[C]//IEEE International Conference on Management of Innovation and Technology. IEEE,2006:590-594.

⑦ Nahavandi N,Parsaei Z,Montazeri M. Integrated framework for using TRIZ and TOC together:A case study[J]. International Journal of Business Innovation & Research,2011,5(4):309-324.

⑧ Robles G C, Hernández G A, Lasserre A, et al. Resources oriented search:A strategy to transfer knowledge in the TRIZ-CBR synergy[C]. International Conference on Intelligent Data Engineering and Automated Learning. Springer-Verlag,2009:518-526.

⑨ Yang C J, Cheng J L. Forecasting the design of eco-products by integrating TRIZ evolution patterns with CBR and simple LCA methods[J]. Expert Systems with Applications,2012,39(3):2884-2892.

⑩ Lee C H, ChenC H, Li F. Customized and knowledge-centric service design model integrating case-based reasoning and TRIZ[J]. Expert Systems with Application, 2020(143):1-13.

⑪ Bolton J D. Utilization of TRIZ with DFMA to maximize value[EB/OL]. (2018-11-14)[2023-08-14]. http://www. valueanalysis. ca/upload/publications/001. pdf.

⑫ Yang W, Wu Q, Chen Y, Zhao H. Research on inventive problem solving process model based on AHP/TRIZ[C]. International Technology & Innovation Conference. ITTC,2006(524):2285-2290.

⑬ Vinodh S, Kamala V, Jayakrishna K. Integration of ECQFD, TRIZ, and AHP for innovative and sustainable product development[J]. Applied Mathematical Modelling,2014,38(11-12):2758-2770.

⑭ Thurnes C M, Zeihsel F, Visnepolschi S, et al. Using TRIZ to invent failures-concept and application to go beyond traditional FMEA[J]. Procedia Engineering, 2015(131):426-450.

⑮ Sutrisno A, Gunawan I, Tangkuman S. Modified failure mode and effect analysis (FMEA) model for accessing the risk of maintenance waste [J]. Procedia Manufacturing, 2015(4):23-29.

质量问题[1][2]。

1.3.3 以提升解题效率为目标的计算机辅助创新(CAI)

以 TRIZ 为基础的 CAI,结合了计算机技术、现代设计方法学,用于改善工程设计人员的创造力。[3] 研究表明,CAI 可以显著提高创新活动的效率(efficiency)、有效性(effectiveness)、与客户交流的能力(competence)并增进创造力(creativity)。[4] Leon[5] 认为在 CAI1.0 阶段,计算机可以针对创新问题为工程师提供参考方案从而提升创新效率,这种方式目前已经被广泛采用。[6][7] CAI2.0 最显著的特征是运用 web2.0 技术实现了开放式创新[8],能够让更多的工程师参与创新并管理群体智慧(collective intelligence),从而显著改善创造力和创新效率[9][10][11]。

CAI 应用软件是实现计算机辅助创新的载体,能够直接将知识转变为形式

① Wang F K, Yeh S T, Chu T P. Using the design for six sigma approach with TRIZ for new product development[J]. Computer & Industrial Engineering. 2016(98):522-530.

② Kumar G P. Software process improvement-TRIZ and six sigma (using contradiction matrix and 40 principles)[J]. Triz Journal,2014.

③ 牛占文,徐燕申.实现产品创新的关键技术——计算机辅助创新技术[J].机械工程学报,2000, 36(1):11-14.

④ Hüsig S, Kohn S. Computer aided innovation—State of the art from a new product development perspective[J]. Computers in Industry,2009, 60(8):551-562.

⑤ Leon N. The future of computer-aided innovation[J]. Computers in Industry, 2009, 60(8): 539-550.

⑥ Albers A, Leon-Rovira N, Aguayo H,et al. Development of an engine crankshaft in a framework of computer-aided innovation[J]. Computers in Industry, 2009,60(8):604-612.

⑦ 张建辉,檀润华,张争艳.计算机辅助创新技术驱动的产品概念设计与详细设计集成研究[J].机械工程学报,2016,52(5):47-57.

⑧ Flores R L, Belaud J P, Lann J M L. Using the collective intelligence for inventive problem solving[J]. Expert Systems with Applications an International Journal,2015, 42(23):9340-9352.

⑨ Flores R L, Belaud J P, Negny S, Le Lann J M, Robles G C. Open computer aided innovation to promote innovation in process engineering[J]. Chemical Engineering Research & Design,2015(103): 90-107.

⑩ Negny S, Le Lann J M, Flores R L, Beland J P. Management of systematic innovation: A kind of quest for the Holy Grail! [J]. Computers & Chemical Engineering,2017(106):911-926.

⑪ Flores R L, Belaud J P, Negny S, Le Lann J M, Robles G C. Collaboration framework for TRIZ-based open computer-aided innovation//Cavallucci, D. (eds) TRIZ-The theory of inventive problem solving[M]. Cham:Springer, 2017:211-236.

化的、有组织的、可搜索的、可共享的形式。①② 1989 年,第一款 TRIZ 应用软件 "Invention Machine™"诞生,在此基础上又开发了"TechOptimizer™"和"Gold-fire Innovator™"。③ 此外,还有美国 Ideation International 公司的 Innovation Work Bench(IWB)、美国 IWINT 公司的 Pro/Innovator,比利时 CREAX 公司的 CREAX Innovation Suite 以及乌克兰 TriSolver GmbH & Co. KG 公司的 TriSolver 等。④ 我国自主开发的 CAI 软件有河北工业大学 TRIZ 研究中心研发的 Invention Tool 软件,浙江大学姚威团队开发的"创新咖啡厅"云平台等。

1.3.4 面向新业态的系统化创新方法应用领域的拓展

经典 TRIZ 诞生于机械、化工等重工业盛行,强调生产率和性能的 20 世纪中叶,经历了信息革命后,新领域、新需求、新环境的大量出现拓展了系统化创新方法的应用领域。具体来看:第一,向新兴技术领域拓展,如电路设计⑤、农业工具设计⑥、医疗器械开发⑦、软件设计⑧、算法优化⑨等;第二,向以前不被重视或不清楚 SIM 能否发挥作用的新需求拓展,如用于评价系统的进化潜力⑩⑪、选择

---

① 陈林,李彦,李文强,等.计算机辅助产品创新设计系统开发[J].计算机集成制造系统,2013(2):97-107.

② 姚威,韩旭.C-K 理论视角下的理想化创新方法 CAFE-TRIZ[J].科技管理研究,2018,38(8):8-17.

③ HIS. Website of invention machine corporation[EB/OL]. (2007-05-19)[2023-08-14]. http://www. invention-machine. com/idex. htm.

④ 姚威,韩旭,储昭卫. 创新之道:TRIZ 理论与实战精要[M]. 北京:清华大学出版社,2019:1-3.

⑤ 王尚宁,丘东元,张波. 基于 TRIZ 理论的单级功率因数校正电路拓扑分析[J]. 电工电能新技术,2016,35(1):60-66.

⑥ 曹卫彬,焦灏博,刘姣娣. 基于 TRIZ 理论的红花丝盲采装置设计与试验[J]. 农业机械学报,2018,49(8):76-82.

⑦ Mawalel M B, Kuthe A, Mawale A. Rapid prototyping assisted fabrication of a device for medical infusion therapy using TRIZ[J]. Health and Technology, 2019(9):167-173.

⑧ Govindarajan U H, Sheu D D, Mann D. Review of systematic software innovation using TRIZ[J]. International Journal of Systematic Innovation,2019,5(3):72-90.

⑨ Al-Betara M A, Alomarib O A, Abu-Rommane S M. A TRIZ-inspired bat algorithm for gene selection in cancer classification[J]. Genomics,2020(112):114-126.

⑩ Mann D L. Better technology forecasting using systematic innovation methods[J]. Technological Forecasting & Social Change, 2003(7):779-795.

⑪ 许泽浩,张光宇,黄水芳.颠覆性技术创新潜力评价与选择研究:TRIZ 理论视角[J].工业工程,2019,5(22):109-120.

高价值的专利①、提高安全性、改善生态效益②③、改善技术课程教学效果④等;第三,向非技术领域拓展,如服务运营管理⑤、医疗管理和卫生政策⑥、创新管理⑦、商业模式创新⑧、技术创新与商业模式创新的协同⑨、公益创新与公共治理创新等。

如果说新产业崛起"拉动"了应用领域的拓展,那么传统产业转型压力加大和市场份额缩小则起到了"挤出"作用,从而使 SIM 通过工具改进、体系调整、理论创新等方式成功拓展了应用领域。如为满足社会对技术开发的要求,2003 版矛盾矩阵中新增 8 个与社会效益相关的技术参数⑩;为面对复杂技术设计问题,开发了能够解决跨学科、多冲突问题的 OTSM-TRIZ;开发管理创新方法⑪⑫⑬、

---

① Park H,Ree I J,Kim K. Identification of promising patents for technology transfers using TRIZ [J]. Expert Systems with Applications,2013(40):736-743.

② Mansoor M,Marium N,AbdulWahab,N I. Innovating problem solving for sustainable green roofs:Potential usage of TRIZ-Theory of inventive problem solving[J]. Ecological Engineering:The Journal of Ecotechnology,2017(99):209-221.

③ Carvalho I,Simoes R,Silva A. Applying the theory of inventive problem solving (TRIZ) to identify design opportunities for improved passenger car eco-effectiveness[J]. Mitig Adapt Strateg Glob Change,2018(23):907-932.

④ 闫妮,钟柏昌. 中小学机器人教育的核心理论研究——论发明创造型教学模式[J]. 电化教育研究,2018,39(4):66-72.

⑤ Zhang J,Chai K H,Jank C. 40 inventive principles with applications in service operations management[J]. TRIZ Journal,2003:1-16.

⑥ 吴振悦,吴群红,宁宁. 基于 TRIZ 理论的医疗卫生创新性研究及案例分析[J]. 中国卫生资源,2012(6):95-97.

⑦ Teplov R,Podmetina D,Chechuri L. What is known about TRIZ in innovation management? [C]. ⅩⅩⅤ ISPIM Conference-Innovation for Sustainable Economy & Society,Dublin,Ireland,2014:1-15.

⑧ Valeri Souchkov. Breakthrough thinking with TRIZ for business and management:An overview [EB/OL]. (2017-05-05)[2020-06-08]. https://www.xtriz.com/TRIZforBusinessAndManagement.pdf.

⑨ 林海涛,许骏. 基于 TRIZ 理论的技术创新和商业模式协同创新研究[J]. 工业技术经济,2019,4:37-43.

⑩ Darrell Mann,Simon Dewulf,Boris Zlotin,Alla Zusman. "Matrix 2003" Publication Announcement of the Japanese Edition and Q&A Documents for the English Edition [EB/OL]. (2005-04-05) [2019-12-12]. https://www.osaka-gu.ac.jp/php/nakagawa/TRIZ/eTRIZ/elinksref/eSKIBooks/eMatrix2003/eMatrix2003-050329.html#PaperMann.

⑪ 张东生,徐曼,袁媛. 基于 TRIZ 的管理创新方法研究[J]. 科学学研究,2005,23(B12):264-269.

⑫ 张东生,王文福,孙建广. 管理视域下 TRIZ 理论研究趋势探析[J]. 当代经济管理,2020(1):14-21.

⑬ 姚威,胡顺顺,储昭卫,等. 韩旭. 管理创新手册:管理问题的系统化解决方案[M]. 杭州:浙江大学出版社,2020.

软件创新方法等①。实际上，Darrell Mann②曾预测 SIM 将会被应用于如图 1-5
所示的四个有重叠的创新领域，分别为：管理领域（business domain）、技术（物
理）领域［technical（physical）domain］、科学（数学）领域［science（mathematical）
domain］、软件领域（software domain）。

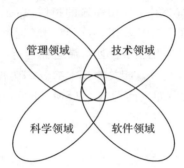

图 1-5　系统化创新方法的应用领域

图片来源：据 Darrell Mann（2008）翻译后绘制。

1.4　专利破解的理论与实践进展

1.4.1　专利破解概述

专利竞争和对抗不仅是企业知识产权管理战略，更是科技创新的对抗。姜银
鑫曾提出，我国企业要破除专利困局，可以采取积极防御、迂回竞争、局部领域绝对
优势、模仿—规避—再创新四种战略。③ 企业规模不同，发展阶段不同，会对企业
专利战略和专利质量产生复杂影响。④ 对于中小型企业而言，可以分别通过专
利共享，构建专利防御网络和建设专利战略体系保障自身的知识产权安全。⑤
根据上述研究，本文总结了不同发展阶段企业所采取的专利战略（见表 1-5）。

---

① Mann D. Systematic（software）Innovation-international Student Edition［M］. Clevedon：IFR
Press，2008.

② Mann D. Systematic（software）Innovation-international Student Edition［M］. Clevedon：IFR
Press，2008.

③ 姜银鑫. 破解中国企业专利困局［J］. 法人，2014（12）：64-66.

④ 徐海燕，韦铁. 企业专利质量影响因素研究：基于专利战略视角［J］. 科技管理研究，2021，41
（21）：136-141.

⑤ 项贤国. 科技型中小企业专利战略的域外经验借鉴［J］. 中国高校科技，2020（6）：46-48.

表 1-5 企业不同发展阶段适用的专利战略

发展阶段	适用场景	应对方式
阶段一:积极防御	企业缺乏研发能力,市场占有率较低,产品竞争力不强	努力避免专利侵权,尊重对方知识产权,购买专利使用许可
阶段二:迂回竞争	企业具有一定的研发能力,市场占有率上升,产品竞争力开始提升	避免正面的技术和法律交锋,抓住对手在周边专利和空白专利上的漏洞,申请与竞争对手专利的相互授权
阶段三:局部领先	企业具有较强研发能力,市场占有率继续上升,产品竞争力较强	集中研发资源在局部领域构筑技术优势和专利壁垒,避免自身专利被规避,提升谈判话语权
阶段四:规避再创新	企业拥有完善的研发体系,市场占有率较高,产品竞争力很强	尝试全面破解或规避竞争对手的专利群,提出超越原设计的创新方案

现有研究较多地探讨了专利规避、专利破解和专利强化等内容。李辉和檀润华认为,"专利规避(patent design around)"是指"通过设计新发明避免侵害某一专利的专利权力范围的设计活动",是一种合法的竞争行为。① 专利规避的目的是通过技术创新手段避免因专利围堵、专利侵权、流氓专利等对企业发展的掣肘。为了有效避免专利侵权,提前开展专利规避以掌握知识产权上的主动权,企业可以开展专利风险预警,对已知的专利威胁进行主动规避。② 除了主动规避之外,技术发明人还应加强原创研究并积极申请核心专利,提前开展技术预测并进行专利布局。③

专利规避属于高级技术创新活动,对创新能力要求较高。创新方法可以有效促进专利规避的成功率,避免专利侵权诉讼。最早利用创新方法进行专利规避的是苏联人伊万科克(Ikovenko)。根据许栋梁在《专利规避、强化与再生》中的分类,目前对基于创新方法的专利规避与新专利产生的方案主要有三种(见表 1-6)。④

---

① 李辉,檀润华.专利规避设计研究[M].北京:机械工业出版社,2018.
② 印庆余,江李.中小企业如何应对美国专利诉讼[J].进出口经理人,2016(9):78-80.
③ 亓道远,张兰芳.高铁走出去知识产权风险防范[J].河北法学,2017,35(9):59-72.
④ 许栋梁.专利规避、强化与再生[M].福州:海峡出版社,2019.

表 1-6　专利规避的规避强度比较

外文名称 （中文名称）	patent circumventing （专利规避）	patent enhancement （专利强化）	patent regeneration （专利再生）
规避力度	低	中	高
创新难度	低	中	高
主要目的	以目标专利为基础，规避之后可以合法应用该专利。	申请专利以围堵他人专利，以协商实现相互授权； 提升目标专利的价值，防止目标专利遭到规避或包围。	提取目标专利的主要功能或价值，进行重新解题，以产生新专利。
主要方法	法律上：利用申请文本的文字漏洞进行规避； 技术上：针对系统专利的组件/功能进行换、加、减、拆，实现规避。	采用创新方法，充分考虑所有可能的强化与规避方式以申请专利。	采用创新方法，利用原专利的主要功能或价值进行重新解题。

资料来源：根据许栋梁（2019）等资料总结所得。

　　本书中的"专利破解"是指"在工程技术创新活动中，为合法使用某一目标专利的主要/特征功能或实现系统最终目标，重新设计不侵犯对方知识产权的新技术方案或（专利）系统，最终产生全新专利的过程"。根据上述定义，本书认为专利破解包含两个层次：第一层次在系统层面上，通过对系统专利申请范围中之组件/功能进行删减、置换、重组，或者改变属性范围等方式进行破解；第二层次在系统与超系统层面上，通过对原专利的主要功能或系统最终目标进行分析，设计可以满足系统最终目标和实现原专利主要功能的全新（专利）系统。

1.4.2　专利破解的理论进展

　　鉴于专利破解对企业的重要性，这一主题得到了较多学者的关注。总体来看，此类研究可以分为以下三个方面。

　　（1）专利破解的工具和方法

　　在面对复杂的专利问题时，首先要运用 TRIZ 的功能分析等工具了解专利的保护项,再综合运用各类创新方法工具进行破解。[①] 通常,TRIZ 的大部分工具如系统裁剪、物—场模型、知识库、矛盾工具等都能用于专利破解。[②] 在诸多专利破解工具中,最常用的是系统裁剪。如 Sheu 等[③]提出了 5 种基于系统裁剪的专利规避方法,并以细长阀门(slit-valve)的创新设计为案例予以说明。其次是物—场模型和标准解等工具,石文豪等[④]提出通过物—场模型和 76 种标准解实现专利规避的方法:首先建立功能模型,其次对功能模型进行裁剪并建立目标区域的物—场模型,最后利用 76 个标准解和冲突理论等工具求解。Park 等[⑤]和 Sheu 等[⑥]提出,可以基于 TRIZ 的进化法则、最终理想解和 IFR 等工具进行专利布局。

也有学者针对具体产品的专利破解进行研究和创新设计。如刘宁[⑦]运用 TRIZ 等创新方法实现了印刷机重要专利的规避,黄宇浩[⑧]研究了车辆机械产品中专利的破解方法。还有学者研究采用计算机辅助创新进行专利规避,利用能够快速产生新设计方案的优势提高专利规避的效率。[⑨]

(2)专利群破解研究

为了克服传统的专利规避只能解决企业在第二阶段规避部分专利的不足,学者们还进一步研究了针对专利群的破解方法。江屏等[⑩]提出了专利群破解的主要步骤应包括:首先,通过结合聚类分析与技术成熟度,确定目标专利及专利群;其次,在目标专利技术的基础上进行分析,确定专利权利范围;最后,以 TRIZ 求解功能模型中,开发出比原有专利更具优势的新技术再申请新专利。

---

① Ikovenko S. Approaches of walking around competitive patents using TRIZ tools [D]. Moscow, Soviet Union: State Research Institute of Patent Information and Expertise, 1991:135.

② 成思源,王瑞,杨雪荣.基于 TRIZ 的专利规避创新设计[J].包装工程,2014(22):68-72.

③ Sheu D D, Hou C T. TRIZ-based trimming for Process-Machine Improvements: Slit-valve innovative redesign[J]. Computers & Industrial Engineering, 2013, 66(3):555-566.

④ 石文豪,陈子顺.基于物质—场模型分析的专利规避设计研究顶驱下套管装置的专利规避设计[J].科技管理研究,2017(6):168-173.

⑤ Park H, Ree J J, Kim K. Identification of promising patents for technology transfers using TRIZ evolution trends[J]. Expert Systems with Applications, 2013,40(2):736-743.

⑥ Sheu D D, Hou C T. TRIZ-based Systematic Device Trimming: Theory and Application[J]. Procedia Engineering, 2015, 131(Complete):237-258.

⑦ 刘宁.基于 TRIZ 的印刷机械专利规避创新机理研究[D]. 北京:北京印刷学院,2015.

⑧ 黄宇浩.基于专利规避及有限元分析的便携式轨检小车结构设计与优化[D].广州:广东工业大学,2015.

⑨ 罗佳龙,成思源,杨雪荣.基于 Pro/Innovator 的功能分析与专利规避[J].现代制造工程,2016(2):22-28.

⑩ 江屏,张瑞红,孙建广.基于 TRIZ 的专利规避设计方法与应用[J].计算机集成制造系统,2015,21(4):914-923.

钟瑞洲等[①]提出,专利群规避破解可以按照专利集群分析、功能模型重构、方案求解与侵权分析三个步骤展开。穆秀秀等[②]提出基于核心专利群的专利规避范围界定方法:通过检索策略挖掘相关技术专利,并借助向前引证分析需要规避的核心专利群,然后建立专利群中专利的系统结构树和功能树,根据模块—功能关系确定规避范围。

在专利群规避的具体方法上,江屏等[③]认为要结合 IPC(international patent classification,国际专利分类)和 TRIZ 等工具,确定专利群并达到规避目标。穆秀秀则主要研究了利用引证分析方法得到核心专利,进而实现规避整个专利群的目标。鲁玉军等[④]以玉米脱粒机为例说明如何基于 TRIZ 实现对专利群的规避,对不同的组件规避方法进行了比较,并提出了具体的规避判定原则。

(3)专利破解效果的研究

根据专利审查标准,可以判断专利破解是否成功,进而形成更有价值的破解策略。施炳轩[⑤]提出要从专利审查范围出发,确定专利权利大小,再进行专利规避设计。Chunlin 等[⑥]提出可以根据既往的侵权行为,确定专利规避方法以达到专利规避的目的。对于故意隐藏专利信息的“潜水艇”专利,还需要通过政策制度、行业协会和企业自身三方面共同合力,才能实现专利的有效规避。[⑦] 成思源等[⑧]深入分析专利诉讼的全面覆盖原则和等同原则,并提出可以根据上述原则判断删除法、替换法、合并法和分解法四种设计方法的规避效果。

---

① 钟瑞洲,成思源,杨雪荣.面向需求的专利集群分析与再设计[J].机床与液压,2020,48(22):65-72.

② 穆秀秀,郭德斌,刘伟.基于核心专利群的专利规避范围界定方法研究[J].工程设计学报,2015(2):115-122.

③ 江屏,王川,孙建广.IPC 聚类分析与 TRIZ 相结合的专利群规避设计方法与应用[J].机械工程学报,51(7):144-154.

④ 鲁玉军,沈佳峰,王春青.基于 TRIZ 专利规避方法研究与应用[J].工程设计学报,2020,1(2):27-37.

⑤ 施炳轩.专利回避设计策略研究[D].杭州:浙江大学,2006.

⑥ Chunlin S, Kinglien L. The strategy of designing around existing patents in technology innovation: Case study of critical technology of OTFT[J]. Journal of Chinese Entrepreneurship, 2010,2(3):270-281.

⑦ 孙兆刚.潜水艇专利的规避对策研究[J].科技管理研究,2012,32(9):167-170.

⑧ 成思源,米晶晶,杨雪荣,等.面向创新的专利规避设计研究[J].包装工程,2016,37(14):1-6.

1.5 本章小结

　　本章主要介绍了写作背景,解释和界定了基本概念,并总结了当前专利破解研究和实践的主要进展。国家对知识产权保护力度的加强将使中国企业面临更加规范和严格的知识产权环境,从而对企业的竞争产生"双刃剑"式的影响:一方面,自身重视知识产权的行为将会得到法律更有效的保护和支持,产品更有可能在市场竞争中取胜;另一方面,企业的知识产权侵权行为将遭到严厉惩罚,最终被同行和社会所不齿,传统的漠视知识产权的策略越来越行不通。专利破解作为合法的促进企业知识产权创新能力提升的工具体系,毫无疑问将有助于企业提升专利保护能力,防范专利侵权行为,并使企业在专利谈判中占据主动地位。

　　基于系统化创新方法的专利破解继承了创新方法体系的优点,能够有效激发创新创造。近年来,系统化创新方法的工具越来越完善,解决复杂问题的能力越来越强,能够有效运用 CAI 技术提升解题效率,并能够面向新业态和新领域开展应用。随着系统化创新方法体系的发展,专利破解的方法体系和工具也应随之更新,以提高专利破解效果。当前,对专利破解的研究和实践主要集中于具体破解工具的开发和应用、专利群的识别和破解、专利破解和规避效果的分析等方面。综合现有专利破解的研究,在充分吸收系统化创新方法的理论研究和工具开发前沿的基础上,本书形成了完整的专利破解体系,以期为读者成功破解专利提供参考。

02 基于系统化创新方法的专利破解概述

2.1 专利破解的四要素

在充分借鉴上述研究和自主创新的基础上，本文借鉴在《创新之道：TRIZ 理论与实战精要》一书中提出的 SVOP 分析方法对专利的主要功能进行定义，即"专利四要素"分析法。

专利破解通常是基于如图 2-1 所示的"专利四要素"来进行的，分别为：要素一，系统（system，S）：为对象提供主要功能的目标专利系统/方案；要素二，动作（verb，V）：该专利产品/方案/系统为实现主要功能（直接作用于对象而达到目标的功能）而施加的动作，是顾客购买专利产品或使用该专利方案的主要目的；要素三，对象（objective，O）：接受系统主要功能的受体或目标物；要素四，参数（parameter，P）：属性是对象的性质及系统与对象关系的统称[1]，参数则是观测和度量属性变化的特征值。

图 2-1 专利的四个要素

在实际分析的过程中，可以不按照 SVOP 的顺序来分析。一般推荐按照从易到难的原则，逐个确定分析要素。通常首先确定对象 O，如果对象 O 确定错误，则将导致对系统（本例中是专利）主要功能

---

① 属性的详细概念请参考 1.2.5"科学效应与知识库"部分。

认识的错误,进而使整个分析误入歧途。所以面对一个陌生系统,先确定其功能对象 O 是非常重要的。其次一般观察对象 O 的哪些参数 P 因为系统的作用而被改变或保持。最后去分析什么动作 V 使对象 O 的某个参数 P 发生了变化,以此确定哪些组件共同发出了动作 V,进而确定系统 S。

有学员会有疑问:既然是破解专利,那专利授权书上已经把"系统"定义清楚了,肯定就是授权书上提到的专利技术系统;系统都知道了,后面的动作 V、对象 O 和参数 P 不就都很明显了吗? 为什么不能按 SVOP 的顺序来定义功能呢?

下面我们以一款"企鹅泡茶器"产品为例,说明"专利四要素"所代表的内容以及定义的过程(见图 2-2)。这是一款受专利保护的企鹅泡茶器,它可以在设定的时间内把茶包从水中提出来,同时发出铃声通知泡茶人。

图 2-2 企鹅泡茶器

在破解该专利之前首先需要了解该专利的四个基本要素。我们先按 SVOP 的顺序进行如下定义。

➤ 要素一,系统(即 S):为对象提供功能的目标系统是"企鹅泡茶器"。

➤ 要素二,动作(即 V):这里就遇到了问题,从上面的描述和图中我们可以发现,系统 S 即企鹅泡茶器至少发出了两个动作——"提起(茶包)"和"通知(泡茶人)",严格来说还有第三个动作,"通知(不泡茶的人)"。而真实的工程系统的功能结构更加复杂,如果不事先明确对象,很难明确主要功能的执行动作。例如泛泛地问手机的功能是什么，就很难定义这个动作 V。本例中很多学员因为看到了授权书中对闹钟功能的保护性文字，于是认为动作 V 应该被确定为"通知"。

➤ 要素三，对象（即 O）：是接受系统主要功能的目标物。如果定义动作 V 为"通知"，那么对象只能是"泡茶人"。因为对"不泡茶的人"来说这种通知不是一个正面的功能而是骚扰。

➤ 要素四，参数（即 P）：对象"泡茶人"被改变的属性是"（信息）数量等"，即增加了"茶已泡好"的有关信息的数量。

于是，企鹅泡茶器的主要功能就被定义为"企鹅泡茶器通知泡茶人信息数量"。或者稍微修改一下，更抽象一些，"企鹅泡茶器增加泡茶人（茶已泡好的信息）数量"。

如果按另外一种思路，首先确定接受系统主要功能的目标物即对象（即 O）。既然是企鹅泡"茶"器，对象肯定和"茶"有关，更准确的应该是"茶包"。其次看功能作用过程中对象"茶包"的什么参数 P 发生了变化，直观上看功能的效果是"茶包"被"提起来"了，而"提起来"的本质是茶包的"位置"发生了变化。再次确定动作 V，用抽象动作"提"起茶包，"改变"茶包的位置。最后确定都有哪些组件参与了"提"起茶包的动作。按这个思路，企鹅泡茶器的主要功能就会被定义为"企鹅泡茶器改变茶包的位置"。

比较一下两种思路下的不同定义，就会发现前一种按 SVOP 顺序定义的主要功能是有问题的。如果企鹅泡茶器的主要功能是通知人茶泡好了，那还不如叫它"闹钟"。作为"泡茶器"，它的主要功能一定首先和"泡茶"有关，即"改变茶包位置"（见图 2-3）。之所以会出现这种问题是因为我们在阅读专利文本时经常会被误导，混淆"主要功能"与"特征功能"间的区别。关于这两个功能的区别详见下文 3.4。

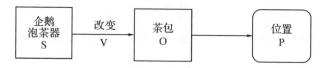

图 2-3　企鹅泡茶器的"专利四要素"

2.2　基于系统化创新方法的专利破解流程与工具

2.2.1　基于系统化创新方法的专利破解流程

为了提高专利破解的效率和效果,在长期的专利破解实践和培训中,我们开发了一套简单易学的专利破解流程,如图 2-4 所示。共分为四大步骤:专利检索、专利分析、专利破解和方案整合。该专利破解流程已制成软件,读者可自行登录注册 http://ai.cafetriz.com 应用本流程。同时本书也将专利破解流程制成 PPT 模本(如附录 A 所示),需要电子版的读者可自行下载。在后续的讲解过程中,本书将同时对软件及 PPT 模板的使用进行讲解。

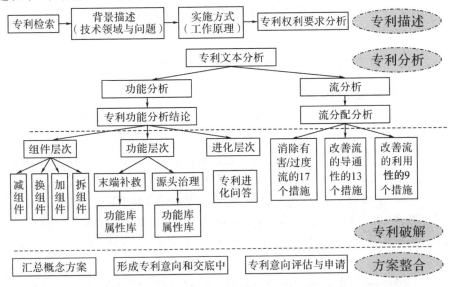

图 2-4　基于 SIM 的专利破解流程

专利检索部分首先通过专利检索获取目标专利授权书等信息,然后逐次分析专利的背景技术(所属技术领域和所要解决的技术问题等)、具体实施方式(采用何种方式实现该专利)、专利的权利要求(即授权文本中的"权利声明"部分)。

专利分析部分首先需要对专利文本尤其是"权利声明"部分进行详细分析,继而进行专利功能分析,形成专利功能分析结论及专利功能模型图。针对工艺类和软件类等专利,可以采用流分析,寻找有缺陷的负面流并绘制流分析模型图,然后针对找到的负面功能和负面流进行失效分析。

专利破解部分根据专利的不同,可以分为两类。第一类主要针对实体物理系统类的专利,需要根据功能分析结论展开。首先在组件层次上,依次采用"减、换、加、拆"四种方式进行破解;其次在功能层次上,采用"末端补救"和"源头治理"两种思路运用功能效应库和属性效应库进行破解;最后在进化层次上,采用"专利进化表格问答"进行破解。第二类主要针对非实体物理系统类的专利(如软件类专利、工艺类专利等),需要根据流分析结论展开:针对负面流的特性采取处理措施,如对于有害流或过度流可以查询"消除有害/过度流的17个措施",对于不足流可以采用"改善流的导通性的13个措施"或"改善流的利用性的9个措施"等进行破解。

方案整合部分主要通过对已产生方案进行分析,形成最终的专利破解方案。具体步骤如下:首先,汇总全部概念方案;其次,然后根据方案情况进行组合和调整,形成几个专利意向(根据需要形成技术交底书);最后对这些专利意向进行评估,根据专利意向方案的创造性、新颖性和实用性情况进行专利申请或方案实施。

2.2.2 基于系统化创新方法的专利破解工具体系

(1)专利功能分析工具

专利功能分析是对专利中所述技术系统承载的主要功能进行分析的过程。专利功能分析主要围绕专利独立权利声明展开,其主要步骤如下。

① 进行专利文本分析。重点对专利独立权利声明进行分析,找出其中存在的名词、动词、形容词/副词,确定词汇所代表的含义并厘清组件和动作关系。

② 填写系统/流组件列表。首先,找出本专利的作用对象、专利系统的主要功能。其次,填写专利组件列表,包括超系统组件、组件以及子组件。对于适合采用流分析的课题,还要填写流组件列表,包括系统流组件、对象和超系统流组件。

③ 绘制专利功能模型图或流分析图。根据专利文本分析中找出的重要组件和功能关系,绘制本专利系统的功能模型图。对于适合采用流分析的专利,还要根据流分析的作图规范绘制流分析模型图。

④ 根据失效分析的原理,绘制存在负面功能的专利功能图或流分析模型图。通过遍历功能模型图中的所有功能,根据失效分析的提示,尝试在特定条件下,评估每一正常功能转化为负面功能/负面流的可能性,并绘制存在负面功能的专利模型图或存在负面功能的流分析模型图。

⑤ 得出专利功能分析结论。根据所绘制的存在负面功能的专利模型图或流分析模型图,列举系统中存在的所有负面功能,并选择3~5个负面功能作为

后续专利破解的重点。

(2)组件层次专利破解工具

组件层次专利破解是指通过改变专利系统的组件,消除原专利系统中的负面功能/负面流,从而达到破解专利的目的。在专利功能模型图中,组件层次的专利破解(简称组件破解)可以视为对"组件框"内的组件进行操作。组件破解不局限于某一单个组件,可以对子组件、多个组件、组件组成的子系统甚至系统进行破解操作。组件层次专利破解主要有"减""换""加""拆"四种方法,通过减少组件、更换组件、增加组件、拆解组件来实现破解。具体内容详见后文第四章。

(3)功能层次专利破解工具

功能层次专利破解是指通过改变专利系统的功能原理,消除原专利系统中的负面功能,以达到破解专利的效果。在专利功能模型图中,功能层次的专利破解可以视为对组件之间的连接线即线条所代表的功能原理进行操作。功能层次专利破解主要有以下三个步骤。

① 确定专利系统现有的负面功能。

② 设法针对专利系统的负面功能进行"末端补救",综合运用功能库和属性库,寻求消除系统中负面功能的方法。

③ 设法针对专利系统的负面功能进行"源头治理",综合运用功能库和属性库改变系统工作原理,设计不存在该负面功能的新系统。

功能层次的专利破解涉及科学效应、知识库、功能库、属性库等几个重要概念及其使用方法,具体内容详见后文第五章。

(4)进化层次专利破解工具

进化层次专利破解是指通过加快专利系统的进化速度,消除原专利系统中的负面功能,以达到破解专利的效果。进化层次的专利破解主要通过填写专利进化问答表格实现。本书中进化层次的专利破解建立在经典的技术系统八大进化法则的基础上(见表 2-1),可分为生存法则和发展法则两大类。通过对八大进化法则的分解,最终形成众多进化路线。根据这些路线,使用者可以进一步分析专利进化方向。具体内容详见后文第六章。

(5)流程层次专利破解工具

流程层次专利破解是指通过改变专利系统的工艺流程,达到破解专利的效果。流程层次的专利破解主要有以下几个步骤:

① 进行系统流分配分析,找出所有负面流;

② 聚焦于要解决的负面流,将其作为问题解决的关键突破点;

③ 对于有害流或过度流,采用减少或消除有害流的 17 个措施;

④ 对于导通性有缺陷的不足流,采用改进流的导通性的 13 个措施;

⑤ 对于利用性有缺陷的不足流,采用改进流的利用性的 9 个措施。

表 2-1　技术系统进化法则

1	完备性法则	静态	生存法则
2	能量传递法则		
3	协调性法则		
4	提高理想度法则	动态	发展法则
5	子系统不均衡进化法则		
6	向超系统进化法则		
7	向微观级进化法则	动力态	
8	提高动态性法则		

应用流分析进行专利破解的具体内容详见后文第七章。专利破解流程的软件截图见图 2-5。

图 2-5　专利破解流程的软件截图

2.3　应用系统化创新方法的专利破解效果

(1)应用系统化创新方法解决技术问题的效果显著

鉴于系统化创新方法的广阔应用前景,自 2008 年开始,科技部协同国家发展和改革委员会、教育部以及中国科协共同发布了《关于加强创新方法工作的若干意见》,在全国范围内推广系统化创新方法。大量证据表明,创新方法能够显著提升企业技术创新能力。第一,调查表明创新方法能够显著改善知识产权"卡脖子"现状。根据中国创新方法研究会 2019 年开展的《创新方法十年回顾:成效与挑战》的调查(以下简称调查),2009—2017 年引入创新方法的 1435 家企业共获得专利授权 8467 项,发明专利授权 3320 项,平均每投入 1 亿元可获得 846.7 件专利授权、332 件发明专利授权,以专利授权数计算等额经费产出效率约为普通研发经费的 5 倍。

第二,实践表明创新方法能够显著改善企业的财务绩效。调查表明,2009—2017 年引入创新方法的 1435 家企业的总投入为 9.68 亿元,累计产生直接经济效益 164.05 亿元。据《福布斯》杂志 2013 年的报道,苏联解体后三星从俄罗斯科学院大量引进 TRIZ 专家进行企业全员培训,大幅提升了专利数量和产品性能,从而一举占据显示器行业的头把交椅,并获得超额利润。

第三,运用创新方法可以有针对性地解决重大技术难题。浙江大华将 TRIZ 引入全天候 AI 摄像机开发中,成功解决了多项关键技术问题,为企业增收 23 亿元,获授权发明专利 26 项。浙江省冶金研究院综合运用 TRIZ 和六西格玛方法成功解决 3D 打印金属粉体制备世界难题,一举将成品率从 25% 提高到 48%,达到“国际先进”水平。另有诸多实践充分表明,运用创新方法能够有效解决重大技术难题,从而帮助企业确立关键技术领域的知识产权优势并获得经济收益。

第四,创新方法在实践中的适用性极好,远超理论预期。以往对创新方法的认识比较局限于批量解决技术难题,根据最新研究和实践探索,创新方法具有超出理论预期的适用性。首先,创新方法能够运用于机械、冶金、电气等传统制造业,也可运用于计算机、通信、水工、水利、农业、建筑、管理等新兴产业或非制造业。其次,创新方法也能够达到多种应用目的。除解决一般性技术难题外,创新方法还能够针对性地用于专利规避、技术预测、生产率的提高、产品质量的改善、管理创新等方面。

(2)应用系统化创新方法改善知识产权的效果显著

SIM 能够从多方面帮助企业改善知识产权情况,具体表现在以下三个方面。第一,SIM 能够提高企业知识产权产出效益。中国创新方法研究会 2019 年对全国 1435 家省级示范试点企业的调查结果显示,每一项专利申请和发明专利申请分别需要投入研发经费 8.64 万元和 19.87 万元。[①] 调查认为,创新方法能够提高企业在同等投入条件下的知识产权效益。

第二,提供系统化的知识产权解决方案,从而改善企业的知识产权竞争力。我国企业的专利保有量低、专利竞争技巧和策略不足,在知识产权竞争中常常处

---

① 王海燕.创新方法十年回顾:成效和挑战[C]//2019 年全国创新方法研究和教学研讨会暨首届海峡两岸创新方法论坛,北京,2019.

于劣势。导入 SIM 可以通过专利规避等方法有效且合法地提升知识产权竞争力[1],避免专利侵权并打破技术围堵[2]。

第三,运用 SIM 可以提升知识产权分析和应用能力,如挖掘高价值专利[3]、分析技术发展方向(Li,2015)[4]、提高专利信息服务能力[5]、加强专利分类精度和检索效率[6]。本团队多年的培训结果表明,SIM 进行专利破解的效果也非常显著。如表 2-2 所示,截至 2023 年 7 月 1 日,本团队已经累计破解 276 个专利,共产生 3437 个概念方案、1005 个专利申请意向、518 个发明专利申请意向。平均每个目标专利可产生 12.5 个概念方案、新申请专利 3.6 个、新申请发明专利1.9个。且随着培训的完善,人均产生的专利意向数、发明专利意向呈现持续上升态势。

表 2-2　基于 SIM 的专利破解培训效果统计

期次	专利数	总体数据			平均数据		
		概念解数	专利意向	发明专利意向	概念解数	专利意向	发明专利意向
1	14	171	29	9	12.2	2.1	0.6
2	29	342	103	47	11.8	3.6	1.6
3	30	194	98	45	6.5	3.3	1.5
4	20	209	60	29	10.5	3.0	1.5
5	27	290	89	51	10.7	3.3	1.9
6	30	480	130	72	16.0	4.3	2.4
7	9	106	54	40	11.8	6.0	4.4
8	15	188	40	25	12.5	2.7	1.7
9	17	199	37	35	11.7	2.2	2.1

---

[1] 李辉,檀润华.专利规避设计方法[M].北京:高等教育出版社.2019.

[2] 鲁玉军,沈佳峰,王春青.基于 TRIZ 专利规避方法研究与应用[J].工程设计学报,2020,1(2):27-37.

[3] Park H, Ree J J, Kim K. Identification of promising patents for technology transfers using TRIZ [J]. Expert systems with Applications, 2013(40):736-743.

[4] Li M N. A novel three-dimension perspective to explore technology evolution[J]. Scientometrics, 2015(105):1679-1697.

[5] 袁晓嘉.基于 TRIZ 的专利信息服务研究[D].合肥:安徽大学,2015.

[6] 胡学钢,杨恒宇,林耀进.基于协同过滤的专利 TRIZ 分类方法[J].情报学报,2018,37(5):66-72.

续表

期次	专利数	总体数据			平均数据		
		概念解数	专利意向	发明专利意向	概念解数	专利意向	发明专利意向
10	28	537	144	63	19.2	5.1	2.3
11	18	286	52	22	15.9	2.9	1.2
12	31	336	133	63	10.8	4.3	2.0
13	8	99	36	17	12.4	4.5	2.1
总计	276	3437	1005	518	12.5	3.6	1.9

2.4　本章小结

本章系统总结了基于系统化创新方法的专利破解的概念、主要工具、流程体系和破解效果，帮助读者形成整体认知。

首先，介绍专利破解的基本概念，通过构建"专利破解四要素"分析模型，分别从系统（即 S）组件、实施动作（即 V）、更换对象（即 O）和改变参数（即 P）四个维度着手对目标专利进行破解。

其次，在专利破解流程上，主要包含专利检索、专利分析、专利破解和专利方案四个步骤。在专利描述阶段，重点从专利权利声明入手，系统分析其中的关键组件（名词）、操作（动词）和执行情况（形容词和副词）。

最后，开展专利分析。一方面，针对有实体的物理系统类专利，可基于功能分析建立功能模型，再分别采用组件层次、功能层次和进化层次展开破解；另一方面，针对非实体的物理系统类专利，可基于流分析建立流分析模型，综合利用流优化措施、效应库及进化法则产生破解方案。在此基础上，对破解过程产生的创新方案进行汇总评估，形成专利意向和专利交底书。

从既往培训经历来看，基于系统化创新方法的专利破解体系的效果总体较高：截至 2023 年 7 月 1 日，本团队已经累计破解 276 个专利，共产生 3437 个概念方案、1005 个专利意向和 518 个发明专利意向，平均每个目标专利可产生 12.5 个概念方案、新申请专利 3.6 个、新申请发明专利 1.9 个。由此可见，本书的专利破解方法能够提供专利破解方面的有效指导和帮助。

03 专利检索与分析

3.1 专利检索

在专利破解之前,需要先行确定目标专利,通过与目标专利的比较和分析,最终产生的方案才能成功破解专利。有些产品或方案通常会直接表明已申请专利或授权专利号,可以根据提醒进行查找。如果没有给出专利号,通常可以采取以下几个步骤确定目标专利:第一,确定生产、制造、营销过程中需要规避的技术特征或目标产品方案;第二,根据所确定的技术特征或目标产品方案提取关键词;第三,依据目标关键词进行检索,挑选出保护范围最接近该技术特征的专利。

常用的专利检索平台有国家知识产权局的专利检索及分析网、中国专利公布公告网、万方专利等。专利检索及分析网作为国家知识产权局的官方网站比较常用,数据库覆盖面较广,且可以免费检索和下载专利。因此,本书中的专利均在该网站检索获得。首先,进入国家知识产权局官网(http://www.sipo.gov.cn)专利检索入口(见图 3-1),然后点击进入专利检索及分析网首页(http://pss-system.cnipa.gov.cn)。

进入专利检索及分析网界面后,需要先阅读服务协议并注册,注册成功后可以开始检索,其检索界面如图 3-2 所示。在检索界面输入关键词,在检索栏左边指定检索数据库后可以同时检索不同国家/地区/组织的专利数据库。同时,还可以选择检索方式,如设定为按申请人/发明人/检索/申请号等方式检索。如果两项都不进行设定,则默认以"自动识别"的方式检索中国的"发明专利数据库"。检索成

图 3-1　国家知识产权局官网专利检索入口

图片来源:国家知识产权局检索入口截图。

图 3-2　专利检索及分析网检索界面

图片来源:国家专利局检索页面截图。

功后,可以进一步选择与所需保护技术特征最接近的专利,下载保存后作为后续分析之用。

3.2　专利文本的结构

在进行专利文本分析之前,首先要了解专利文本的结构,从而提高专利分析的针对性和有效性。通常无论授权与否,一项专利申请书的文本都包含以下几个部分。

(1)基本信息

包括申请日期、申请号、申请人、代理机构等相关信息。

(2)专利名称和摘要

专利名称通常用于反映专利的用途或应用领域,与专利中的发明创造技术直接相关。摘要部分用于反映所要解决的技术问题、解决方案的技术要点和基本用途,以及使用该方案带来的技术优势。

(3)权利要求书

权利要求书包含独立权利要求和从属权利要求,权利要求书通常清晰、简要地记载了技术特征,其目的在于限定专利保护范围。独立权利要求针对方案、产品、设备的新颖特征给出清晰定义;从属权利的要求范围相对狭窄,通常包含单个或多个权利要求。权利要求书主要反映专利发明的目的、特征权利的要求,以及根据特征权利要求展开的从属权利要求。权利要求书一般以文字及附图的形式描述该发明的技术措施和特征,包括结构、组成、连接、相互关系和特定作用等。

(4)说明书

说明书包括技术领域、背景技术、发明内容、附图说明和具体实施方式五个部分。

技术领域是指发明所直接从属或应用的技术领域,而不是相关或上下位技术领域,通常为本领域技术人员所熟知。

背景技术应当充分检索和理解现有技术,详细描述历史和现有技术的主要特征,客观指出其中存在的主要问题并说明导致问题的原因,并根据现有问题说明本专利的发明目的。

发明内容需要反映三个内容:第一,专利所要解决的具体技术问题;第二,本专利为解决该技术问题所采取的技术方案;第三,采取上述技术方案后产生的技术效果。

附图说明是对文字的图形化解释,需要清楚展现所要保护的结构特征。

具体实施方式是公众理解专利的关键所在,必须详尽、具体地描述实现发明专利的优选方式。如果独立权利要求是概括性的技术特征（上位概念、并列选择、功能限定等），一般会给出多个具体实施方式。

3.3　专利文本分析

应用系统化创新方法进行专利破解的第一步是对专利文本进行详尽分析，专利分析通常包括专利文本分析和专利功能分析两个部分。其中，专利文本分析主要用于分析专利的背景技术、具体实施方式，以及分析专利的权利要求等；专利功能分析需要先根据文本分析结果进行专利功能分析并绘制功能模型图，再进行专利系统失效分析。本节主要介绍如何进行专利文本分析，以及如何从专利文本中提取有用信息。本书附录 A 有应用系统化创新方法进行专利破解的 PPT 模板，并附电子版下载链接，本节对应 PPT 模板中的第一部分及软件的第二步骤。

专利文本分析的过程如下。

（1）介绍待破解专利的背景技术，描述专利所处的技术领域、背景技术以及所要解决的技术问题（发明目的），填写 PPT 模板中如图 3-3 所示的内容。

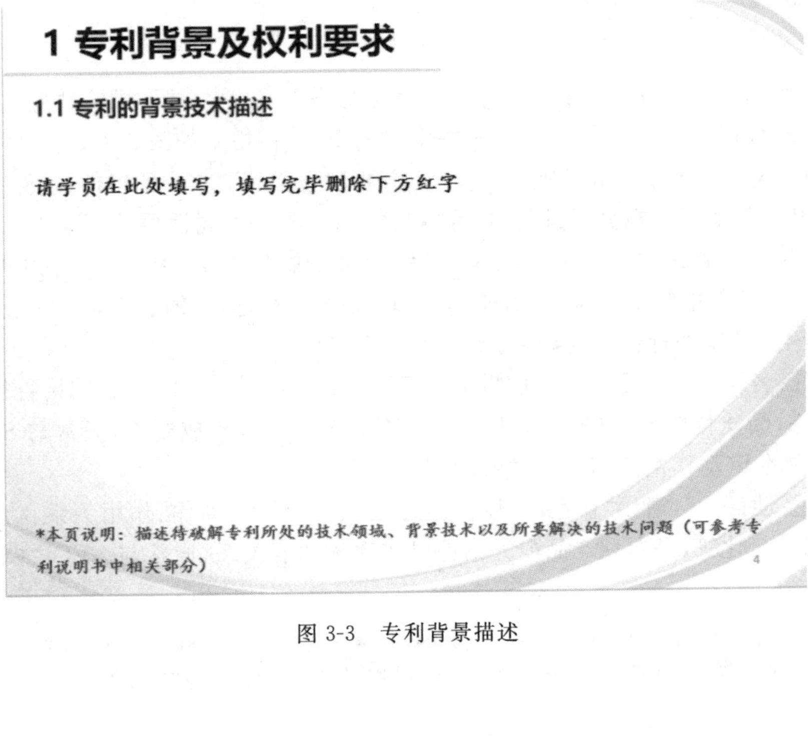

图 3-3　专利背景描述

(2)介绍待破解专利的具体实施方式,描述专利的具体实施方式(可参考专利说明书中的相关部分)。要求利用文字及示意图,阐述系统的基本工作原理,说明待破解专利如何实现其发明目的,填写PPT模板中如图3-4所示的内容。

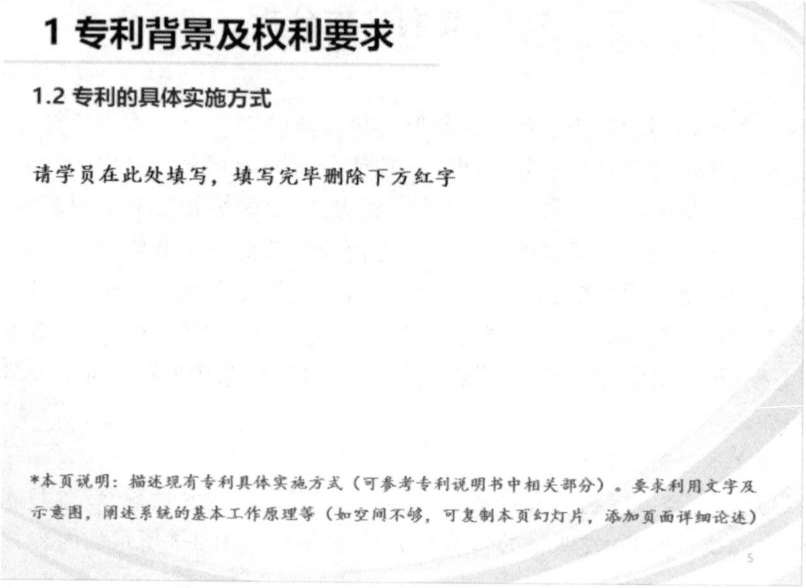

图 3-4 专利具体实施方式描述

(3)列出待破解专利的权利要求作为后续分析之用。重点描述独立权利声明部分,根据需要加入非独立权利声明,填写PPT模板中如图3-5所示的内容。

(4)对专利权利要求进行分析,重点分析独立权利要求中的组件、组件关系、功能特征等要素。在分析过程中,可以将权利声明中不同性质的词语进行详细标记,以确保破解的有效性。专利权利声明文本的分析在PPT模板中如图3-6所示,在PPT中依次将名词、动词、形容词/副词进行标记,同一个术语一般不多次标记。PPT的标记方式如下。[1]

① 名词——请用"红字"加粗字体标记。表示组件、物质—场、结构特征、所处状态、品质特性等,用于说明专利产品或方案的基本构成要素,通常与SVOP模型中的S(动作主体)和O(对象)对应。

② 动词——请用"蓝色"斜体字体标记,表示行为、动作、作用关系、功能特征、状态变化等,是专利产品或方案得以实现的功能关系,通常与SVOP模型中

---

[1] 由于出版一般为黑白印书,故本书中同时采用不同字体和颜色进行标记,名词采用宋体,动词采用宋体斜体,形容词采用黑体加下划线。本书配套的PPT中则采用颜色标记进行区分。

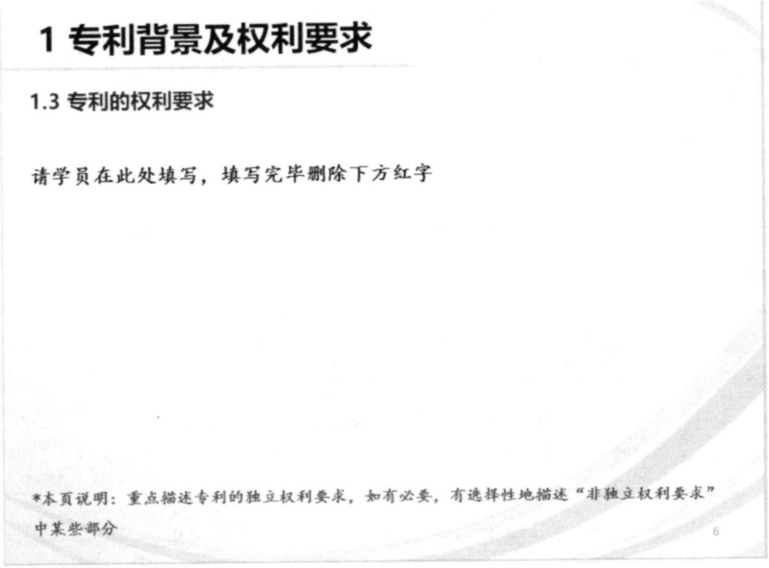

1 专利背景及权利要求

1.3 专利的权利要求

请学员在此处填写，填写完毕删除下方红字

*本页说明：重点描述专利的独立权利要求，如有必要，有选择性地描述"非独立权利要求"中某些部分

6

图 3-5　专利权利要求描述

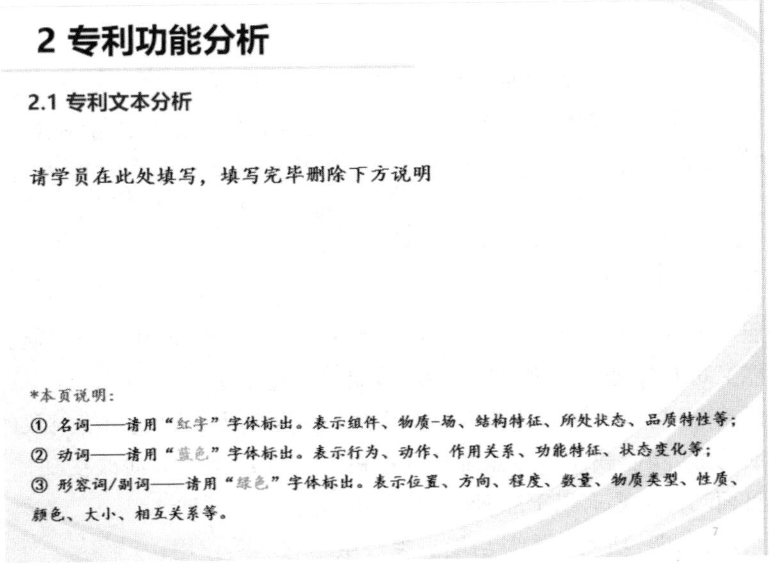

2 专利功能分析

2.1 专利文本分析

请学员在此处填写，填写完毕删除下方说明

*本页说明：
① 名词——请用"红字"字体标出。表示组件、物质-场、结构特征、所处状态、品质特性等；
② 动词——请用"蓝色"字体标出。表示行为、动作、作用关系、功能特征、状态变化等；
③ 形容词/副词——请用"绿色"字体标出。表示位置、方向、程度、数量、物质类型、性质、颜色、大小、相互关系等。

7

图 3-6　专利权利要求文本分析

的 V（施加动作）对应。

③ 形容词/副词——请用"绿色"下划线黑体字体标记，表示位置、方向、程度、数量、物质类型、性质、颜色、大小、相互关系等，用于界定专利权利声明的保护范围，通常与 SVOP 模型中的 P（参数）对应。

应用软件进行文本分析的结果如图 3-7 所示。

图 3-7　应用 cafetriz 软件进行文末分析结果

3.4　专利功能分析

在进行专利文本分析之后，还需要进行专利功能分析，进一步分解专利系统以提高专利破解的针对性。本节对应模板中的第二部分。在进行专利功能分析之前，首先需要回顾 TRIZ 中关于功能分析的几个重要概念和功能模型图的绘制方法。

3.4.1　功能的分类

按照功能效果与期望之间的差异，将功能分为有用功能和负面功能。其中，负面功能又可具体分为有害功能、不足功能以及过度功能。

有用功能：功能载体对功能对象的作用按期望的方向改变功能对象的参数。

负面功能：功能载体对功能对象的作用没有按期望的方向改变功能对象的参数。负面功能主要有以下三种。

（1）有害功能：功能载体对功能对象产生了有害的作用；

（2）不足功能：功能载体对功能对象的作用产生的实际改善值小于期望的改善值；

（3）过度功能：功能载体对功能对象的作用产生的实际改善值高于期望的改

善值,而这种高于期望的改善值虽未带来有害效果,但也不完全符合期望。

有害功能、过度功能和不足功能都无法满足功能载体对作用对象的正常功能,因此都是系统中存在的不利因素。

对于系统中的有用功能而言,又可以根据功能对象在系统中所处的不同位置,进一步将其分为主要功能、辅助功能、附加功能和特征功能。四种功能类型的定义如下。

(1)主要功能,也叫基本功能,用 B 表示,其功能作用的目标是系统对象,是系统存在的主要理由,回答"系统能做什么"的问题。

(2)辅助功能用 Ax 表示,其功能对象是系统组件,作用是支撑主要功能,回答"系统怎么做(实现主要功能)"的问题。

(3)附加功能用 Ad 表示,其功能对象是超系统组件,回答"系统还能做什么"的问题。

(4)特征功能用 As 表示,其功能对象是超系统组件,回答"本(专利)区别于其他系统的特别之处是什么"的问题。特征功能属于附加功能,两种功能的作用对象都是超系统组件。二者的区别在于,特征功能能让用户产生"意外惊喜",即提供了这个功能会超出用户的期待,让用户非常满意。而附加功能只是在满足了用户对系统的基本要求以外又额外提供了新的功能,用户并没有"很意外"或"很惊喜"。

如果把上述四种功能与 KANO 模型中的四种需求对应起来就更好区分了(见表 3-1)。以会飞行的个性化闹钟为例,主要(基本)功能就是满足 KANO 模型中的必备型(must-be quality)需求。用户默认系统应该具备最起码的功能,即如果连这个功能都不符合用户预期,则会给用户满意度造成极其负面的影响。对于闹钟来说,其主要功能就是准时闹铃。如果一个闹钟到了约定时间却不闹铃,那用户肯定不会购买。系统辅助功能满足无差异(indifferent quality)需求,即该功能的改进只要不影响主要功能 B,那么用户不会很在意且也感觉不到。例如闹钟内部齿间的作用,只要不影响准时闹铃用户一般不会关心。附加功能对应 KANO 模型的期望型(one-dimensional quality)功能,即用户的主要诉求或痛点。例如可以个性化设置闹铃或音乐的功能。而特征功能对应 KANO 模型的魅力型(attractive quality)功能,例如相对于个性化设置铃声,闹钟"会飞行"(即闹铃响时飞起来,必须起床抓住才能取消闹铃)绝对是一个容易让用户兴奋起来的卖点,也是这个闹钟区别于其他闹钟的地方。

表 3-1　KANO 视角下四种功能的对比

功能种类	对应 KANO 模型的功能类型	举例
主要（基本）功能 B	必备型（must-be quality）	闹钟准时闹铃
辅助功能 Ax	无差异（indifferent quality）	闹钟内部齿间的作用
附加功能 Ad	期望型（one-dimensional quality）	闹钟个性化设置闹铃或音乐
特征功能 As	魅力型（attractive quality）	闹钟"会飞行"

回到章节 2.1 中遗留的问题,为什么按 SVOP 的顺序会把企鹅泡茶器的功能定义为"闹钟"？现在就比较好理解了,这主要是因为专利权利声明中都会格外强调特征功能即"卖点"从而产生误导。把特征功能作为主要功能是专利破解中的一个常见错误,还请读者留意。

3.4.2　组件分析

系统功能分析的第一步是组件分析。组件是技术系统的组成部分,是能够执行一定的功能的实体,可以将其看作系统的子系统。组件可分为系统组件(包括子系统组件)和超系统组件两大类。请注意,根据功能的定义,系统组件必须是客观的物理实体,必须能够执行一定的功能,这是系统组件的核心特征。

组件分析的目的是识别技术系统的组件及超系统组件,从而得到系统组件和超系统组件列表。组件分析回答了技术系统由哪些组件组成,具体包括系统作用对象、系统组件、子系统组件(如有必要),以及和系统组件发生相互作用的超系统组件。图 3-8 是系统组件分析的层次示意图。图中超系统组件用绿色六边形框表示,组件系统用黑色矩形框表示。通常情况下,功能分析只分析到系统组件这一级别,也可根据实际需要将个别系统组件进一步拆分为子系统组件。

需要特别提醒的是,有一个较为特殊的超系统组件——系统作用对象,简称对象,用蓝色椭圆框表示。对象是系统主要功能的受体,是系统被设计和创造出来的原因。成语"屠龙之技"[①]之所以会成为一个笑话,从系统分析的视角来看,就是因为没有"龙"这个作用对象,导致"屠龙"这个功能完全没有存在的意义和价值。因此对象的确定非常重要,对象确定错误将直接导致对系统主要功能确定错误,进而将整个系统分析引至错误的方向。

刚刚提到对象是超系统组件,那么到底什么是超系统组件,为什么要叫超系统这个怪名字呢？

---

① 出自《庄子·列御寇》:"朱泙漫学屠龙于支离益,殚千金之家,三年技成,而无所用其巧。"比喻技术虽高,但无实用性。

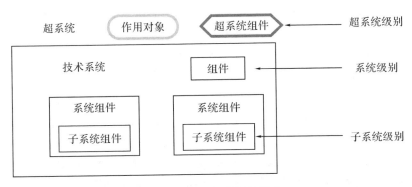

图 3-8 系统组件分析的层次

所谓超系统组件即对系统造成影响的外部要素,因为超系统是客观存在的外部环境因素,而不是系统内的组成部分。相反,可将系统视为超系统的一个子系统,这也正是"超系统"一词的由来。在对超系统进行分析时,一定要注意:超系统组件必须在对系统组件有影响时才纳入考虑,如无影响则不用纳入考虑。

超系统组件的识别很重要,因为超系统组件既可能导致工程系统出现问题,也可以作为工程系统的资源,成为解决问题的工具。在工程活动的各个阶段,典型的超系统组件有:

(1)生产阶段——设备、原料、生产场地等;

(2)使用阶段——功能对象(产品)、用户、能量源、与对象相互作用的其他系统等;

(3)储存和运输阶段——交通手段、包装、仓库、储存手段等;

(4)与技术系统作用的外界环境——空气、水、灰尘、热场、重力场等。

经过以上分析后,可以填写系统组件列表,对系统的全部组件进行梳理。系统组件列表在 PPT 模板中如表 3-2 所示。

表 3-2 系统组件列表

超系统组件	组件	子组件
		将某组件拆分为相应的子组件,写在本列

组件分析是专利功能模型分析的第一步,是后续进行专利破解的基础,非常重要。初学者在具体应用过程中经常会遇到很多问题,现将常见问题汇总如下。

(1)组件的划分到底要多细

这是最常见的一个问题,类似的问题还有"我这个系统中有几十(或几百)个零件,都要画上去吗?"等等。需要明确的是,组件的划分没有客观标准,无论怎么画,目的都是方便分析。因此一般情况下,重点突出系统中与负面功能相关的部分,而对运转比较正常或本次分析中不会作为重点考虑的部分可以合并为一个组件。例如对于某缝纫机专利,想申请一个新专利解决原专利产品中润滑油经常泄漏的问题。那么与润滑油泄漏有关的部分,不管是主动牙架、辅助牙架,还是油封、泵油装置等,越细越好。而其他与本问题关联部分例如动力部分,即便由几十个零件组成,也仍然将其画成一个组件。

总之,组件数量既不能太少也不要太多,根据经验,构成功能模型的组件总数(包括超系统组件)在 10～15 个为宜。太少了难以产生有效的创新思路,太多了分析耗时耗力,还会失去重点。更为严重的是,组件过多可能导致我们忽视组件间的交叉耦合作用,从而设计出有先天缺陷的新专利或新产品。

(2)系统组件和超系统组件如何区分

除了在概念上进行区分,在具体应用时有一个很实用的小经验——看一下该组件是否可以"被删除或重新设计"。其实,这正是超系统组件和系统组件的显著区别:不能被删除或重新设计,就是"超系统组件",反之则为"系统组件"。

仍然以某缝纫机专利为例,这个产品存在的一个问题就是运行时间超过 6 小时机身会发热甚至烫伤操作者。在绘制功能模型图时经常有学员问:缝纫机"操作者"到底是"组件"还是"超系统组件"? 我一般这样回答:"这要看你怎么看待被烫伤的'操作者'。"如果你对"操作者"说"闭嘴,你没有被烫伤",而"操作者"真的就听你的了,继续顽强地执行"操作"的功能,此时"操作者"就是系统组件。因为相当于你"重新设计"了"操作者",让他变成了一个不知道疼的零件,而一个零件作为"组件"就很好理解了。但事实上,我想绝大多数人想的应该是"我一定要解决这个问题,不能再让工人兄弟们受伤"。那么此时的"操作者"就是超系统组件,因为你默认了不能对"操作者"进行"删除或重新设计"——他被烫了就会受伤。也许有人会说:"我当然可以'删除'操作者呀,不是有全自动缝纫机吗?"那请再思考一下,对于无人操控的全自动缝纫机,你还会去考虑解决外壳会不会过热的问题吗? 换句话说,从系统分析的视角来看,是你首先"重新设计"了与"操作"功能相关的组件(从人操作变成全自动),进而使得"操作者"与系统中"操作"相关的组件没有了关联。因此"操作者"的所谓"被删除",其本质是他不再与系统组件发生关系,所以不再被纳入考虑(图中不用画了),而非作为组件被人为地"删除"了。因此分析和解决问题时，一定要立足选定的目标系统，不要过于发散和跳跃。

（3）对象为什么是超系统组件

系统作用对象当然也是超系统组件，因为它不能被删除和重新设计。肯定又会有人说："对象是可以改的呀。"仍然举一个简单的例子，常用手机与老人机或儿童手机对比，对象变了，意味着需要替换整个系统，再回头讨论原来系统中存在的问题就没有意义了。

随着技术的不断发展，如今系统的功能结构越来越复杂，具有几十个附加功能的多功能系统（典型的如瑞士军刀、智能手机等）层出不穷。对象的确定之所以重要，是因为确定了对象才能确定系统的主要功能，从而帮助我们主次分明地分析系统的整个功能结构。因此，对象实际上是一把解析系统复杂功能结构的钥匙。我们可以无限地增加系统的附加功能，并不断优化改进辅助功能，但前提是一定首先保证主要功能正常或更优运行。试想一下，谁会去买一把削木头都会卷刃的瑞士军刀，而一部压根没有接打电话功能的智能手机只能叫微型电脑，根本不能叫手机。所以请大家一定要注意对象的确定，确保系统功能分析的方向不至于走偏。

3.4.3　专利功能模型图的绘制

专利功能模型图是一种用图形化表达专利系统中各个组件之间相互作用关系的方法。专利功能图能够形象地展示各组件间的所有功能关系及其性质，有助于对系统进行深入分析。功能的图形化表达常用箭头和矩形框来表示（动宾结构），其中箭头代表动词（动作），矩形框代表名词（组件）。在绘制专利功能图之前，必须了解功能模型图绘制的作图规范。关于功能图绘制的详细做法，请参考《创新之道：TRIZ 理论与实战精要》一书。

（1）专利功能模型图的作图规范

功能模型要素代号及图例绘制功能模型需要遵循一定的作图规范。本书中采用统一的作图规范，如表 3-3 所示。

专利功能模型图的绘制有助于加深对于专利系统本身的理解，也有助于后续破解，因此要充分重视专利功能模型图的重要性。在建立专利功能模型图的过程中，主要有以下经验可供参考：

> ➢ 只有在作用中才能体现功能，因此在功能描述中必须存在动词反映该功能。不能采用不体现作用的动词，也不能采用否定动词；
> ➢ 功能存在的条件是作用改变了功能受体（对象）的参数；

表 3-3　功能模型图绘制图例

比较项	类别/分类	需要程度	
功能类型	基本功能 B	必备型	
	辅助功能 Ax	无差异	
	附加功能 Ad	期望型	
	特殊功能 As	魅力型	
特征	性能水平	图形样貌	图形示例
功能等级	正常功能	黑色实线箭头	⟶
	不足功能	蓝色双实线箭头	⇉
	过度功能	红色虚线箭头	▪▪▪▸
	有害功能	红色实线箭头	➔
组件类型	系统组件	矩形	组件
	超系统组件	六角菱形	超系统
	系统作用对象	圆角矩形	对象

➤ 功能陈述包括作用与功能受体(对象),体现作用的动词能表明功能载体要做什么,功能受体是物质,不能是参数;

➤ 在陈述功能时可以增添补充部分,指明功能的作用区域、作用时间、作用方向等。

(2)专利功能图绘制的具体步骤

专利功能图的绘制需要基于专利文本分析结果展开。根据第二章专利文本的分析步骤找出专利权利声明中的动词、名词和形容词/副词后,按照如下步骤绘图:

第一步,确定系统作用的对象(即 SVOP 中的 O);

第二步,确定系统的主要功能(即 SVOP 形式的表述);

第三步,列举系统的主要组件,按照规范填写组件列表;

第四步,根据系统组件之间的关系,绘制专利功能模型图。

专利功能的分析步骤和传统功能分析基本相同,因此在完成专利文本分析后,专利功能的具体绘图方法和步骤完全可以遵照传统功能分析。需要注意的是,二者仍然存在以下几点区别(见表 3-4)。

区别一:功能类型不同。传统的功能模型都是问题导向,即模型中一定都存在负面功能。但申请人不会在专利文本中写明专利实际存在或可能存在的问题,需要后续运用失效模式预测负面功能的存在。甚至在极端情况下,所有的功能都有可能成为负面功能。只有在后续步骤中彻底改进选定的负面功能,消除现有专利中的潜在缺陷,才能在专利实质审查过程中取得创造力维度"有实质性进步"的认可。

区别二:组件列举的要求不同。在专利功能分析中,务必逐一列举所有必要的组件,包括相同组件,这对专利破解的成功与否十分重要。例如系统有四个轮子,要分别编号画出,不能认为四个轮子是一样的就画成一个轮子。

区别三:对组件的定义不同。在经典的功能模型中,空腔、孔隙或者真空等非实体组件是不画出来的。但是非实体组件在专利中可能是很有价值的,需要根据分析需要决定是否要画出来或者单独拿出来进行分析。

表 3-4 普通功能分析和专利功能分析绘图的区别

对比项	普通功能分析图	专利功能分析图
功能类型	能够直接发现有害、不足和过度等负面功能	专利文本中不直接体现任何负面功能,需要经过失效分析才能发现
组件列举	根据问题解决的需要进行分析,列举重要组件即可	尽量按照专利权利声明中的名词、动词列举组件和说明功能关系,不能有遗漏,相同组件也要编号逐一画出。尽可能全面体现专利权利声明中的副词/形容词关系,不能有遗漏
组件定义	只绘制实体组件	非实体组件(空腔、孔隙或者是真空)也可能要根据需要画出

3.4.4 专利系统失效分析

由于专利系统要考虑申请和公开的过程,因此大部分专利都不会明确指出本专利的漏洞、不足或有害之处,而这些地方恰恰是改进该专利的关键之处。系统失效分析通过一定的方法寻找系统存在的缺陷,从而为专利破解提供出发点。下文以摩托车为例,将系统失效分析的具体步骤加以归纳(见表 3-5)。

第一步:正常功能[正常的专利功能模型图中的所有功能均列举在表 3-5,用 S(系统)+F(功能)+O(对象)的格式,如车架支撑驾驶员];

第二步:正常功能的条件(功能正常发挥的条件主要包括操作条件或使用条件,其中操作条件指热、冷、干、粉尘环境等,如车子使用条件指超过平均里程、糟糕路况等);

第三步:潜在失效模式(①不足功能可具体分为功能丧失、功能降低、功能间歇性中断;②有害功能;③过度功能;④不可控功能。此外,还应关注突发性和渐

变性两种情况);

第四步:功能失效条件(潜在失效模式发生的条件主要包括操作条件或使用条件,其中操作条件指热、冷、干、粉尘环境等,如使用条件指超过平均里程、糟糕路况等)。

根据系统失效分析的结果,还可以进一步绘制包含负面功能的专利模型图。同时罗列专利功能分析的结论,以便后续分析使用。

表 3-5 摩托车的系统失效分析

步骤	第一步	第二步	第三步	第四步
	正常功能	正常功能的条件	潜在失效模式	功能失效条件
操作	发动机驱动车轮	寿命期内,正常保养,润滑等	齿轮打碎,传动故障……	缺乏润滑油和保养……
	轮胎支撑车身	寿命期内,正常行驶,常温等	轮胎破裂,轮胎打滑……	被钉子扎,超负荷磨损……
	车架支撑驾驶员	无碰撞,非低温等	断裂,弯曲……	碰撞……
	……	……	……	……

3.5 专利功能分析与失效分析实例

3.5.1 专利文本分析实例

下面以专利"焊缝密性测试方法"[①]为例,说明如何进行专利文本分析。在充分阅读专利和查询资料后,提供专利的结构和分析结果如下。

(1)专利背景技术描述

历史技术。众所周知,在船舶建造过程中,为防止各舱室之间相互渗漏,在船体结构中设置了水密舱壁板,并通过密性测试检验舱壁板是否存在渗漏。传统的密性测试放在船台上或船坞内进行,等分段合拢后再组织大舱密性测试。而对需要进行密性的焊缝,在分段涂装前必须在焊缝上用胶带粘贴,宽度为 100 mm 左右,待密性测试结束后,涂装再进行补漆工作。补漆前必须在焊缝两侧(150 mm)范围内进行打磨,然后手工刷涂。

---

① 本书中的专利破解均为教学案例之用,所有技术方案均为教学过程中激发产生,不涉及商业机密。在案例使用中进行技术脱敏,如有不妥,请与作者联系。

待解决问题(发明目的)。上述这一项作业不仅费时、费力,同时增加了高空作业及密闭舱室作业的危险性,给焊缝质量控制方面带来许多困难。此外,它还延长了船台或船坞内的作业周期,从而降低了生产效率,所以这种测试方法还有待于改进。

(2)专利的具体实施方式

步骤 1:选取透明的真空箱,该真空箱通过管道与抽真空机相连通,在真空箱上设置能显示真空箱内真空度的真空压力表。

步骤 2:选取需要检测的焊缝,并将需要检测的焊缝左右各 200 mm 区域清理干净,然后涂上肥皂液,再将真空箱覆盖在涂有肥皂液的焊缝上。

步骤 3:压紧真空箱,开启抽真空阀门,在真空表上显示真空度在 0.015~0.02 MPa 时,观察焊缝表面是否有气泡冒出。

步骤 4:如发现有气泡冒出,则判定焊缝不合格,应修补后重新检查;如没有发现有气泡冒出,则判定确定焊缝合格。

在部件、组件和片体上的焊缝可分段进行测试,这样更方便。此外,本测试方法可应用于深熔焊缝、全焊透角焊缝及分角焊缝密性的测试,应用范围更广。

(3)专利的权利要求

提取专利权利要求声明部分的内容。

(4)专利文本分析[①]

一种焊缝密性的测试方法,其特征在于:a. 选取**透明的****真空箱**,该真空箱通过**管道**与**抽真空机** *相连通*,并在真空箱上设置有能显示真空箱内**真空度**的**真空压力表**;b. 选取需要检测的**焊缝**,并将需要检测的**焊缝左右各**200 mm 在**区域清理干净**,*然后**涂上肥皂液***,再将真空箱*覆盖*在涂有**肥皂液**的焊缝上。c. 压紧真空箱,***开启**抽***真空**阀门**,在真空表上显示**真空度在** 0.015 MPa 时,*观察焊缝表面*是否有气泡冒出;d. 如发现有**气泡***冒出*,**确定**焊缝不合格,应**修补**后重新检查;如没有发现有气泡冒出,则判定焊缝合格。

点评:从上述分析中我们可以获知本专利的基本信息,了解本专利适用于检测船舶制造等领域中"焊缝"的密封性问题。新开发了一个能够提高密封性检测效率,大大降低人为作业风险性的设备。该设备通过抽真空机和真空箱检测密封性,通过肥皂液是否产生肥皂泡来表征密封性效果。根据权利要求声明,本专利主要包括真空箱、抽真空机、压力表、肥皂液等装置,以及管道连接、焊缝清理、

[①] 由于黑白印刷无法区分不同字体的颜色,因此本书中将专利文本分析用不同字体区分。其中,名词用"**宋体加粗**",动词用"*仿宋加粗*",形容词用"黑体加下划线"。

测试过程、观察肥皂泡冒泡等具体实施过程。后续专利破解可针对这些装置和过程、操作展开，提高专利破解的效率。

3.5.2 专利功能分析

根据专利文本分析的结果，按照上述步骤，对专利"焊缝密性测试方法"的分析结果如下。

（1）系统作用的对象：根据专利文本的分析结果，可以发现系统的目标是测试焊缝密封性，因此作用对象为"焊缝（O）"。

（2）系统的主要功能：根据专利文本的分析结果，围绕系统的目标（测试焊缝密封性），因此可以将主要功能定义为"焊缝测试仪（S）＋检测（V）＋焊缝（O）＋密封性（P）"。

（3）列举系统的主要组件，按照规范填写组件列表。

根据专利文本的分析结果，将焊缝、真空罩等多个不重复名词填入表 3-6。注意对象"焊缝"是超系统组件。同时仔细分析，文本中这句"如发现有气泡冒出"还隐含着一个组件"操作者"。虽然没有体现为名词，但为了系统功能的实现（看见气泡了才能确认是否有焊缝），还是应该把专利文本中未出现的名词"操作者"作为组件列入表中。在大多数情况下，单纯依靠专利本文分析可以把所有组件都找出来。但在个别情况下，超系统组件可能不会在本文中出现。但为了分析需要，还是要把文本中未提及但对系统主要功能实现有重要影响的组件加进来。例如本案例由于是测量类专利，在人工观察时，可能不会把操作者或观察者等组件单独列出，但根据需要可以加入。综上所述，专利组件如表 3-6 所示。

表 3-6　焊缝测试仪专利组件列表①

超系统组件	组件	子组件
焊缝，操作者	真空罩	（真空）压力表、罩体、阀门 1、密封橡胶
	抽真空机	
	管道	
	阀门 2	
	空气	
	肥皂液	
	气泡	

---

① 在某些专利中，权利声明只提供了本例中最基本的组件和构型，还需要通过阅读说明书进一步补充较为重要的组件或子组件，明确功能关系。如说明书中提到"真空罩"由（真空）压力表、罩体、阀门 1、密封橡胶等子组件构成，为分析需要，将其列入表 3-5 组件列表。

根据专利文本分析结果,列出所有不重复动词。这些动词表示系统各组件之间的功能关系,将所有存在动词关系的组件用线相连,绘制专利功能模型(见图3-9)。

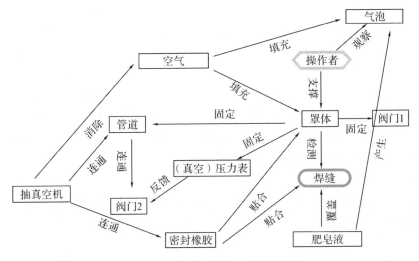

图 3-9 焊缝测试仪的功能模型

点评:功能模型图绘制完成后,需检查图形与文本分析的结果是否一致。在本案例的专利文本分析中,一共标记了 11 个不重复的名词,外加 1 个隐含的超系统组件"操作者",共计 12 个名词,而功能模型图中的各色方框(即系统组件和超系统组件)刚好也是 12 个(真空罩一分为四)。[①]另外文本中一共标记了 19 个不重复动词,外加与真空罩四个组件相关但未在文本分析中标出的 8 个动词,共计 17 个动词,而功能模型图中的各色箭头(即各种功能)也刚好为 17 个。不重复名词动词数量与功能模型图中方框和箭头数量一致,说明没有遗漏。相信到这里,大家也能理解为什么之前做文本分析时需要根据不同词性做文本标记,就是怕遗漏。

此外,对于本功能模型,还有以下几个地方需要注意。

(1)系统中存在两个一样的阀门组件,但各自的作用不同:一个是真空阀门(阀门 1),另一个是连接管道(阀门 2)。因此在专利功能模型中,要关注每一个组件,哪怕是相同的组件。这是其与传统功能模型图不一样的地方。

(2)"空气"在这里被作为系统组件而不是超系统组件。这是因为在本案例中,理论上"空气"是可以被彻底删除的(虽然绝对真空难以达到,但是在真空度达到不影响测量结果的程度即可理解为空气被彻底消除)。既然可以也应该被

---

① 11 个名词包含构成"真空罩"的四个子组件。

完全消除，那为什么又画上呢？这是因为我们把"空气"作为一个工具或资源，通过让"空气"进入"气泡"使我们观察焊缝存在与否，所以还是要画上。

（3）功能模型图中的组件"抽真空机"和"压力表"，如果都进一步拆开，里面都有大量的子组件。但在本案例中，重点在于研究影响测量结果的功能，而不在于改进抽真空机和压力表。因此，这里的两个组件在本案例中应该不会被重新设计和改进。所以抽真空机和压力表各作为一个组件，不用拆开，这样组件数量控制在12个，刚好适合分析。另外，本案例中把抽真空机和压力表作为组件来考虑，是因为本案例中的抽真空机和压力表都是可以根据需要被"重新设计和删除的"。如果在其他情况下，例如抽真空机和压力表都是外购标准件，不允许拆改，那么二者就需要被画成超系统组件。

（4）本专利功能模型图绘制的是焊缝存在冒气泡且被观察的过程。有学员会问："那可不可以绘制不存在焊缝不冒气泡的过程？"答案当然是可以的，但是绘制后者的功能模型图就很难找到专利破解的方向，因为你不能确认没有气泡是因为没有焊缝还是因为系统出现了故障。

如前文所述，单纯依据专利文本分析绘制的专利功能模型是没有负面功能的（都是正常的黑色线）。接下来，我们需要通过专利系统失效分析挖掘当前专利系统中存在的隐患，为后续破解专利指明方向。

3.5.3　专利系统失效分析

第一步，根据PPT模板中如表3-3所示的专利功能模型图逐一分析每一个功能，把每一个功能都填入表3-7的第一列。

表 3-7　常见的失效情况

失效类型	具体分类	典型方式
Ⅰ类失效：系统因为失效而不能完成预先设计的功能	突发型：失效发生的过程较为迅速	断裂、开裂、碎裂、弯曲、塑性变形、失稳、短路、断路、击穿、泄漏、松脱等
	渐变型：失效发生的过程较为缓慢	磨损、腐蚀、龟裂、老化、变色、热衰退、蠕变、低温脆变、性能下降、渗漏、失去光泽、褪色等
Ⅱ类失效：系统产生了有害的非期望功能	无	噪声、振动、电磁干扰、有害排放等

第二步，依据专利文本分析中所标记的副词/形容词，逐个分析每一个功能正常工作的条件，填入第二列。

第三步,根据第二列的内容,考虑潜在失效模式。重点考虑以下几种情况:与正常工作条件相反的条件、极端情况、外部干扰、操作错误等。

第四步,研究可以造成第三列潜在功能失效的条件,填入第四列。

以上四步就是想方设法找出系统的毛病以及破坏系统的条件,找得越多越准,最终产生的破解专利质量就越高,价值就越大。然后精简表3-8,保留最有可能失效的功能,可以不考虑不容易失效或失效了也影响不大的功能。在本案例中,图3-9功能模型图中的16个功能仅保留了7个重要且又容易失效的功能。还是有必要强调一下,这里只是在预测原专利系统各功能"潜在"失效的概率,并不是说原专利系统就一定存在或者一定会发生所保留的负面功能。只是说在满足了第四列功能失效的条件后,发生功能失效的概率非常大。

最后,按照所得出的负面功能绘制潜在失效功能模型图(见图3-10)。

表3-8 焊缝测试仪的系统失效分析

步骤	第一步	第二步	第三步	第四步
操作	正常功能	正常功能的条件	潜在失效模式	功能失效条件
1	抽真空机连接管道	常温,表面平整……	温度过高,密封失效,表面有突刺	刺穿密封橡胶
2	肥皂液产生气泡	常温,保质期内,配比合适……	温度过高,配比不合适	导致气泡难以被观测到
3	罩体固定压力表	常温,连接正常,应力正常……	温度过高,连接失效,压力过大	压力表松动
4	橡胶连接焊缝	常温,无腐蚀,橡胶未变质,焊缝结构合理	温度较高,腐蚀明显,橡胶变质,焊缝接口不合理……	焊缝连接不严密
5	空气充满真空罩	常温,密封正常,压力正常,操作时间合理……	温度过高,密封不严,压力过大,操作时间过久,缺乏压力表……	空气过度充满真空罩
6	肥皂液产生气泡	常温,肥皂液未变质,操作时间合理……	温度过高,肥皂液变质,等待时间过久……	肥皂液无法产生气泡
7	操作者支撑罩体	罩体设计合理,操作者能够正常使用支撑,在正常工况环境下……	罩体设计不合理,工作环境不正常,操作者无法使用支撑罩……	操作者无法支撑罩体

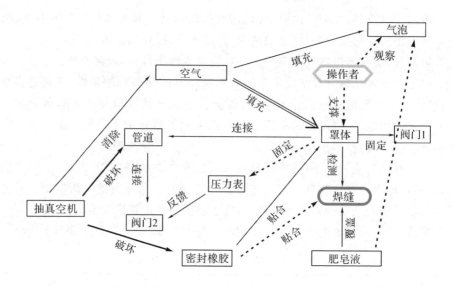

图 3-10 焊缝测试仪的潜在失效功能模型

根据图 3-10 所示的功能模型,结合对系统的理解,系统所有负面功能(不足、有害和过度功能)总结如下。

负面功能 1:抽真空机产生振动对管道产生破坏(有害作用);

负面功能 2:抽真空机由于瞬间压力变化对橡胶产生破坏(有害作用);

负面功能 3:罩体固定压力表时易松动(不足作用);

负面功能 4:密封橡胶与焊缝贴合不好,产生泄漏(不足作用);

负面功能 5:空气过度充满罩体,操作时间增加(过度作用);

负面功能 6:若操作时间长肥皂液形态变化,可能无法产生气泡(不足作用);

负面功能 7:在特殊作业环境下,操作者对罩体的支撑不够(不足作用);

负面功能 8:操作者无法观察到气泡产生(不足作用)。

如果挑选出多个负面功能,还可以从中选取对系统实现目标或发挥正常功能影响最大的几个负面功能,作为后续专利破解的重点突破口,简称破解突破点。在本案例中,标黑的负面功能即被选为专利的破解突破点。

3.6 本章小结

本章主要围绕专利检索与专利功能分析展开。首先,介绍了专利检索的方式方法，并对专利文本的结构进行了解析，便于后续进一步分析文本，提升在软件中主要对应第二步骤专利破解的针对性。在专利 PPT 模板中，主要对应1.1~1.3的部分，即第 4~6 页。其次，提出了专利文本分析的基本方法，即将专利权利声明中表征专利方案和产品要素的名词、表征专利功能关系的动词和表征专利作用程度和范围的副词/形容词单独标记出来。在专利 PPT 模板中，主要对应 2.1~2.2 的部分，即第 7~8 页。再次，按照专利文本中的要素关系，绘制专利功能图。在专利 PPT 模板中，主要对应从 2.3 开始的部分，即第 9 页。最后进行专利系统功能失效分析，根据失效分析结果，绘制包含负面功能的专利功能模型图，并罗列所有负面功能。在专利 PPT 模板中，主要对应2.4~2.5的部分，即第 10~11 页，以上内容在软件中主要对应第三步骤。

　　为了提高专利功能的分析质量，读者在专利分析过程中可采用以下方法。第一，组件与红色标记的名词对应，在功能图中应当被置于"方框"内，主要表示S（功能主体）和O（功能受体）。若专利权利声明中对组件的保护程度比较严密，还可以根据说明书和附图中的内容将组件继续分解，绘制更为详细的专利功能图。第二，组件之间的功能关系主要与蓝色标记的动词对应，在功能图中体现为组件方框之间的连线，主要表示组件与组件之间的 V（动作）。第三，失效功能分析主要与绿色标记的形容词/副词对应，依据副词/形容词创造让原专利系统功能失效的条件，在功能模型图中体现为不足、有害、过度等负面功能的连线，在功能模型图中主要用于评估 P（参数）是否超出设计或使用需求。综上所述，将专利功能模型图的绘制方法总结为容易记忆的 12 字真言就是：**组件（名词）画框，功能（动词）绘线，失效（副词/形容词）填表。**

04 组件层次的专利破解

组件层次专利破解是指为消除原专利系统中的负面功能,通过对原专利系统的组件进行破解操作,达到破解专利的效果。在专利功能模型图中,组件层次的专利破解(简称组件破解)可以视为对功能模型中组件框内的组件进行操作。组件破解不局限于某一单个组件,可以是对子组件、多个组件、组件组成的子系统甚至系统进行破解操作。组件层次专利破解主要从空间、时间、功能、能量和场、材料、形态、环境等七个维度,通过减(remove,R)、换(substitute,S)、加(add,A)、拆(disassemble,D)四种方法进行操作,可将其首字母缩写为 RADS。表 4-1 展示了四种组件层次的专利破解方法。[①]

表 4-1　组件层次的专利破解方法

操作	操作
减组件	通过删除组件来解决问题达成目标
换组件	通过换掉或改变组件来解决问题达成目标
加组件	通过增加组件来解决问题达成目标
拆组件	通过把组件拆成多个以解决问题达成目标

组件层次专利破解的实施步骤如下。首先,根据专利失效功能模型图对被优先选择的某一负面功能(即某一破解突破点)进行操作。具体而言,就是在时间、空间、功能、能量或场、材料、形态、环境等七个维度上对被选定负面功能所涉及的组件(功能的发出者及功能受体)逐次进行减、换、加、拆操作,并在具体措施的启发下提出新方案。其次,对其他破解突破点涉及的负面功能重复上述操作。最后,消除所有破解突破点所涉及的负面功能。

---

① 其中,拆组件方法由于使用频率较低被拆分至拓展阅读中,有兴趣的读者可将其作为补充资料。

　　事实上,组件层次专利破解的方法形成了操作方法(减/换/加/拆)—操作维度(时间、空间、功能、能量或场、材料、形态、环境)—具体措施三个层次的破解体系。具体措施层面,是先整合了经典 TRIZ 理论中的 40 条发明原理、76 个标准解和进化法则等多种解题工具,再将整合后的上述工具按减换加拆进行分类,并以"RADS+数字"的格式进行顺序编号制成表格。表格中还相应提供了具体措施的实际案例,学员只需逐列遍历具体措施,并在具体措施的启发下产生方案即可。

　　下面分别对减换加拆四种操作所涉及的操作维度和具体操作措施(简称措施)进行介绍。

4.1　基于"减组件"的专利破解

　　组件破解之"减组件"是指通过删除负面功能涉及的组件实现专利破解的目的。我们提供了"减组件"问答表格工具(见表 4-2)。表格共有六列,第一列是措施序号,R 表示减(Remove);第二列是操作维度,共计七个,"减组件"操作只涉及空间、功能、能量、材料、形态五个维度;每个维度下面都有些具体的操作措施,在第三列给出了具体措施的名称,"减组件"操作共涉及 11 种具体措施;第四和第五列针对每个具体措施,给出了相应的解释和应用案例[①];第六列为空白,需要学员依据具体措施的启发构建消除负面功能的概念方案并填入其中,这里因为空间限制予以删除。"减组件"问答表格详见附录 B。

表 4-2　组件破解之"减组件"方法

序号	操作维度	操作	具体解释	案例
R-1	1 空间维度	分割	将一个对象分解成多个相互独立的部分或将对象分成容易组装(或组合)和拆卸的部分(原理 1),或加大对工具物质的分割程度向微观控制转换(S2.2.2)	组合家具、"针式"混凝土
R-2	3 功能维度	自服务	使物体具有自补充、自恢复的功能;灵活利用废弃的材料、能量与物质(原理 25)	自清洁玻璃、自动饮水机

----

　　①　第四列中(原理 1)和(S2.2.2)即本措施所对应的发明原理及 76 个标准解的编号。

续表

序号	操作维度	操作	具体解释	案例
R-3	3 功能维度	抛弃与再生	已经完成任务或无用的组件自动消失，或在工作过程中以溶解、蒸发等方式自动改变；在工作中消耗或减少的组件被立即替换或自动再生	可消化性胶囊，水循环系统，放射性同位素检测人体内脏病变
R-4	3 功能维度	引入活性附加物	引入小剂量活性附加物，用于生成局部强化场(S5.1.1.4;5.1.1.5)或者对以测量和检测的系统或部件，引入易检测的附加物，测量附加物所引起的变化(S4.2.2)	在两个需要焊接的部件之间加入可以发出高热量的焊接剂
R-5	4 能量或场维度	引入场	利用系统中或环境中已存在的场，或者引入能生成场的物质(S5.2.1—5.2.3)	传感器测量两物体的温度(摩擦产生的场)，高空的风力发电站
R-6	4 能量与场维度	引入场来代替物质	用引入一个场来替代引入物质	测量移动细丝的伸展，引入电流
R-7	5 材料维度	利用虚无物质	利用"虚无物质"(如空洞、空间、空气、真空、气泡等)替代实物	采用添加泡沫的办法提高潜水服保温性能
R-8	5 材料维度	引入能利用其分解产物的物质	引入经分解能生成所需附加物的化合物(S5.1.1.8)	赛车用一氧化二氮代替氧气作为助燃气，可获得更高的能量
R-9	5 材料维度	气压或液压结构	利用气体或液体部件代替对象中的固体部件(原理29)(S5.1.4)	用充气垫移走空难后的飞机
R-10	6 形态维度	相变	利用物质相变时产生的某种效应(如体积改变、吸热或放热)(原理36)(S5.3.1—5.3.5)	利用相变材料制作降温服，绝缘金属相变材料制造可变电容器

序号	操作维度	操作	具体解释	案例
R-11	6 形态维度	利用物质粒子	通过分解更高或较低结构等级的物质获得物质粒子(S5.5.1,S5.5.2)。或者综合运用分解和合成之后的物质为系统获得需要不同特性的物质粒子(S5.5.3)	用电离法将水转变成氢和氧,植物在光合作用下合成氧,使用避雷针保护天线

减组件操作的本质是尽量删除产生负面功能的组件或者作为负面功能受体的组件,而所涉及的原组件的正常功能由系统内已有的其他组件来实施。减组件操作一般可用于降低系统复杂度、降低系统制造成本、提高系统可制造性和可维护性等方面。

减组件不是很容易,通常我们遇到问题首先想到的不会是"减",而是"换"或者"加",减组件就是要我们跳出思维定式。一旦"减"组件操作成功,就会得到以下结果:系统组件数量减少,但原有用功能基本不变;负面功能减少,系统的理想度将大大提高,即用更少的组件(同样意味着更低的成本、更易操作和维护的结构)可以实现相同甚至更好的功能。因此,"减组件"得到的破解方案与其他三种操作相比一般有更大的概率获得授权。

根据组件破解的"减组件"方法,可以对上述表格进行简化,并总结形成了"减组件"专利破解问答表格。读者可以从 5 个维度出发,采取 11 种措施产生相应的概念解决方案。表格的具体内容请参考附录 B。

4.2 基于"换组件"的专利破解

组件破解之"换组件"是指通过更换子系统、组件等实现专利破解的目的。我们提供了"换组件"问答表格工具(见表 4-3)。表格共计六列,第一列是措施序号,S 表示换(substitute);第二列是操作维度,"换组件"可以从空间、时间、功能等七个维度进行操作;第三列给出了具体措施的名称,每个维度下面都有些具体的操作措施,"换组件"操作共涉及 37 种具体措施;第四和第五列针对每个具体措施,给出了相应的解释和应用案例;第六列为空白,需要学员依据具体措施的启发构建消除负面功能的概念方案并填入其中,这里因为空间限制予以删除。问答表格详见附录 B。

表 4-3 组件破解之"换组件"方法

序号	操作维度	操作	具体解释	案例
S-1	1 空间维度	曲面化	将直线、平面用曲线、曲面代替,将立方结构改为球体结构;运用柱状、球状和螺旋状的结构;将线性运动变成圆周运动以运用其产生的离心力(原理 14)	流线型在汽车、螺旋齿轮、滚筒甩干机上的应用
S-2	1 空间维度	多维化	将物体从一维变为二维或三维空间;利用多层结构替代单层结构;将对象倾斜或侧向放置;利用给定物体表面的反面(原理 17)	折叠式集装箱、立体车库、翻斗车、双头手电
S-3	1 空间维度	不对称	将对象由对称结构变为不对称结构或者增加其不对称程度(原理 4)	耳机线、USB 接口,不对称零件
S-4	1 空间维度	分割	将一个对象分解为多个相互独立的部分或者将对象分为容易组装(或组合)和拆卸的部分(原理 1),或者加大对工具物质的分割程度向微观控制转换(S2.2.2)	组合家具、"针式"混凝土
S-5	2 时间维度	预先作用	预先(部分或全部)完成所需的作用;预先准备对象,以便能及时地在最佳的位置发挥作用(原理 10)	包装袋上小缺口、邮票锯齿边缘、人形锁
S-6	2 时间维度	动态性	提高动态化的程度使物体或其环境自动调整来改善其效率;把对象分解为可以互相内部移动的部件;使一个本来固定的对象可移动或具有可自适性的(原理 15)(S2.2.4)	可调整座椅、折叠机翼、变焦镜头
S-7	2 时间维度	周期性动作	将非周期性作用变为周期性作用(或脉动);改变其周期(作用频率);利用脉动之间的间隙来执行另一动作(原理 19)	电焊、脉冲式真空吸尘器
S-8	2 时间维度	有效持续作用	持续采取行动,使对象的所有部分一直处于满负荷状态;排除无用的运作和中断(消除空闲和间歇性动作);用旋转运动代替往复运动(原理 20)	新式打印机在回程过程中也进行打印,用绞肉机代替菜刀来剁肉馅

序号	操作维度	操作	具体解释	案例
S-9	2 时间维度	急速作用	通过加快其速度来避免出现问题或降低危害的程度(原理 21)	修理牙齿的钻头高速旋转,以防止牙组织升温被破坏
S-10	3 功能维度	反向作用	用一个反向动作替代常规动作;使物体中的运动部分静止,静止部分运动;使一个物体的位置颠倒(原理 13)	跑步机、扶梯、餐桌转盘、翻转式路灯
S-11	3 功能维度	反馈	引入反馈,以改善性能;改变已存在的反馈方式、控制反馈信号的大小或灵敏度(原理 23)	自动感应放水的抽水马桶、声控喷泉
S-12	3 功能维度	抛弃与再生	已经完成任务或无用的组件自动消失,或在工作过程中以溶解、蒸发等方式自动改变;在工作中消耗或减少的组件被立即替换或自动再生	可消化性胶囊,水循环系统,放射性同位素检测人体内脏病变
S-13	3 功能维度	不足或过度作用	让达到的效果与预期效果相比不到一点或者超过一点(原理 16),或者先应用最大模式(最大作用场或最大物质)作为过渡形式,随后再设法将过量消除(S1.1.6—1.1.8)	侯氏制碱法、艺术雕刻,洗完衣服后的甩干
S-14	3 功能维度	向微观进化	将系统中的物质用能在原子、分子、粒子等各种场的作用下实现功能的物质替代,以实现系统从宏观向微观系统的进化	微型电磁阀
S-15	3 功能维度	引入活性附加物	引入小剂量活性附加物,用于生成局部强化场(S5.1.1.4;5.1.1.5)或者对难以测量和检测的系统或部件,引入易检测的附加物,测量附加物所引起的变化(S4.2.2)	在两个需要焊接的部件之间加入可以发出高热量的焊接剂
S-16	4 能量或场维度	振动	使对象发生振动或提高振动的频率(直至超高频);运用共振、超声振动与电磁场;压电振动代替机械振动(原理 18)	振动盘、超声波清洗机、机械手表换成电子手表

续表

序号	操作维度	操作	具体解释	案例
S-17	4 能量或场维度	构造场	利用异质的或可调的有组织结构的场（如电磁场）代替同质的或非组织结构的场（S2.2.5）（S2.4.9）	超声波焊接
S-18	5 材料维度	一次性用品替代	用一组廉价的对象替代昂贵的对象（原理 27）	一次性的餐具、水杯、医疗耗材
S-19	5 材料维度	替换机械系统	用光学、声学或嗅觉方法替代机械系统；运用电场、磁场或电磁场与物体进行交换作用；用动态场替代静态场，确定场替代随机场（原理 28）	红外感应垃圾桶、激光键盘、变色玻璃
S-20	5 材料维度	气压或液压结构	利用气体或液体部件代替对象中的固体部件（原理 29）（S5.1.4）	用充气垫移走空难后的飞机
S-21	5 材料维度	柔性壳体或薄膜结构	用柔性壳体、活动的盖子或薄膜替代通常的结构或将物体与环境隔离（原理 30）	薄膜开关、蚊帐
S-22	5 材料维度	多孔材料	改变物质结构，使成为具有毛细管或多孔的物质，或者让气体或液体通过这些毛细管或多孔的物质（S2.2.3）（S2.4.4）（原理 31）	空心砖、蜂窝煤
S-23	5 材料维度	变换颜色	改变对象的颜色、透明度；采用有颜色的添加物，使不易被观察到的对象或过程被观察到；提高可视性（考虑使用荧光物质）（原理 32）	光敏玻璃、透明医用绷带
S-24	5 材料维度	同质	主要物体与其相互作用的其他物体采用同一材料或特性相近的材料（原理 33）	用金刚石切割钻石
S-25	5 材料维度	复合材料	使用复合物质替代单一同种材料（原理 40）	钢筋混凝土（是由钢筋、水泥、小石头等物质组成）
S-26	5 材料维度	构造物质	利用异质的或有组织结构的物质替代同质的或无序结构的物质（S2.2.6）	橡胶球的制造

序号	操作维度	操作	具体解释	案例
S-27	5 材料维度	间接方法引入物质	引入外部附加物替代内部附加物,或者标准解 S5.1.1.8引入经分解能生成所需附加物的化合物,或者引入环境或物体本身经分解能获得所需的附加物	飞机上备有降落伞
S-28	6 形态维度	状态和参数变化	改变对象的物理聚集状态、浓度、密度、黏度、柔性(或灵活度)程度、温度、体积、压力(原理 35)	用液态形式运输氧、氮、天然气;洗手液代替固体肥皂
S-29	6 形态维度	相变	利用物质相变时产生的某种效应(如体积改变、吸热或放热)(原理 36)	利用相变材料制作的降温服
S-30	6 形态维度	热膨胀	加热时充分运用材料的膨胀(或缩小)特性;将几种热膨胀系数不同的对象组合起来使用(原理 37)	水银温度计、过盈装配、双金属片传感器
S-31	7 环境维度	惰性介质	用惰性介质替代普通的介质;给对象添加中性或惰性成分;使用真空环境(原理 39)	惰性气体保护焊,食品采用真空包装袋
S-32	7 环境维度	强氧化作用	用富氧空气、纯氧取代普通的空气;用离子化氧代替纯氧;用臭氧(臭氧化氧)代替离子化氧(原理 38)	将病人放入氧幕(氧气帐)中,臭氧杀毒
S-33	7 环境维度	利用环境资源作为附加物	利用环境资源作为物质内部外部附加物,建立与环境一起的物—场模型(S1.1.4)	利用船体内置的水箱增强船体的稳定性
S-34	7 环境维度	引入由改变环境而产生的附加物	引入由改变环境而产生的附加物,建立与环境和附加物一起的物—场模型(S1.1.5)	在润滑油中引入电解液使润滑剂汽化
S-35	7 环境维度	在环境中引入附加物	在环境中引入附加物,构建与环境一起的测量物—场模型(S4.2.3)	X 射线无法直接探测消化道损伤,通过钡餐造影可以进行清晰检查

续表

序号	操作维度	操作	具体解释	案例
S-36	7 环境维度	改变环境	改变环境,从环境已有的物质中分解需要的附加物(S4.2.4)	通过裂变的方式激发聚变
S-37	7 环境维度	向铁磁场测量模型转换	构建原铁磁场、铁磁场、复合铁磁场、与环境一起的磁场测量模型,以及利用与磁场有关的知识效应或自然现象(S4.4.1-S4.4.5)	通过小磁环测量自行车转速,设计了能够测量自行车行驶速度的码表

  换组件操作的本质是用之前系统内部不存在的外部组件尽量替换产生负面功能的组件或者作为负面功能受体的组件,即所涉及的原组件的正常功能由系统外引入的新组件来实施。换组件操作一般用于提高系统可靠性、延长系统使用寿命、消除系统中负面功能(尤其是有害功能)等方面。此外,如果引入的新组件明显比原组件成本要低,也可显著降低系统的成本。

  换组件是比较容易想到解决方案的操作。一旦"换"组件成功,一般会得到以下结果:系统组件数量基本不变(部分情况会略有增减),但原有用功能基本不变或略有改善;负面功能减少,系统的理想度有所提高或者保持不变。

  根据组件破解的"换组件"方法,进一步总结形成了"换组件"专利破解问答表格。读者可以从 7 个维度出发采取 37 种措施产生相应的概念解决方案。表格的具体内容请参考附录 B。

4.3 基于"加组件"的专利破解

  组件破解之"加组件"是指通过添加子系统、组件等实现专利破解的目的。我们提供了"加组件"问答表格工具(见表 4-4)。表格共计六列,第一列是措施序号,A 表示换(add);第二列是操作维度,"加组件"可以从空间、时间、功能等七个维度进行操作;第三列给出了具体措施的名称,每个维度下面都有些具体的操作措施;"加组件"操作共涉及 50 种具体措施,使用者可以根据这 50 种具体操作措施的启发产生相应的概念方案;第四和第五列针对每个具体措施,给出了相应的解释和应用案例;第六列为空白,需要学员依据具体措施的启发构建消除负面功能的概念方案并填入其中,这里因为空间限制予以删除。问答表格详见附录 B。

表 4-4　组件破解之"加组件"方法

序号	操作维度	操作	具体解释	案例
A-1	1 空间维度	曲面化	将直线、平面用曲线、曲面代替,将立方结构改变成球体结构;运用柱状、球状和螺旋状的结构;将线性运动变成圆周运动,以运用其产生的离心力(原理 14)	流线型在汽车、螺旋齿轮、滚筒甩干机上的应用
A-2	1 空间维度	多维化	将物体从一维变为二维或三维空间;利用多层结构替代单层结构;将对象倾斜或侧向放置;利用给定物体表面的反面(原理 17)	折叠式集装箱、立体车库、翻斗车、双头手电
A-3	1 空间维度	局部特性	将均匀结构变为不均匀结构;使对象的不同部分具有不同的功能和特性(原理 3),如使系统的部分与整体具有相反的特性(S3.1.5)	羊角锤、分层饭盒、自行车链条的刚性和柔性并存
A-4	1 空间维度	嵌套	把一个对象嵌入第二个对象,然后将这两个对象再嵌入第三个对象,依此类推;使一对象穿过另一对象的空腔(原理 7)	俄罗斯套娃、伸缩鱼竿
A-5	1 空间维度	分割	将一个对象分解成多个相互独立的部分或将对象分成容易组装(或组合)和拆卸的部分(原理 1),或加大对工具物质的分割程度向微观控制转换(S2.2.2)	组合家具、"针式"混凝土
A-6	2 时间维度	预先防范	增加预先准备好的应急措施或备用系统来补偿对象较低的可靠性(原理 11)	切菜手指护具、备用轮胎、应急电路照明
A-7	2 时间维度	动态性	提高动态化的程度使物体或其环境自动调整来改善其效率;把对象分解成可以互相内部移动的部件;使一个本来固定的对象可移动或具有可自适性的(原理 15)(S2.2.4)	可调整座椅、折叠机翼、变焦镜头

续表

序号	操作维度	操作	具体解释	案例
A-8	2 时间维度	周期性动作	将非周期性作用变为周期性作用（或脉动）；改变其周期（作用频率）；利用脉动之间的间隙来执行另一动作（原理 19）	电焊、脉冲式真空吸尘器
A-9	2 时间维度	有效持续作用	持续采取行动，使对象的所有部分一直处于满负荷状态；排除无用的运作和中断（消除空闲和间歇性动作）；用旋转运动代替往复运动（原理 20）	新式打印机在回程过程中也进行打印，用绞肉机代替菜刀来剁肉馅
A-10	2 时间维度	急速作用	通过加快其速度来避免出现问题或降低危害的程度（原理 21）	修理牙齿的钻头高速旋转，以防止牙组织升温被破坏
A-11	3 功能维度	反馈	引入反馈，改善性能；改变已存在的反馈方式、控制反馈信号的大小或者灵敏度（原理 23）	自动感应放水的抽水马桶、声控喷泉
A-12	3 功能维度	中介	利用中介物来转移或传递某种作用；暂时把一个对象与另一个（很容易分离的）对象结合（原理 24）	用拨子弹琴、饭店上菜的托盘
A-13	3 功能维度	复制	用简单的、低廉的复制品代替复杂的、昂贵的、易碎的或不易获得的物体；用光学拷贝或图像或数字模拟代替实物（原理 26）(S5.1.1.7)(S4.1.2)	虚拟驾驶游戏机、用卫星照片代替实地考察，视频会议代替现场会议
A-14	3 功能维度	抛弃与再生	已经完成任务或无用的组件自动消失，或在工作过程中以溶解、蒸发等方式自动改变；在工作中消耗或减少的组件被立即替换或自动再生	可消化性胶囊，水循环系统，放射性同位素检测人体内脏病变

续表

序号	操作维度	操作	具体解释	案例
A-15	3 功能维度	合并	在空间或时间上将同类的(相关的、相邻的、辅助的)操作对象合并在一起(原理5),创建双、多级系统(S3.1.1—3.1.3)	单核 CPU 变为多核 CPU、带过滤装置的泡茶杯,常开和常闭触点并存的继电器
A-16	3 功能维度	多用性	使一个对象同时有好几个功能(原理6)(S3.1.4)	瑞士军刀、沙发两用床
A-17	3 功能维度	不足或过度作用	让达到的效果与预期效果相比不到一点或者超过一点(原理16),或者先应用最大模式(最大作用场或最大物质),随后再设法将过量消除(S1.1.6—1.1.8)	侯氏制碱法,艺术雕刻,洗完衣服后的甩干
A-18	3 功能维度	消除或中和有害作用	引入外部现成的物质,或者第二个场,或者系统中现有物质的变异物消除有害作用;用退磁(超过居里温度)的方法消除有害磁性(S1.2.1—1.2.5)	医用无菌手套避免细菌感染,施加脉冲电场对肌肉进行理疗,起重机上施加电场抵消永磁体产生的磁场
A-19	3 功能维度	间接测量	以系统的变化替代检测或测量,使检测或者测量不再需要(S4.1.1),或者利用两次检测来替代(S4.1.3)	采用带夹套的分馏器的水的沸腾情况来观测温度变化
A-20	3 功能维度	物理效应或现象	利用物理效应或自然现象(S4.3.1)	利用压电效应测量压力
A-21	3 功能维度	测量系统的进化方向	向双、多级测量系统转换(S4.5.1)或者向测量一级或者二级派生物转换(S4.5.2)	直接测量物体的位移较为困难,可以通过测量速度与时间来间接测量位移

续表

序号	操作维度	操作	具体解释	案例
A-22	3 功能维度	引入活性附加物	引入小剂量活性附加物,用于生成局部强化场(S5.1.1.4;5.1.1.5)或者对难以测量和检测的系统或部件,引入易检测的附加物,测量附加物所引起的变化(S4.2.2)	在两个需要焊接的部件之间加入可以发出高热量的焊接剂
A-23	4 能量和场维度	动态铁磁场	将物质结构转化为动态的、可变的,或能自我调节的铁磁场模型(S2.4.8)	测量无磁性不规则物体的壁厚(详见教材)
A-24	4 能量或场维度	振动	使对象发生振动或提高振动的频率(直至超高频);运用共振、超声振动与电磁场;压电振动代替机械振动(原理18)	振动盘、超声波清洗机、机械手表换成电子手表
A-25	4 能量或场维度	重量补偿	用另一个能产生提升力的物体补偿第一个物体的重量,通过跟环境的相互作用(空气动力、流体动力或其他力)来补偿对象的重量;利用环境中相反的力(或作用)来补偿系统的消极的(负面的)属性(原理8)	用气球携带广告条幅
A-26	4 能量或场维度	构造场	利用异质的或可调的有组织结构的场(如电磁场)代替同质的或非组织结构的场(S2.2.5)(S2.4.9)	渔网中针对不同鱼类设置噪声发生器,避免捕捉到特定鱼种
A-27	4 能量或场维度	利用振动进行测量	利用系统整体或部分的共振频率(S4.3.2)或者连接已知特性的附加物后,利用其共振频率(S4.3.3),或者通过匹配组成铁磁场模型中的场与物质元素的频率来获得增强原铁磁场模型或铁磁场模型(S2.4.10)	通过测量储水罐的共振频率,确定储水罐中水的重量
A-28	4 能量或场维度	引入电流	引入电流,建立电磁场模型(S2.4.11)或利用电流变流体(S2.4.12)	电流变流体轴承

续表

序号	操作维度	操作	具体解释	案例
A-29	4 能量或场维度	引入场	利用系统或环境中已存在的场,或者引入能生成场的物质(S5.2.1—5.2.3)	传感器测量两物体的温度(摩擦产生的场),高空的风力发电站
A-30	4 能量与场维度	引入磁性物质	引入固体铁磁物质、铁磁颗粒、磁性液体来增强两个物质间的有效作用和可控性(S2.4.1—2.4.7)	磁铁代替图钉张贴海报,在晶体中添加磁化颗粒来吸油、带有磁流变或电流变液体的电镀槽实现废金属分类
A-31	4 能量与场维度	引入场来代替物质	用引入一个场来替代引入物质	测量移动细丝的伸展,引入电流
A-32	5 材料维度	一次性用品替代	用一组廉价的对象替代昂贵的对象(原理27)	一次性的餐具、水杯、医疗耗材
A-33	5 材料维度	替换机械系统	用光学、声学或嗅觉方法替代机械系统;运用电场、磁场或电磁场与物体进行交换作用;用动态场替代静态场,确定场替代随机场(原理28)	红外感应垃圾桶、激光键盘、变色玻璃
A-34	5 材料维度	气压或液压结构	利用气体或者液体部件代替对象中的固体部件(原理29)(S5.1.4)	用充气垫移走空难后的飞机
A-35	5 材料维度	柔性壳体或薄膜结构	用柔性壳体、活动的盖子或者薄膜替代通常的结构;或者将物体与环境隔离(原理30)	薄膜开关、蚊帐
A-36	5 材料维度	多孔材料	改变物质结构,使其成为具有毛细管或者多孔的物质,或者让气体或液体通过这些毛细管或多孔的物质(S2.2.3)(S2.4.4)(原理31)	空心砖、蜂窝煤

续表

序号	操作维度	操作	具体解释	案例
A-37	5 材料维度	变换颜色	改变对象的颜色、透明度;采用有颜色的添加物,使不易被观察到的对象或过程被观察到;提高可视性(考虑使用荧光物质)(原理 32)	光敏玻璃、透明医用绷带
A-38	5 材料维度	同质	主要物体与其相互作用的其他物体采用同一材料或特性相近的材料(原理 33)	用金刚石切割钻石
A-39	5 材料维度	复合材料	使用复合物质替代单一同种材料(原理 40)	钢筋混凝土(是由钢筋、水泥、小石头等物质组成)
A-40	5 材料维度	利用虚无物质	利用"虚无物质"(如空洞、空间、空气、真空、气泡等)替代实物	采用添加泡沫的办法提高潜水服保温性能
A-41	5 材料维度	间接方法引入物质	引入外部附加物替代内部附加物,或者引入经分解能生成所需附加物的化合物,或者引入环境或物体本身经分解能获得所需的附加物	飞机上备有降落伞
A-42	5 材料维度	引入能利用其分解产物的物质	引入经分解能生成所需附加物的化合物(S5.1.1.8)	赛车用一氧化二氮代替氧气作为助燃气,可获得更高的能量
A-43	6 形态维度	状态和参数变化	改变对象的物理聚集状态、浓度、密度、黏度、柔性(或灵活度)程度、温度、体积、压力(原理 35)	用液态形式运输氧、氮、天然气;洗手液代替固体肥皂
A-44	6 形态维度	相变	利用物质相变时产生的某种效应(如体积改变、吸热或放热)(原理 36)(S5.3.1—5.3.5)	利用相变材料制作的降温服,绝缘金属相变材料制造可变电容器

续表

序号	操作维度	操作	具体解释	案例
A-45	6 形态维度	热膨胀	加热时充分运用材料的膨胀(或缩小)特性;将几种热膨胀系数不同的对象组合起来使用(原理37)	水银温度计,过盈装配,双金属片传感器
A-46	6 形态维度	利用物质粒子	通过分解更高或较低结构等级的物质来获得物质粒子(S5.5.1,S5.5.2),或综合运用分解和合成之后的物质为系统获得需要不同特性的物质粒子(S5.5.3)	用电离法将水转变成氢和氧,植物在光合作用下合成氧,使用避雷针保护天线
A-47	7 环境维度	惰性介质	用惰性介质替代普通的介质;向对象添加中性或惰性成分;使用真空环境(原理39)	惰性气体保护焊,食品采用真空包装袋
A-48	7 环境维度	强氧化作用	用富氧空气、纯氧取代普通的空气;用离子化氧代替纯氧;用臭氧(臭氧化氧)代替离子化氧(原理38)	将病人放入氧幕(氧气帐)中,臭氧杀毒
A-49	7 环境维度	利用环境资源作为附加物	利用环境资源作为物质内部外部附加物,建立与环境一起的物—场模型(S1.1.4)	利用船体内置的水箱来增强船体的稳定性
A-50	7 环境维度	引入由改变环境而产生的附加物	引入由改变环境而产生的附加物,建立与环境和附加物一起的物—场模型(S1.1.5)	在润滑油中引入电解液使润滑剂汽化

　　加组件操作的本质是增加之前系统内部不存在的外部组件,从而增加新的有用功能;或者把产生负面功能的原组件或作为负面功能受体的原组件所执行的正常功能由系统外引入的新组件来实施或辅助实施。加组件操作一般较多用于增加系统有用功能的数量,也可用于改善系统中的不足作用、提升系统可靠性等方面。

　　加组件也是比较容易想到解决方案的操作。一旦"加"组件成功,一般会得到以下结果:系统组件数量增加,原有用功能基本不变或略有改善;新的有用功能可能会增加,负面功能减少或不变;系统的理想度有所提高或保持不变。

在使用过程中,学员经常会混淆换组件和加组件这两种操作,两者的共同之处都在于引入了之前系统中不存在的外部新组件,但本质区别在于目的不同。换组件的主要目的是用新引入的组件执行原来的功能,加组件的目的是利用新引入的组件所带来的新功能。当然有时新引入组件在执行原来功能的同时也会带来新功能,新引入组件在带来新功能的同时也可能会辅助实施系统内原有的不足功能,从而改善原不足功能。但我们还是要看最初引入新组件的主要目的:主要为了执行原有用功能,哪怕顺便带来了新功能,仍然是"换组件";主要为了使用新引入的功能,哪怕顺便改善了原有的有用功能,仍然是"加组件"。简而言之就是,引入新功能就是"加",执行原功能就是"换"。

根据组件破解的"加组件"方法,进一步总结形成了"加组件"专利破解问答表格。读者可以从 7 个维度出发,采取 50 种措施产生相应的概念解决方案。表格的具体内容请参考附录 B。

4.4 组件层次专利破解案例

4.4.1 案例一:专利"焊缝密性测试方法"的破解

在第三章中,本书对专利系统"焊缝密性仪"进行了功能和失效分析。本节仍以"焊缝测试仪"为例,说明如何在组件层次上进行专利破解(见表4-5)。根据具体措施提示,共产生了 10 个解决方案。其中"减组件"1 个,"换组件"5 个,"加组件"4 个。我们在三种操作中各选择一个例子,方便大家理解减换加的具体操作。第一个"减组件"的方案是把"负面功能 1:抽真空机产生振动对管道产生破坏(有害作用)"涉及的两个组件全部删掉,改为直接"引入压缩空气",这是受到"减组件"能力或场维度第五个具体措施(R-5)引入场的启发,而引入场源自经典 TRIZ 理论中的 76 个标准解 S5.2.2。第二个"换组件"的方案是把"负面功能 1:抽真空机产生振动对管道产生破坏(有害作用)"涉及的组件"抽真空机"换为"空气压缩机"加"三通阀",这是受到"加组件"功能维度第 10 个具体措施(S-10)反向作用的启发,而反向作用源自经典 TRIZ 理论中的 40 个发明原理中的原理 13。第一个"加组件"的方案是在"负面功能 4:密封橡胶与焊缝贴合不好,产生泄漏(不足作用)"涉及的两个组件"密封橡胶"和"焊缝"中加"硬壳体",即把原来的橡胶变为硬外壳加软橡胶接口的形式,这是受到"加组件"空间维度第 3 个具体措施(A-3)局部特性的启发,而局部特性源自经典 TRIZ 理论中的40 个发明原理中的原理 3。在本次组件破解中,没有用到"拆组件"操作。

表 4-5　组件层次专利破解实例

序号	操作维度	具体措施	形成概念方案(idea)
R-5	4 能量或场维度	引入场	方案 1:引入一个场—压缩空气,从而将系统中的抽真空机和管道裁剪掉,工厂配置压缩空气管理,易于得到
S-1	1 空间维度	曲面化	方案 2:将罩体改成曲面,提高可观察性,避免观察死角
S-10	3 功能维度	反向作用	方案 3:使用空气压缩机＋三通阀替代抽真空机,使用压缩空气实现抽真空的反向作用,空气压缩机技术更加成熟
S-11	3 功能维度	反馈	方案 4:根据罩体内真空度对阀门 1 和阀门 2 产生反馈,使其自动产生相应动作
S-25	5 材料维度	复合材料	方案 5:在橡胶内部加入与钢板连接的小吸盘,提高吸附性和密封性
S-28	6 形态维度	状态和参数变化	方案 6:改变密封橡胶的厚度、硬度等参数,提高其密封性能
A-3	1 空间维度	局部特性	方案 7:如果密封橡胶太软,就容易损坏;如果太硬,与船体贴合密性不好。改进橡胶特性,做成整体是硬的,只是与船体贴合部分是软的
A-4	1 空间维度	嵌套	方案 8:为了便于存放,真空罩可以制作为尺寸略有差异,以实现嵌套
A-22	3 功能维度	引入活性附加物	方案 9:在肥皂液中加入颜色(如红色)物质,提高可观察性(形成泡沫时颜色变淡)
A-30	4 能量与场维度	引入磁性物质	方案 10:增加磁铁组件、建立磁场,弥补操作者对真空罩的支撑作用不足

4.4.2　案例二:专利"静态混合灌装机"的破解

本节以"静态混合灌装机"为例,完整地展示从专利文本分析到组件层次进行专利破解的全过程。

1. 专利背景分析

1.1 专利的背景技术描述

本发明涉及灌装机技术领域,尤其涉及了一种静态混合式灌装机。

在气雾剂产品以及液体类产品的生产包装中,需要通过灌装机将气雾剂或液体灌装封口。早期的灌装机往往都只进行简单的定量灌装,即气雾剂产品或者液体类产品灌装前在反应釜中调配混合完成。这种调配混合和灌装分开操作的生产方式不仅造成生产周期长、人力浪费、操作麻烦,而且生产设备成本也较高。此外,现有的灌装机结构较为复杂,在完成产品混合的过程中混合效果不尽理想。

发明内容:针对现有技术中灌装机结构复杂等缺点,提供一种结构简单、调配混合和灌装无须分开操作,混合反应及调配在静态混合管内完成,混合效果好、成本低、生产效率高的静态混合式灌装机。

1.2 专利的具体实施方式

静态混合式灌装机,包括机体、第一进料口、第二进料口以及灌装头,机体内设置有气动控制装置,气动控制装置与设置在机体外的吸排阀组连接,第一进料口与第二进料口分别连接一个三通的两个进口。所述三通的出口处设置静态混合管,静态混合管上连接灌装头,静态混合管内设有至少三枚首尾相连的叶片,静态混合管的管外沿设置有与叶片相连的法兰,叶片与静态混合管的内壁之间留有空隙。由于静态混合管无驱动部,因此安装简单,几乎无磨损,节省了能源和空间,作业环境比较安全。如需清洗叶片,只需将法兰连同叶片从静态混合管中抽离,操作省力、方便,提高了工作效率。

作为优选,所述的吸排阀组设在三通与静态混合管之间。第一进料口、第二进料口与三通之间设置电磁进料阀。所述的机体内设置电路控制单元,电路控制单元连接继电器组件,继电器组件与电磁进料阀相连。

作为优选,所述的叶片为扭转180度的长方形金属薄板。由于叶片的断面形状一定,气液流过几乎无滞留部分,其压损小、规格放大容易、便于清洗。

作为优选,所述的叶片为扭转180度的长方形PVC薄板。

作为优选,所述的叶片的长度与其宽度的比例为1.5∶2。

作为优选,所述的叶片表面设置有通孔。通孔能将气体、液体或气液混合体分散得更加均匀,得到更微细和均一的气泡或液滴,混合效果显著。

作为优选,所述的第一进料口和第二进料口内均设有过滤片。

作为优选,所述的机体上设有气动控制面板和电路控制面板。

作为优选,所述的机体的侧壁设有支撑架,灌装头设置在支撑架上,灌装头上设有控制阀门。

作为优选,所述的叶片的轴线处设有通孔,相邻两枚叶片上的通孔互相连通。

本发明由于采用了以上技术方案,具有以下显著技术效果。

本装置结构简单,调配混合和灌装无须分开操作,混合反应及调配在静态混合管内同时完成,节约了劳动力,设备成本低,生产效率高。

当流体在配管内以层流流动时易造成不均现象。这种现象无法自行排出,会造成温度和黏度不均,影响产品的质量。本发明能使流体在混合管内的半径方向达到均一,几乎不会有滞留部分产生。

1.3 专利的权利要求

1. 静态混合式灌装机,包括 **机体(1)**、**第一进料口(2)**、**第二进料口(3)** 以及 **灌装头(4)**,**机体(1)内** 设置有气动控制装置,气动控制装置与设置在 **机体(1)外** 的 **吸排阀组(5)** 连接,第一进料口(3)与第二进料口(4)分别连接一个 **三通(6)** 的两个进口,其特征在于:所述三通(6)的出口处设有 **静态混合管(7)**,静态混合管(7)上连接灌装头(4),静态混合管(7)内设置有 **至少三枚** 首尾相连的 **叶片(9)**,静态混合管(7)的 **管口外沿** 设置有与叶片(9) **相连** 的 **法兰(10)**,叶片(9)与静态混合管(7)的内壁之间留有 **空隙**。

2. 根据权利要求1所述的静态混合式灌装机,其特征在于:所述的吸排阀组(5)设在三通(6)与静态混合管(7)之间,第一进料口(2)、第二进料口(3)与三通(6)之间 **设置有 电磁进料阀(11)**,所述的 **机体(1)内** 设有电路控制单元,电路控制单元连接继电器组件,继电器组件与电磁进料阀(11)相连。

3. 根据权利要求1所述的静态混合式灌装机,其特征在于:所述的叶片(9)为 **扭转180度** 的 **长方形金属薄板**。

4. 根据权利要求1所述的静态混合式灌装机,其特征在于:所述的叶片(9)为 **扭转180度** 的 **长方形 PVC 薄板**。

5. 根据权利要求1所述的静态混合式灌装机,其特征在于:所述的叶片(9)的 **长度与其宽度的比例** 为 1.5—2。

6. 根据权利要求1所述的静态混合式灌装机,其特征在于:所述的叶片(9)表面 **设置有 通孔(91)**。

7. 根据权利要求1所述的静态混合式灌装机,其特征在于:所述的第一进料口(2)和第二 **进料口(3)内** 均设置有 **过滤片**。

8. 根据权利要求1所述的静态混合式灌装机,其特征在于:所述的 **机体(1)** 上设有气动控制面板和电路控制面板。

9.根据权利要求1所述的静态混合式灌装机,其特征在于:所述的机体(1)的**侧壁上**设置有**支撑架(12)**,灌装头(4)设置在支撑架(12)上,灌装头(4)上设有**控制阀门(41)**。

10.根据权利要求1所述的静态混合式灌装机,其特征在于:所述的叶片(9)的**轴线处**设置有**通孔(92)**,相邻两枚叶片(9)上的通孔(92)互相连通。

系统三视图如图4-1、4-2所示。

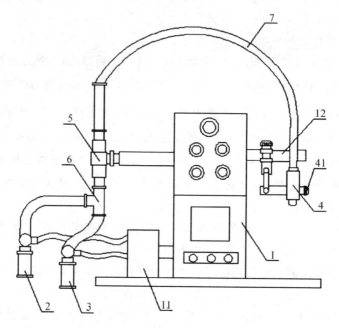

图 4-1 "静态混合式灌装机"正视图

2.2 专利系统组件列表

本系统的作用对象是:气液料体。

本系统的主要功能是:灌装机改善气液料体混合均匀度。

根据系统分析结果填写专利系统组件列表(见表 4-6),将不重复的名词放入表格中。在表格填写过程中,要尤其注意与动词相连的名词,以及被形容词/副词修饰的名词。它们通常是专利功能执行所需的或专利重点保护的组件。为了保证专利功能分析的完整性,读者还可以根据说明书和附图的提示进一步完善专利组件列表和功能分析图。本专利共包含三个超系统组件:空气,水和原料,系统组件包括机体、进料口、灌装口、吸排阀、气液混合管、静态混合管、电磁进料阀。

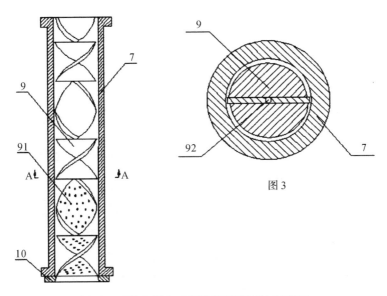

图 4-2　"静态混合式灌装机"侧视图与俯视图

注释:1-机体;2-第一进料口;3-第二进料口;4-灌装头;41-控制阀门;5-吸排阀组;6-三通;7-静态混合管;9-叶片;91-通孔;92-通孔;10-法兰;11-电磁进料阀;12-支撑架

表 4-6　专利系统组件列表

超系统组件	组件	子组件
空气 水 原料 气液料体	机体	
	进料口	第一进料口/第二进料口
	灌装头	
	吸排阀	
	气液混合管	
	静态混合管	
	电磁进料阀	

注释:在原文中,第一进料口和第二进料口用于添加不同类型的物料,非专利核心保护要素,为分析简单故合并。

　　根据专利系统组件列表和功能结构关系,绘制本专利的功能模型图(见图 4-3)。

　　在完成专利功能分析后,还需要开展专利系统失效分析。通过查阅相关资料,在充分提取现有装备优缺点的基础上,获得了如表 4-7 所示的专利系统失效分析结果。

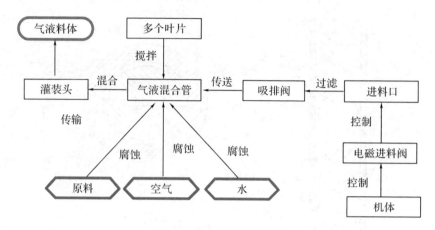

图 4-3 专利系统功能模型

表 4-7 专利系统失效分析

步骤	第一步	第二步	第三步	第四步
操作	正常功能	正常功能的条件	潜在失效模式	功能失效条件
1	电磁进料阀将原料吸入	进料阀的吸力较高	电磁进料阀口对原料的吸附不足	吸力不足
2	吸排阀精准控制进料速度和吸入量	吸排阀准确计算重量，并以合适速度送入混合管	吸排阀不能准确进料	缺乏称量设备，阀门阻塞，无法控制进料量
3	混合管充分混合物料	混合管有效混合物料	混合管对产物的混合作用不足	设计不足导致无法有效混合
4	灌装头将混合液料有效混合	灌装头根据灌装设备大小准确灌装	灌装头的灌装传输效率较低	灌装缺乏计量设备，控制不足
5	桨叶充分搅拌物料	物料温度较低，黏附性较小	叶片对物料的搅拌作用不足	混合桨叶温度过高，吸附物较多
6	桨叶根据物料数量以额定力矩转动	桨叶转动力矩避免过大或过低	叶子转动力矩超过设计值	物料较少，或物料较多负载较大时
7	原料等通过管道传输	未进行激烈物理和化学反应	空气、水、原料对机器存在腐蚀作用	在进行物理和化学反应后

根据表 4-7 中专利系统失效分析的结果,本专利系统共有 7 个可能失效的方式、子系统或组件。在原有的专利功能模型图基础上,绘制存在负面功能的模型图(见图 4-4)。

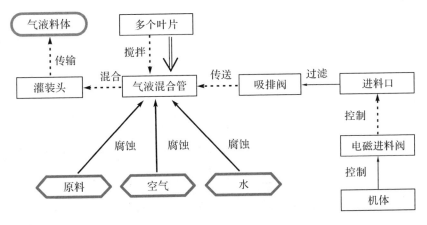

图 4-4   专利系统负面功能模型

2.5 专利功能分析结论

根据专利负面功能的分析结果,最终提取了 9 个负面功能。为了简化分析过程,将空气、原料和水的腐蚀作用合并成一组有害功能,合并后为 7 组负面功能,分别如下。

负面功能 1:电磁进料阀口对原料的吸附不足(不足作用);

负面功能 2:吸排阀不能准确进料(不足作用);

负面功能 3:混合管对产物的混合作用不足(不足作用);

负面功能 4:灌装头的灌装传输效率较低(不足作用);

负面功能 5:叶片对物料的搅拌作用不足(不足作用);

负面功能 6:叶子转动力矩超过设计值(过度作用);

负面功能 7:空气、水、原料对机器存在腐蚀作用(有害作用)。

综合本专利的负面功能,确定了三个突破点:突破点一围绕物料的混合效果不佳展开,主要涉及负面功能 3、负面功能 5、负面功能 6 和负面功能 7;突破点二主要围绕灌装头的传输效率低展开,涉及负面功能 4;突破点三主要围绕吸排阀的进料功能展开,涉及负面功能 2 和负面功能 1。

3.2 组件破解

根据相应操作步骤,在组件破解操作的提示下,针对三个突破点依次产生解决方案。首先针对突破点一,主要围绕混合管、叶子和叶片等传输通道进行改进,产生了如表 4-8 所示的具体破解结果。

表 4-8　针对突破点一进行组件破解

序号	操作维度	具体措施	形成概念方案(idea)
减组件 (R-7)	5 材料维度	利用虚无物质	方案 1:混合管中温度散失,利用真空双层管道保湿
换组件 (S-1)	1 空间维度	曲面化	方案 2:长方形金属薄板可以变更为圆柱形
换组件 (S-2)	1 空间维度	多维化	方案 3:三通中,增加一个空间,以便于水相油相的各自混合
换组件 (S-5)	2 时间维度	预先作用	方案 4:在三通中,提前加热,使原料更好地溶解于液体中。增加一个空间,提前做好水相油相的混合
换组件 (S-7)	2 时间维度	周期性动作	方案 5:改变叶子的转动速度,提高均质化
换组件 (S-16)	4 能量或场维度	振动	方案 6:在叶子装置中增加振动功能,使混合料体消除气泡,并能从首到尾均衡混合
换组件 (S-19)	5 材料维度	替换机械系统	方案 7:混合管中的叶子用超声波振动器替代
换组件 (S-21)	5 材料维度	柔性壳体或薄膜结构	方案 8:为防止原料等腐蚀,内壁增加涂膜
加组件 (A-1)	1 空间维度	曲面化	方案 9:叶子增加圆柱形叶片,提高离心率

针对突破点二,主要提升灌装头的传输效率,最后产生如表 4-9 所示的具体方案。

表 4-9　针对突破点二进行组件破解

序号	操作维度	具体措施	形成概念方案(idea)
减组件 (R-1)	1 空间维度	分割	方案 10:灌装头分解成 3 个或更多,有利于快递灌装
换组件 (S-4)	1 空间维度	分割	方案 11:将灌装头由原来的一个更换为多个,或者更换为更大的灌装头
换组件 (S-6)	2 时间维度	动态性	方案 12:灌装头内设置多个小灌装口,在灌装时可移动,满足多个同步灌装的要求

序号	操作维度	具体措施	形成概念方案(idea)
换组件 (S-9)	2 时间维度	急速作用	方案 13:灌装时提高速度,以免气体流失
换组件 (S-27)	5 材料维度	间接方法引入物质	方案 14:针对二氧化碳等压力过大时不能在混合器中同时混合时,在灌装头处加入充气装置,实现气液同步灌装

针对突破点三,主要改善电磁进料阀、吸排阀的物料传输能力,提升物料的传输初速度,最终得出了如表 4-10 所示的具体方案。

表 4-10　针对突破点三进行组件破解

序号	操作维度	具体措施	形成概念方案(idea)
R-2	3 功能维度	自服务	方案 15:吸排阀采用一定材料,让原料水或酒精在通过吸排时可以自行带走混合液体的附着物
R-6	4 能量与场维度	引入场来代替物质	方案 16:吸排阀引入加热功能,连接三通,使三通内的原料在初步混合时做加热溶解
S-11	3 功能维度	反馈	方案 17:在吸排阀处设置加热装置及温度感应器,达到所需温度时自动吸入混合管
S-14	3 功能维度	向微观进化	方案 18:吸排阀可采用记忆合金材质,受温度的改变而开关

点评与解释:针对专利系统中存在的负面功能,组件层次能够采用减、换、加、拆四种方式予以改进。然而,从案例中也可以看出,减组件的新颖性往往更强,如方案 1、方案 2 和方案 10。因为它能够在简化系统的同时提高功能效果,实现向"功能俱在,结构全无"的理想化方向的进化。而换、拆、加三种方式,往往无法对结构产生重大改变,只能改善参数范围和效果。因此,在专利破解中要优先考虑"减"组件的方式。与此同时,也要积极使用换、拆、加的方式产生新的概念方案,着眼于改善方案的功能效果,提高创造性和实用性。

4.5　拓展阅读——用"拆组件"的方法破解专利

组件破解之"拆组件"是指通过拆分系统、子系统、组件实现专利破解的目的。我们提供了"拆组件"问答表格工具(见表 4-11)。表格共计六列,第一列是措施序号,D 表示换;第二列是操作维度,"拆组件"可以从空间、时间、功能等七个维度进行操作,每个维度下面都有些具体的操作措施;第三列给出了具体措施的名称,学员"拆组件"操作共涉及 39 种具体措施,可以根据这 39 种具体措施产生相应的概念方案;第四和第五列针对每个具体措施,给出了相应的解释和应用案例;第六列为空白,需要学员依据具体措施的启发构建消除负面功能的概念方案并填入其中,这里因为空间限制予以删除。问答表格详见附录 B。

从经典 TRIZ 理论的视角来看,"拆组件"实际体现了 40 条发明原理中分割原理的理念。分割原理强调将对象分解成多个独立的部分,或将对象分成容易组装和拆卸的部分以及增加对象的分解程度等达到解决问题的目的。同时,"拆组件"也符合 TRIZ 进化法则中向微观级进化法则的理念,即为了更好地实现原有功能,技术系统应该沿着减小其组成元素的尺寸,或整体系统向微观级方向进化。

下面用两个案例说明如何用"拆组件"的方法解决技术问题或提升系统效能。

案例一:火箭从传统的单级火箭向多级火箭发展。单级火箭只有一级运载工具、一部发动机和燃料装载。多级火箭是由数级火箭组合而成的运载工具,每一级都装有发动机与燃料。从尾部第一级开始,每级火箭燃料用完后自动脱落,同时下一级火箭发动机开始工作,使飞行器继续加速前进。多级火箭的设计提高了火箭的连续飞行能力和最终速度。

案例二:从传统的单面屏向折叠屏的转变。为了提升视觉体验效果,传统的单面屏面积不断增大,但面积增大后会携带明显方便。为了改善便携效果,可以在屏幕中间增加一个或多个铰链,变成折叠屏(如华为的 Mate Xs 和摩托罗拉 5G 刀锋手机等)。

表 4-11　专利破解之"拆组件"

序号	操作维度	操作	具体解释	案例
D-1	1 空间维度	分割	将一个对象分解成多个相互独立的部分或将对象分成容易组装(或组合)和拆卸的部分(原理 1),或加大对工具物质的分割程度向微观控制转换(S2.2.2)	组合家具、"针式"混凝土

序号	操作维度	操作	具体解释	案例
D-2	1 空间维度	曲面化	将直线、平面用曲线、曲面代替；将立方结构改变成球体结构；运用柱状、球状和螺旋状的结构；将线性运动变成圆周运动以运用其产生的离心力（原理 14）	流线型在汽车、螺旋齿轮、滚筒甩干机上的应用
D-3	1 空间维度	局部特性	将均匀结构变为不均匀结构；使对象的不同部分具有不同的功能和特性（原理 3），如使系统的部分与整体具有相反的特性（S3.1.5）	羊角锤，分层饭盒，自行车链条的刚性和柔性并存
D-4	1 空间维度	嵌套	把一个对象嵌入第二个对象，然后将这两个对象再嵌入第三个对象，依此类推；使一对象穿过另一对象的空腔（原理 7）	俄罗斯套娃、伸缩鱼竿
D-5	2 时间维度	动态性	提高动态化的程度使物体或其环境自动调整来改善其效率；把对象分解成可以互相内部移动的部件；使一个本来固定的对象可移动或具有可自适性的（原理 15）（S2.2.4）	可调整座椅、折叠机翼、变焦镜头
D-6	2 时间维度	周期性动作	将非周期性作用转变为周期性作用（或脉动）；改变其周期（作用频率）；利用脉动之间的间隙来执行另一动作（原理 19）	电焊、脉冲式真空吸尘器
D-7	2 时间维度	有效持续作用	持续采取行动，使对象的所有部分一直处于满负荷状态；排除无用的运作和中断（消除空闲和间歇性动作）；用旋转运动代替往复运动（原理 20）	新式打印机在回程过程中也进行打印，用绞肉机代替菜刀来剁肉馅

续表

序号	操作维度	操作	具体解释	案例
D-8	2 时间维度	急速作用	通过加快其速度来避免出现问题或降低危害的程度（原理21）	修理牙齿的钻头高速旋转，防止牙组织升温被破坏
D-9	2 时间维度	预先反作用	预先施加反作用；如果物体处于或将处于受拉伸状态，预先增加压力（原理9）	浇混凝土之前的预压缩钢筋
D-10	3 功能维度	抽取	从对象中抽取出产生负面影响的部分或属性；从对象中抽出有用的（主要的、重要的、必要的）部分或属性（原理2）	分体式空调、云计算
D-11	3 功能维度	变害为益	运用有破坏性的因素获得有用的效果（变废为宝）；通过跟其他负面的因素相结合，排除某个负面因素（负负得正）；维持或加大破坏性的因素直到它不再产生破坏性（以毒攻毒）（原理22）	燃烧垃圾发电、酸碱中和、病毒疫苗
D-12	3 功能维度	抛弃与再生	采用溶解、蒸发等手段废弃已完成功能的零部件，或在工作过程中直接变化；在工作过程中迅速补充消耗或减少的部分（原理34）(S5.1.1.6)(S5.1.3)	可消化性胶囊，水循环系统，放射性同位素检测人体内脏病变
D-13	3 功能维度	不足或过度作用	让达到的效果与预期效果相比不到一点或者超过一点（原理16），或先应用最大模式（最大作用场或最大物质）作为过渡形式，随后再设法将过量消除(S1.1.6—1.1.8)	侯氏制碱法，艺术雕刻，洗完衣服后的甩干
D-14	3 功能维度	向微观进化	将系统中的物质用能在原子、分子、粒子等各种场的作用下实现功能的物质来替代，以实现系统从宏观向微观系统的进化	微型电磁阀

序号	操作维度	操作	具体解释	案例
D-15	3 功能维度	间接测量	以系统的变化来替代检测或测量，使检测或测量不再需要（S4.1.1），或利用两次检测来替代（S4.1.3）	曹冲称象，将大象质量的一次测量转变为二次测量石头的质量
D-16	3 功能维度	引入活性附加物	引入小剂量活性附加物，用于生成局部的强化场（S5.1.1.4；5.1.1.5）或对难以测量和检测的系统或部件，引入易检测的附加物，测量附加物所引起的变化（S4.2.2）	在两个需要焊接的部件之间加入可以发出高热量的焊接剂
D-17	3 功能维度	物理效应或现象	利用物理效应或自然现象（S4.3.1）	利用压电效应测量压力
D-18	3 功能维度	利用振动进行测量	利用系统整体或部分的共振频率（S4.3.2）或连接已知特性的附加物后，利用其共振频率（S4.3.3），或通过匹配组成铁磁场模型中的场与物质元素的频率来获得增强原铁磁场模型或铁磁场模型（S2.4.10）	微波炉使分子共振产生热量从而加热食物
D-19	3 功能维度	测量系统的进化方向	向双、多级测量系统转换（S4.5.1）或向测量一级或二级派生物转换（S4.5.2）	通过测量速度和时间来测量位移
D-20	3 功能维度	复制	用简单的、低廉的复制品代替复杂的、昂贵的、易碎的或不易获得的物体；用光学拷贝或图像或数字模拟代替实物（原理26）（S5.1.1.7）（S4.1.2）	虚拟驾驶游戏机，用卫星照片代替实地考察，用视频会议代替现场会议
D-21	4 能量和场维度	动态铁磁场	将物质结构转化为动态的、可变的或能自我调节的铁磁场模型，（S2.4.8）	测量无磁性不规则物体的壁厚
D-22	4 能量或场维度	等势	不易或不能升降的对象可通过外部环境的改变达到相对升降的目的（原理12）	水平仪、汽车修理部的地下修理通道

续表

序号	操作维度	操作	具体解释	案例
D-23	4 能量或场维度	构造场	利用异质的或可调的有组织结构的场(如电磁场)代替同质的或非组织结构的场(S2.2.5)(S2.4.9)	超声波焊接
D-24	4 能量或场维度	引入电流	引入电流,建立电磁场模型(S2.4.11)或利用电流变流体(S2.4.12)	电流变流体轴承
D-25	4 能量或场维度	向铁磁场测量模型转换	构建原铁磁场、铁磁场、复合铁磁场、与环境一起的磁场测量模型,以及利用与磁场有关的知识效应或自然现象(S4.4.1—S4.4.5)	用磁场和磁性部件计数,统计过往的车辆和物体
D-26	4 能量或场维度	引入场	利用系统中或环境中已存在的场,或引入能生成场的物质(S5.2.1—5.2.3)	传感器测量两物体的温度(摩擦产生的场),高空的风力发电站
D-27	4 能量与场维度	引入磁性物质	引入固体铁磁物质、铁磁颗粒、磁性液体来增强两个物质间的有效作用和可控性(S2.4.1—2.4.7)	磁铁代替图钉张贴海报,在晶体中添加磁化颗粒来吸油,带有磁流变或电流变液体的电镀槽实现废金属分类
D-28	4 能量与场维度	引入场来代替物质	用引入一个场来替代引入物质	测量移动细丝的伸展,引入电流
D-29	5 材料维度	多孔材料	改变物质结构,使成为具有毛细管或多孔的物质,或让气体或液体通过这些毛细管或多孔的物质(S2.2.3)(S2.4.4)(原理31)	空心砖、蜂窝煤
D-30	5 材料维度	构造物质	利用异质的或有组织结构的物质替代同质或无序结构的物质(S2.2.6)	橡胶球的制造
D-31	5 材料维度	利用虚无物质	利用"虚无物质"(如空洞、空间、空气、真空、气泡等)替代实物	采用添加泡沫的办法提高潜水服保温性能

续表

序号	操作维度	操作	具体解释	案例
D-32	5 材料维度	间接方法引入物质	引入外部附加物替代内部附加物，或引入经分解能生成所需附加物的化合物，或引入环境或物体本身经分解能获得所需的附加物	飞机上备有降落伞
D-33	5 材料维度	引入能利用其分解产物的物质	引入经分解能生成所需附加物的化合物(S5.1.1.8)	赛车用一氧化二氮代替氧气作为助燃气，可获得更高的能量
D-34	5 材料维度	气压或液压结构	利用气体或液体部件代替对象中的固体部件(原理29)(S5.1.4)	用充气垫移走空难后的飞机
D-35	6 形态维度	相变	利用物质相变时产生的某种效应(如体积改变、吸热或放热)(原理36)(S5.3.1—5.3.5)	利用相变材料制作降温服，绝缘金属相变材料制造可变电容器
D-36	6 形态维度	热膨胀	加热时充分运用材料的膨胀(或缩小)特性；将几种热膨胀系数不同的对象组合起来使用(原理37)	水银温度计、过盈装配、双金属片传感器
D-37	6 形态维度	利用物质粒子	通过分解更高或较低结构等级的物质来获得物质粒子(S5.5.1,S5.5.2)，或综合运用分解和合成之后的物质为系统获得需要不同特性的物质粒子(S5.5.3)	用电离法将水转变成氢和氧，植物在光合作用下合成氧，使用避雷针保护天线
D-38	7 环境维度	在环境中引入附加物	在环境中引入附加物，构建与环境一起的测量物—场模型(S4.2.3)	在润滑油中加入荧光物质监测内容及内部的磨损情况
D-39	7 环境维度	改变环境	改变环境，从环境已有的物质中分解需要的附加物(S4.2.4)	苏联利用"超空化"效应制成了攻击速度最高的鱼雷——"暴风雪"鱼雷

拆组件操作的本质是通过尽量增加原系统中产生负面功能的组件或作为负面功能受体组件的分解程度达到消除负面功能的目的，而所涉及的原组件的正常功能一般由系统内已有的其他组件来实施。拆组件的操作主要用于改善系统的适应性或通用性等方面。

与"减组件"类似，与很容易想到方案的"换组件"和"加组件"操作相比，"拆组件"也不是很容易想到方案的操作，在某种程度上，"拆组件"比"减组件"更需要跳出思维定式，所以我们把它放在最后，供大家选用。

"拆组件"的应用领域不如"减换加"三种操作那么广泛，一般只有涉及系统的鲁棒性/适应性/通用性/灵活性/弹性等方面的问题时才会用到"拆组件"。一旦"拆"组件成功，就会得到以下的结果：系统组件数量多了而且可能多很多，原有用功能适用场景会增加，可能会新增有用功能；负面功能可能不一定减少甚至可能增加，但系统的理想度还是会显著提高，拆得更"小"的组件可以在更多的场景中实现相同的功能，即"越小越灵活"。但需要注意的是，如果不是为了提高系统的适用性，单纯为了规避原专利而采用"拆组件"，如把原来一个叶片改为两个，但仍执行原来同样的功能，这就是典型的"改劣设计"，难以获得新专利授权。因此使用"拆组件"时要慎重，务必要得到能够提高系统适应性的破解方案，这样才有更大的概率获得授权。

根据组件破解的"拆组件"方法，进一步总结形成了"拆组件"专利破解问答表格。读者可以从七个维度出发采取 39 种具体措施产生相应的概念解决方案。表格的具体内容请参考附录 B。

4.6　本章小结

本章着重介绍了组件层次的专利破解方法，通过减、换、加、拆四种方法共 137 种具体措施实现专利破解。为了增加提示的针对性，帮助学员解题，我们将原系统化创新方法中的 40 条发明原理、76 个标准解、进化法则等工具充分消化吸收，根据破解方法和操作维度与减、换、加、拆等具体措施维度一一对应。

其中，减组件、换组件、加组件三种方法分别包含了 11 种、37 种和 50 种具体措施。这些措施更为常用，且专利破解效果更好。因此，本文着重介绍了上述方法并提供了案例。由于"拆组件"的适用面相对较窄，且使用不好容易成为"改劣设计"，因此"拆组件"的 39 种具体措施在最后一节作为拓展阅读进行展示。

为了便于区分四种操作，同时进一步深入了解四种组件操作的精髓，特制作四种组件操作层面的比较表（见表 4-12）供参考。

表 4-12   减换加拆四种组件层面操作的比较

	减	换	加	拆
适用领域	降低系统复杂度，降低系统制造成本，提高系统可制造性和可维护性	提高系统可靠性，延长系统使用寿命，消除系统中负面尤其是有害功能，降低成本	增加系统有用功能数量，改善系统中的不足作用、提升系统可靠性	改善系统的适应性或通用性
组件数量变化	减少	不变或小幅增减	增加	大幅增加
是否从外部引入组件	否	是	是	是（拆解原组件）
系统原有用功能的变化	基本不变	不变或略有改进	不变或略有改进	不变或略有改进
是否新增有用功能	不	一般不，有时会	会增加	会增加系统的适应性
系统原有负面功能变化	减少	不变或减少	不变或减少	不一定
系统理想度	显著提高	一般变化不大	可能提高但变化不大	可能显著提高
方法潜在缺陷	过度删减可能导致系统的可靠性不足	可能会引入系统中原来没有的新问题	可能会引入系统中原来没有的新问题，或使成本增加	可能导致改劣设计

总体而言，"换"和"加"应用范围最广，几乎所有问题都可以用"换"和"加"来解决。但这两种操作一般对系统理想度提升有限，得到突破性方案的概率也相对较低，带来的隐患是在引入外部新组件的过程中可能会引入系统中原来没有的新问题。"减"一旦成功，系统理想度提高，破解方案质量也高，其缺点一是不容易想到合适方案，二是贸然裁剪会导致系统可靠性下降。"拆"应用范围相对最窄，其优点是有助于改善系统的理想度，缺点则表现在难以产生新颖方案且容易出现改劣设计。对减、换、加、拆的具体定义和案例有兴趣的读者，可以进一步查阅本书的附录 B 进行学习和应用。

05 功能层次的专利破解

功能层次的专利破解主要针对专利系统的负面功能展开,通过改变功能背后的科学原理从而达到"用不同方式实现相同功能"的目的。根据专利的系统"失效分析"可以得到多个重要的负面功能及破解突破点,查询科学效应库运用"事后补救"和"事先预防"两种方式改变上述负面功能,既可以消除原专利系统中的负面功能,也能够构建全新的功能系统,从而产生突破性的新专利创意。下面,我们将介绍功能层次专利破解的重要工具——科学效应库。

5.1 科学效应库简介

阿奇舒勒很早就意识到科学知识对发明问题求解所起到的重要作用,他从1968年开始着手研究科学效应库,通过专利分析的手段,寻找专利产品中所实现的技术功能和用于实现技术功能的科学原理之间的相关性。阿奇舒勒在对大量高水平专利的研究过程中发现了这样一个现象:那些不同凡响的发明专利都利用了某种科学效应,或者是出人意料地将已知的效应(或几个效应组成的效应链)应用于以前没有使用过该效应的技术领域。各种各样的物理效应、化学效应或几何效应不为人知的某些方面,对于问题的求解具有不可估量的作用。TRIZ的科学效应与知识库能有效地克服使用者行业和领域知识不足的缺陷。随着CAI技术的发展,科学效应与知识库的作用日益显著,过去只有专家学者才能使用的高深技术和渊博知识资源,现已成为所有人易学好用的创新工具。从TRIZ科学效应与知识库中广泛获取知识,可以快速提升科技人员的创新能力,是实施三级、四级,乃至五级发明的有效途径。

科学效应(简称效应)是在科学理论的指导下,实施科学现象的技术结果,即按照科学定律规定的原理将输入量转化为输出量,以实现相应的功能。现今,科学效应库的分类主要有三种。

(1)学科效应库:按物理、化学、几何和生物四大学科分类;

(2)功能效应库:按固体、粉末、液体、气体、场等不同相态物体实现的功能分类,简称功能库。

(3)属性效应库:按不同需求对物质属性实施改变、增加、减少、测量、稳定等五种不同操作方法的分类,简称属性库。

无论哪种分类,最终的落脚点总是与实现某个功能相关,其区别在于寻找功能的索引体系不同。创新咖啡厅云软件(www.cafetriz.com)是本团队开发的一款开放的计算机辅助创新云端软件,囊括了科学效应与知识库、矛盾和发明原理、进化法则等TRIZ主要内容。其中,科学效应与知识库部分是对已有属性库和功能库的系统整理和升级拓展,软件界面的首页如图5-1所示。本书案例所查询到的效应均来自此网站。该网站为免费公益网站,学员可根据需要自行注册。

图 5-1 知识库检索(上图为旧版,下图为新版)

5.1.1 功能库

与按照学科—功能进行分类的学科效应库相比,功能库更强调对所要实现"功能"的标准化。功能库总结了使用者期望达到的35种常见功能(见表5-1)。同时,其将功能作用对象的性状分成五类,分别为粉末(即被分割的固体)场、气体、液体和固体(即大块的固体)。

表 5-1 功能库涉及的标准功能列表

1. 吸收	2. 积聚	3. 弯曲	4. 分解	5. 改变
6. 清洁	7. 压缩	8. 聚集	9. 浓缩	10. 约束
11. 冷却	12. 堆积	13. 破坏	14. 检测	15. 稀释
16. 干燥	17. 蒸发	18. 扩大	19. 提取	20. 冷冻
21. 加热	22. 保持	23. 连接	24. 融化	25. 混合
26. 移动	27. 指向	28. 产生	29. 保护	30. 提纯
31. 去除	32. 抵御	33. 旋转	34. 分离	35. 振动

对表 5-1 中常见功能(动词)的解释如表 5-2 所示。

表 5-2 功能库标准功能动词释义

动词	释义
1. 吸收 absorb	物质从一种介质相进入另一种介质相的现象,例如正常人体所需要的营养物质和水都是经过消化道吸收进入人体的。此外,光波或声波都能被某些材料或介质吸收,导致各光波或声波在传播过程损失能量
2. 积聚 accumulate	物质逐渐地积累、聚集
3. 弯曲 bend	受到力的作用而造成形变,这种力的作用是合力最终形成的结果
4. 分解 break down	使分成几个较简单的化合物,使分为构成成分或元素
5. 相变 change phase	物质从一种相转变为另一种相的过程。物质系统中物理、化学性质完全相同,与其他部分具有明显分界面的均匀部分称为相。与固、液、气三态对应,物质有固相、液相、气相
6. 清洁 clean	从物体或环境中去除不需要的物质,如污垢或其他杂质的过程。在这个过程中,物体本身的组分没有变化
7. 压缩 compress	通过对某一物体施加压力导致其收紧或体积减小
8. 浓缩 concentrate	使溶剂蒸发而提高溶液的浓度,泛指不需要的部分减少而需要部分的相对含量增高
9. 冷凝 condense	气体或液体遇冷而凝结,如水蒸气遇冷变成水,水遇冷变成冰。温度越低,冷凝速度越快,效果越好

续表

动词	释义
10. 约束 constrain	对非自由体的位置和速度预先施加的几何学或运动学的限制称为约束。只限制系统位置的约束称几何约束。例如,沿斜坡滑下的箱子必须保留在斜坡表面,不能穿过斜坡内部或者直接起飞。 若同时还限制运动速度,而且这个限制不能化为位置的有限形式,则称为运动约束或微分约束
11. 冷却 cool	使热物体的温度降低而不发生相变的过程
12. 沉积 deposit	指悬浮在液体中的固体颗粒连续沉降。水流中所夹带的岩石、砂砾、泥土等在河床和海湾等低洼地带沉淀、淤积;也指这样沉下来的物质形成冲积层或自然的堆积物
13. 破坏 destroy	摧毁、毁坏、损害、使受损害
14. 探测 detect	探查某物,以确定物体、辐射、化学化合物、信号等是否存在
15. 稀释 dilute	指对现有溶液加入更多溶剂而使其浓度减小的过程。稀释后溶液的浓度减小,但溶质的总量不变。和"8. 浓缩"是相反的操作
16. 干燥 dry	指借热能使物料中的水分(或溶剂)气化,并由惰性气体带走所生成的蒸气的过程
17. 蒸发 evaporate	物质从液态转化为气态的相变过程。与"9. 冷凝"是相反的操作
18. 扩大 expand	随着条件的变化,物质在形状、面积和体积上变大的趋势。典型实例是"热胀冷缩",但导致物质或材料扩大的条件不仅仅只有温度
19. 提取 extract	通过溶剂(如乙醇)处理、蒸馏、脱水,经受压力或离心力作用,或通过其他化学或机械工艺过程从物质中制取有用成分(如组成成分或汁液)
20. 冷冻 freeze	应用热力学原理,用人工制造低温的方法,使物体凝固、冻结。冰箱和空调都是采用制冷的原理
21. 加热 heat	指热源将热能传给较冷物体而使其变热的过程。一般的外在表现为温度的升高,可以用温度计等设备直接测量。加热的方式一般可分为直接加热和间接加热两大类
22. 保持 hold	维持某种状态使不消失或不减弱

续表

动词	释义
23. 连接 join	使两个物体互相衔接。在机械工程中具体指用螺钉、螺栓和铆钉等紧固件将两种分离型材或零件连接成一个复杂零件或部件的过程。常用的机械紧固件主要有螺栓、螺钉和铆钉
24. 融化 melt	固体受热变软或化为流体
25. 混合 mix	指把多种物质合在一起并均匀分开。如:把水和酒精混合起来。也指用机械的或流体动力的方法,使两种或多种物料相互分散而达到一定均匀程度的单元操作
26. 移动 move	改换原来的位置
27. 指向 orient	使物体本身或者物体运动朝着特定的方向
28. 产生 produce	由已有的事物中生出新的事物
29. 保护 protect	使不受外部有害作用。例如,人有可能被子弹击杀,通过防弹衣保护人体不受伤害;又如,苹果可能会被虫子啃食,通过杀虫剂阻止苹果受到外部有害作用
30. 净化 purify	指清除不需要或有害的杂质,使物品达到纯净的程度。在这个过程中物质的组分有所变化
31. 消除 remove	除去,使不存在
32. 抵御 resist	减缓内部必然发生的负面变化。例如,人必然会老,通过涂抹化妆品减缓肌肤衰老;又如,苹果必然会腐烂,通过防腐剂减缓这一过程
33. 旋转 rotate	物体围绕一个点或一个轴做圆周运动
34. 分离 separate	利用混合物中各组分在物理性质或化学性质上的差异,通过适当的装置或方法,使各组分分配至不同的空间区域或在不同的时间依次分配至同一空间区域的过程
35. 振动 vibrate	指一个状态改变的过程,即物体的往复运动。总体分为宏观振动(如地震、海啸)和微观振动(基本粒子的热运动、布朗运动)

为了更清楚地说明如何运用功能库,本文以"烧水"这一活动为例,说明如何查找能够"加热水"的科学效应。

第一步:在功能效应库中寻找拟实现的动作,即"加热(序号21)";

第二步:确定作用对象的性状(粉末/场/气体/液体/固体),即"液体(序号4)";

第三步:点击查询功能效应库,根据查询得到的科学效应,从中选择较为合适的科学效应或知识构建概念解决方案。具体查询过程如图 5-2 所示。

图 5-2 在创新咖啡厅中查找"加热液体"

5.1.2 属性库

属性是物质相互作用的本质。[1] 属性(attribute)是用来阐明物质特性的一个重要概念,可以用物质的物理、化学或几何参数来测量(例如物质具有质量属性,其参数就是重量度量值)。不同类型的物质具有不同的属性,同一种属性也可由不同类型的物质具有;同种类型的物质具有相同的属性,但是量值不同;同一个物质常表现出多种属性。如内燃机系统中油的属性有流动性、黏度、可压缩性、润滑性、与系统材料的兼容性、化学稳定性、抗腐蚀性、快速释放空气、良好的

---

① Sickafus E N. Unified Structured Inventive Thinking:How to Invent[M]. Grosse ILE:Ntelleck,1997.

反乳化性、良好的传导性、电绝缘性、密封性等,属性会随不同时间、空间而有所改变,并具有方向性。

从属性的视角来看,科学效应可以看作输入的两个物质的属性相互作用后输出科学定律所规定的结果的过程。因为科学理论的存在,输出的结果是"绝对"可以预测的。而将科学效应施加在被作用物质上就形成了功能,所以功能是物质间(功能的发出者和功能的受体,可能不止两个物质)属性相互作用的结果。通过分析属性,可以更深刻地理解"功能"的本质。

点评和心得:笔者小时候也是"挂钥匙"一族,放学自己回家用钥匙开门。但门锁年久失修,钥匙经常拧不开,于是笔者只好经常跑到楼下修自行车大叔那里,把钥匙在黑黑的润滑油里浸一下,就可以打开门锁。一次大叔说,只要用铅笔在钥匙上涂几下即可。试了一下,果然可以,以后每次打不开门只需打开书包拿出铅笔,就不用次次下楼浸润滑油了。

现在,让我们站在属性的视角重新研究这个生活小例子,从中可以发现以下两个方面:(1)浸润滑油和用铅笔涂钥匙,都是为了实现同一个目的——让钥匙携带润滑剂,这样润滑剂可以通过锁眼进入锁芯内部起到润滑作用,使生锈的锁被打开。所以"浸"润滑油和用铅笔"涂"钥匙这两个看似不同的功能(或动作),从属性上看其本质是一致的,都是为了增加钥匙上润滑剂的数量(根据表5-3,其标准属性应为"浓度")。因此,有时从功能入手往往会让我们陷入思维定式,这也是为什么我们说属性分析很多时候能够帮助我们理解"功能"的本质。所谓"殊途同归",从属性的视角来看,就是用不同的手段(功能)操纵相同的属性。因此,功能和属性对于技术系统来说都很重要,属性分析使我们在功能分析之外多了一个洞悉问题本质从而解决问题的手段。(2)为什么笔者就想不到用铅笔涂钥匙?这说明对于同一物质具有的多个属性,如果不能有全面的认识,同时无法找到问题的解决方案。笔者当时天天用铅笔,但只知道铅笔可以让白纸变色(即写字画画),但不知道铅笔的原料石墨本身就是一种非常好的润滑剂。因为不知道它有这种属性,所以笔者尽管天天背着铅笔却仍然要去大叔那里蹭润滑油。

改变一个物质的属性(或发现/使用一个对象的新属性),是产生创新的必要条件。但不可能每个人都了解一种物质的全部属性,更不用说所有物质的全部属性了。因此,属性库就应运而生了。

属性库更强调对所要操作的"属性"的标准化,总结了使用者期望操作的37种常见属性(如亮度、颜色等)(见表5-3)。同时,其将对属性的操作分成五类,分别为改变、增加、减少、测量、稳定(简称变增减测稳)。

表 5-3 属性库涉及的标准属性

1. 亮度	2. 颜色	3. 浓度	4. 密度	5. 电导率
6. 能量	7. 力	8. 频率	9. 摩擦力	10. 硬度
11. 热导率	12. 同质性/均匀度	13. 湿度	14. 长度	15. 磁性
16. 定位/方向	17. 极化/偏振	18. 孔隙率	19. 位置	20. 动力/功率
21. 压力/压强	22. 纯度	23. 刚度	24. 形状	25. 声音
26. 速度	27. 强度	28. 表面积	29. 表面光洁度	30. 温度
31. 时间	32. 透明度	33. 黏度	34. 体积/容积	35. 重量
36. 阻力 *	37. 液体流量 * ①			

对表 5-3 中每一种常见属性的解释如表 5-4 所示。

表 5-4 属性库标准属性名词释义

属性	释义
1. 亮度 brightness	指发光体(反光体)表面发光(反光)强弱的物理量。人眼从一个方向观察光源,在这个方向上的光强与人眼所"见到"的光源面积之比为该光源单位的亮度,即单位投影面积上的发光强度。亮度的单位是坎德拉/平方米(cd/m^2)。与光照度不同,相应的物理定义是光强。这两个量在一般的日常用语中往往被混淆
2. 颜色 colour	通过眼、脑和我们的生活经验所产生的对光的视觉感受,我们肉眼所见到的光线是由波长范围很窄的电磁波产生的,不同波长的电磁波表现为不同的颜色,对色彩的辨认是肉眼受到电磁波辐射能刺激后所引起的视觉神经感觉
3. 浓度 concentration	指某物质在总量中所占的分量。在分析化学中的含意是以 1 升溶液中所含溶质的摩尔数表示的浓度。以单位体积里所含溶质的物质的量(摩尔数)来表示溶液组成的物理量,叫作该溶质的摩尔浓度,又称该溶质的物质的量浓度
4. 密度 density	物质每单位体积内的质量

① 最后两种是近年更新的,本书追踪最新版本并进行了整理,但软件和效应库矩阵中尚未来得及更新属性 36 和 37。

续表

属性	释义
5. 电导率 electrical conductivity	物理学概念,也可以称为导电率。在介质中该量与电场强度 E 之积等于传导电流密度 J。对于各向同性介质,电导率是标量;对于各向异性介质,电导率是张量。在生态学中,电导率是以数字表示的溶液传导电流的能力。单位以西门子每米(S/m)表示
6. 能量 energy	物质的时空分布可能变化程度的度量,用来表征物理系统做功的本领。能量以多种不同的形式存在;按照物质的不同运动形式分类,能量可分为机械能、化学能、热能、电能、辐射能、核能、光能、潮汐能等。这些不同形式的能量之间可以通过物理效应或化学反应相互转化。各种场也具有能量
7. 力 force	力是物体对物体的作用,力不能脱离物体而单独存在。两个不直接接触的物体之间也可能产生力的作用
8. 频率 frequency	单位时间内完成周期性变化的次数,是描述周期运动频繁程度的量,常用符号 f 或 ν 表示,单位为秒分之一,符号为 s^{-1}。为了纪念德国物理学家赫兹的贡献,人们把频率的单位命名为赫兹,简称赫,符号为 Hz。每个物体都有它本身性质决定的与振幅无关的频率,叫作固有频率
9. 摩擦力 friction	阻碍物体相对运动(或相对运动趋势)的力叫作摩擦力。摩擦力的方向与物体相对运动(或相对运动趋势)的方向相反。摩擦力分为静摩擦力、滚动摩擦、滑动摩擦三种
10. 硬度 hardness	材料局部抵抗硬物压入其表面的能力称为硬度。硬度是比较各种材料软硬的指标。由于规定了不同的测试方法,所以有不同的硬度标准。各种硬度标准的力学含义不同,相互不能直接换算,但可通过试验加以对比
11. 热导率 heat conduction	又称"导热系数",是物质导热能力的量度。符号为 λ 或 K。其具体定义为:在物体内部垂直于导热方向取两个相距 1m,面积为 $1m^2$ 的平行平面,若两个平面的温度相差 1 K,则在 1 秒内从一个平面传导至另一个平面的热量就规定为该物质的热导率
12. 同质性/ 均匀度 homogeneity	物质或材料的组成或性质是均匀的,物质或材料的每一个部分组成和性质是相同的

属性	释义
13. 湿度 humidity	表示大气干燥程度的物理量。在一定的温度下,在一定体积的空气里含有的水汽越少,则空气越干燥;水汽越多,则空气越潮湿。常用绝对湿度、相对湿度、比较湿度、混合比、饱和差以及露点等物理量来表示;若表示在湿蒸汽中水蒸气的重量占蒸汽总重量(体积)的百分比,则称之为蒸汽的湿度
14. 长度 length	一维空间的度量,是点到点的距离。通常在量度二维空间的直线边长时,称呼长度数值较大的为长,不比其值大或者在"侧边"的为宽。所以宽度其实也是长度量度的一种,而在三维空间中量度"垂直长度"的高度也是长度量度的一种
15. 磁性 magnetic properties	物质受外磁场吸引或排斥的性质称为物质的磁性。磁性是物质的一种基本属性。物质按照其内部结构及其在外磁场中的性状可分为抗磁性、顺磁性、铁磁性、反铁磁性和亚铁磁性物质
16. 定位/方向 orientation	物体本身或者物体运动朝着特定的方向
17. 极化/偏振 polarisation	指事物在一定条件下发生两极分化,使其性质相对于原来状态有所偏离的现象,如分子极化(偶极矩增大)、光子极化(偏振电极极化)等。表征均匀平面波的电场矢量(或磁场矢量)在空间指向变化的性质,通过一给定点上正弦波的电场矢量 E 末端的轨迹来具体说明。光学上称之为偏振
18. 孔隙率 porosity	指块状材料中孔隙体积与材料在自然状态下总体积的百分比。孔隙率包括真孔隙率、闭孔隙率和先孔隙率。与材料孔隙率相对应的另一个概念,是材料的密实度。密实度表示材料内被固体所填充的程度,它在量上反映了材料内部固体的含量,对于材料性质的影响正好与孔隙率的影响相反。材料孔隙率或密实度大小直接反映材料的密实程度。材料的孔隙率高,则表示密实程度小
19. 位置 position	指物体某一时刻在空间的所在处。物体沿一条直线运动时,可取这一直线作为坐标轴,在轴上任意一原点 O,物体所处的位置由它的位置坐标(即一个带有正负号的数值)确定

续表

属性	释义
20. 动力/功率 power	动力是使机械做功的各种作用力,如水力、风力、电力、热力等;功率是指物体在单位时间内所做的功的多少,即功率是描述做功快慢的物理量,用 P 表示。功的数量一定,时间越短,功率值就越大。求功率的公式为功率=功/时间
21. 压力/压强 pressure	物理学上的压力,是指发生在两个物体的接触表面的作用力,或者是气体对于固体和液体表面的垂直作用力,或者是液体对于固体表面的垂直作用力。习惯上,在力学和多数工程学科中,"压力"一词与物理学中的压强同义。物体所受的压力与受力面积之比叫作压强,压强用来比较压力产生的效果,压强越大,压力的作用效果越明显。压强的计算公式是:$P=F/S$,压强的单位是帕斯卡,符号是 Pa
22. 纯度 purity	物质含杂质的程度。杂质愈少,纯度愈高
23. 刚度 rigidity	刚度是指材料或结构在受力时抵抗弹性变形的能力,是材料或结构弹性变形难易程度的表征。硬度则是指材料局部抵抗硬物压入其表面的能力。前者主要关注材料在大范围上抵抗弹性形变的能力,后者则更关注材料在小范围内抵抗塑性变形的能力
24. 形状 shape	特定事物或物质的一种存在或表现形式,如长方形、正方形
25. 声音 sound	是由物体振动产生的声波。是通过介质(空气或固体、液体)传播并能被人或动物听觉器官所感知的波动现象。最初发出振动(震动)的物体叫声源。声音以波的形式振动(震动)传播。声音是声波通过任何物质传播形成的运动
26. 速度 speed	科学上用速度来表示物体运动的快慢。速度在数值上等于单位时间内通过的路程。速度的计算公式:$V=S/t$。速度的单位是米/秒(m/s)和千米/小时(km/h)
27. 强度 strength	指材料在外力作用下抵抗永久变形和断裂的能力,是衡量材料本身承载能力(即抵抗失效能力)的重要指标
28. 表面积 surface area	所有立体图形外面的面积之和叫作它的表面积

续表

属性	释义
29. 表面光洁度 surface finish	是表面粗糙度的反义词,国内常用表面粗糙度。表面粗糙度(surface roughness)是指加工表面具有的较小间距和微小峰谷的不平度。其两波峰或两波谷之间的距离(波距)很小(在 1 mm 以下),属于微观几何形状误差。表面粗糙度越小,则表面越光滑,即表面光洁度越高。表面粗糙度一般是由所采用的加工方法和其他因素所形成的,例如加工过程中刀具与零件表面间的摩擦、切屑分离时表面层金属的塑性变形以及工艺系统中的高频振动等。由于加工方法和工件材料的不同,被加工表面留下痕迹的深浅、疏密、形状和纹理都有差别。表面粗糙度与机械零件的配合性质、耐磨性、疲劳强度、接触刚度、振动和噪声等有密切关系,对机械产品的使用寿命和可靠性有重要影响。一般采用标注 Ra
30. 温度 temperature	表示物体冷热程度的物理量,从微观上来讲是物体分子热运动的剧烈程度。温度只能通过物体随温度变化的某些特性来间接测量,用来量度物体温度数值的标尺叫温标。从分子运动论观点来看,温度是物体分子运动平均动能的标志。温度是大量分子热运动的集体表现,含有统计意义。对于个别分子来说,温度是没有意义的。它是根据某个可观察现象(如水银柱的膨胀),按照几种任意标度之一所测得的冷热程度
31. 时间 time	时间是一个较为抽象的概念,是物质的运动、变化的持续性、顺序性的表现。时间概念包含时刻和时段两个概念。时间是人类用以描述物质运动过程或事件发生过程的一个参数,确定时间,是靠不受外界影响的物质周期变化的规律
32. 透明度 translucency	透明度是结晶矿物在磨制成标准厚度(0.03 mm)时允许光线透过的程度。物理学中用吸收系数来说明物体的透明度。在肉眼鉴定中,则常以更简便的方法来鉴别结晶矿物的透明度,一般划分为透明、半透明与不透明三级。由于矿物中的裂隙、气泡、包裹体以及湿度对透明度影响很大。所以,用条痕色划分比较可靠
33. 黏度 viscosity	黏度是指流体对流动所表现的阻力,定义为一对平行板,面积为 A,相距 dr,板间充以某液体;今对上板施加一推力 F,使其产生一速度变化所需的力。由于黏度的作用,物体在流体中运动时受到摩擦阻力和压差阻力,造成机械能的损耗

续表

属性	释义
34. 体积/容积 volume	几何学专业术语,是物件占有多少空间的量。体积的国际单位制是立方米。一件固体物件的体积是一个数值用以形容该物件在三维空间所占有的空间。一维空间物件(如线)及二维空间物件(如正方形)在三维空间中都是零体积的。容积是一个汉语词汇,指箱子、油桶、仓库等所能容纳物体的体积。通常叫作它们的容积。计量容积,一般就用体积单位。计量液体的体积,如水、油等,常用容积单位升和毫升,也可以写成 L 和 mL
35. 重量 weight	物体受重力的大小的度量,重量和质量不同,单位是牛顿(N)。它是一种物体的基本属性。在地球引力下,质量为 1 公斤(kg)的物质的重量为 9.8N。
36. 阻力 drag	妨碍物体运动的作用力。在一段平直的铁路上行驶的火车,受到机车的牵引力,同时受到空气和铁轨对它的阻力。牵引力和阻力的方向相反,牵引力使火车速度增大,而阻力使火车的速度减小。如果牵引力和阻力彼此平衡,它们对火车的作用就互相抵消,火车就保持匀速直线运动。物体在液体中运动时,运动物体受到流体的作用力,速度减小,这种作用力亦是阻力。例如划船时船桨与水之间,水阻碍桨向后运动之力就是阻力。又如,物体在空气中运动,因与空气摩擦而受到阻力
37. 液体流量 fluid flow	流量,是指单位时间内流经封闭管道或明渠有效截面的流体量,又称瞬时流量。当流体量以体积表示时称为体积流量;当流体量以质量表示时称为质量流量。单位时间内流过某一段管道的流体的体积,称为该横截面的体积流量,简称为流量,用 Q 表示

为了更清楚地说明如何运用属性库,本文仍以"烧水"这一活动为例,说明如何查找能够"增加温度"的科学效应。

第一步:在属性效应库中寻找拟采取的操作(改变/稳定/减少/增加/测量五选一),即为"增加(序号 4)";

第二步:确定期望改变的属性,即为"温度(序号 30)";

第三步:点击查询属性效应库,根据查询得到的科学效应,从中选择较为合适的科学效应或知识构建概念解决方案。具体查询过程如图 5-3 所示。

图 5-3 在创新咖啡厅中查找"增加温度"

5.1.3 拓展阅读:功能的逐级抽象

前文分别介绍了功能库和属性库,可能有很多学员还是很疑惑,它们两者之间到底什么关系?其实通过对功能的逐步抽象,就会对两者的关系一目了然了。

在第一章中,我们要求用 SVOP 的形式对系统进行功能定义。在系统不言自明的情况下,功能可以简写为 VOP 的形式。然后按照两种路径对功能进行逐步抽象。

第 1 种路径我们称之为动作路径,是先去掉 P,然后对动作 V 进行抽象,将其抽象为 35 个动作;同时对对象 O 也进行模糊处理,将其分为物质的 5 种形态(固体、液体、气体、粉末和场),最后得到功能应库所对应的功能形式:35 个标准动作＋5 种对象形态。

第 2 种路径我们可称之为参数路径,是先去掉 O,即具体的作用对象;同时对动作 V 进行进一步模糊处理,将其分为 5 种动作 M(变、增、减、稳、测);然后重点将参数 P 中的常用属性抽象为 37 个属性,从而得到属性效应库所对应的属性形式:5 类动作＋35 个标准属性。

由此可知,功能库关注的是动作/实现手段的不断抽象,属性库关注的是对所改变或保持的功能对象的"参数(或属性)"的不断抽象。两者既同根同源又有所区别,所谓同根同源是因为两者都由最初功能的定义 SVOP 形式转化而来,但功能库关注的是 V 的不断抽象,属性库关注的是 P 的不断抽象。即功能库更关注过程,属性库则更关注目标。这再次印证了前文所说的,属性分析往往更能揭示功能背后的本质(见图 5-4)。

经验与点评:对功能定义的逐级抽象具有重要意义。首先,对功能语句的每一次抽象,都是在降低门槛,都是在扩大对领域解的搜索范围。在多种功能定义的引导下,找到更多、更深入的功能解决方案。因为每深入抽象一层,就能更好地摆脱专业术语的束缚,就能跨界(扩大功能导向搜索 FOS 的搜索范围),也就能更接近问题的本质。其次,对功能语句的每一次抽象,都是在逼近功能的实

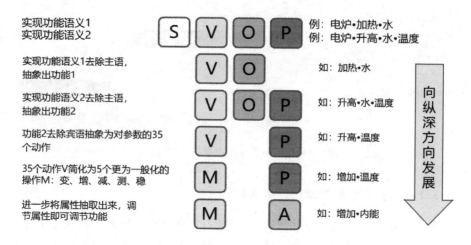

图 5-4　逐步抽象的功能定义

质,都是在更接近物质的属性。最后,功能抽象的最终结果,就是实现对物质属性的操作。

5.2　效应库在专利破解中的运用

为了更准确地检索科学效应,我们开发了如图 5-5 所示的知识效应库应用流程。该流程包括两种效应检索思路:第一种是"末端补救",即考虑所述的问题发生后,如何采取措施予以"干预"或"补救",以减少损失和避免不良后果的进一

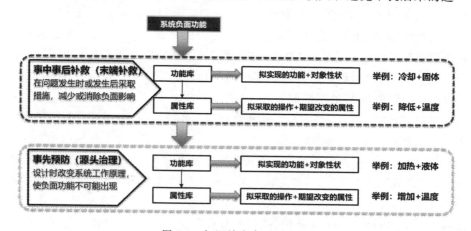

图 5-5　知识效应库运用流程

步恶化,例如发现新冠确认病例后马上实施隔离;第二种是"源头治理",即考虑如何采取措施杜绝不良后果的发生,例如提前接种新冠疫苗。

案例分析:图 5-6 是一种传统的扇叶型风扇,这种风扇因为采用传统的螺旋桨刀片设计,在手指侵入扇叶的行程轨迹内时很容易被割伤。然而,如果要保护手指,就必须不断增加保护套上铁丝的密度,从而导致成本增高、质量增加等一系列不足。下面以解决"风扇扇叶伤人"为例,具体解释如何用"末端补救"和"源头治理"来检索科学效应功能库以及属性库的使用流程。

图 5-6 某款风扇实物

5.2.1 末端补救

"末端补救"的思路是,当负面功能已经或正在产生负面影响时,通过加入新的功能来抵御和减少负面功能的负面影响。"末端补救"破解专利的思路包含四个步骤,下文以"叶片伤手"的案例说明如何进行破解。

(1)确定要解决的问题(或负面功能),填写在表 5-5 的第 1 行的第 2 列,即"叶片伤手"。

表 5-5 运用效应库对"风扇伤人"进行事中事后补救

序号	A 负面功能	B 如何消除负面功能	C 属性表达
1	叶片伤手	保护固体	减少力
2			
3			
...			

(2)如何事后解决问题。首先,确定所要实施的动作(用功能库规范动词表中提供的动词,见表 5.1);其次,确定该动作作用对象的性状(从以下 5 类性状中选择:固体、液体气体、粉末、场);最后,将"动作+性状"的表述方式填写在第 3 列。

例如,图中的风扇很可能在手伸入扇叶时割手,因此需要增加一个新功能抵御或消除"风扇割手"的危害。怎么办?在表 5.1 中先选择"保护",然后再思考保护什么。当然是"保护手指避免被割伤",确定了动作作用对象后,其性状也就随之确定了(手指是固体),所以在第 3 列填写"保护固体"。

（3）继续分析在第 3 列的操作中，哪个参数被改变了（用属性库规范参数表中提供的参数），具体是如何改变的（从以下 5 个动词中选择：增加、减少、稳定、改变、测量）。将第 3 列的内容转化为属性的表述方式（动词＋属性），填写在第 4 列中。例如，本例中第 3 列中填写的是"保护固体"，在这个过程中哪个参数被改变了？答案是手指的受"力"，所以用属性的表达方式就是"减少力"，写在第 4 列即可。

（4）结合第 3 列的内容查询功能库，结合第 4 列的内容查询属性库（具体内容请登录 www.cafetriz.com.com 查询），产生批量概念解决方案。

经查询，分别产生了两个方案。方案 1：查询"保护固体"，可运用科学效应"复合材料"。运用上述效应形成概念方案，即运用多种复合材料在风扇外表设计保护套，如传统钢丝保护套、塑料保护套、内部为钢丝（外部镶嵌塑料）的不同形状的保护套（见图 5-7）。

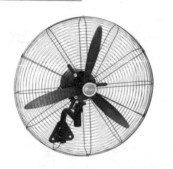

图 5-7　带手部保护的风扇

方案 2：查询"减少力"，可运用科学效应"E10 弹性"。运用上述效应形成概念方案，即将扇叶做成高弹性叶片，当手指碰到之后，不会割伤皮肤或者造成很大伤害，如儿童用不割手风扇、软叶风扇、驱蚊风扇等（见图 5-8）。

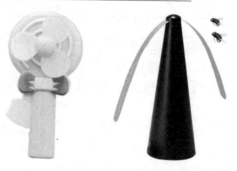

图 5-8　儿童用不伤手风扇和驱蚊风扇

5.2.2　源头治理

"源头治理"是指"改变系统的主要工作原理(但一般不增加新的功能),使该负面功能根本不会出现(即事先彻底消除)"。"源头治理"能够通过改变系统中功能的工作原理等方式,从根本上杜绝问题的发生。"源头治理"与"末端补救"的本质区别有两个。一是在操作上是否引入之前没有的"新功能/新操作"。以遏制新冠疫情常采取的两个措施"实施隔离"和"接种疫苗"为对比。"实施隔离"是疫情已经发生了,采取了之前没有采用过的新操作——隔离来抑制疫情的进一步蔓延,所以属于末端补救。而(理想情况下的)"接种疫苗"则是通过重构人体系统(使新的人体系统产生抗体)来帮助人对抗病毒①,从而使大规模的疫情根本不会发生,在这个过程中只是重构(或强化)了人体的免疫功能系统,并没有引入新功能/新操作,因此属于源头治理。二是,从目标上看是不是从根本上杜绝问题的发生。再严厉的隔离措施也只能遏制疫情的蔓延,不能根除问题。但接种疫苗不同,在理想情况下,接种疫苗后疫情根本就不会发生,例如第一个被人类消灭的病毒——天花病毒就是因为广泛接种疫苗而在全球消失的。因此末端补救措施——隔离是"治标",源头治理措施——接种疫苗是"治本"。

对于末端补救,学员相对比较好理解,但对源头治理相对不太好接受。很多学员纠结"源头"和"末端"两个词,总以为"源头治理"采取的措施在时间线上一定早于"末端补救",或者一定早于问题发生之时。事实上,二者的本质区别不在于谁先谁后,只在于在手段上是否引入新功能,在目标上是否旨在根除问题。如果非要纠结为何叫"源头",可以这么理解:目标系统还未发生问题,但问题可能在其他地方已经发生了。

还有学员纠结"源头"这个词,按照平常的理解认为类似于"尿不湿""防弹钢板"等措施都是在源头上进行干预,但很可惜这些都不属于源头治理范畴,只能算末端补救措施。因为垫了尿不湿宝宝还是会想尿就尿,装了防弹钢板子弹还是会说打过来就打过来,加入了新功能/新操作(尿不湿和防弹钢板)只是减少危害但不能从根本上消除问题。真正实现预防是通过"重构"宝宝和战场来"根除"问题,使问题根本不会发生,例如教宝宝在嘘嘘前先告诉大人或自己去专用的器具旁解决,以及构建没有战争的和平世界,子弹根本不会打过来因为没人开枪……这些才算是"源头治理"措施。

---

①　没有一种疫苗能提供100%的保护,通常疫苗的保护作用可分为三级,按效果从高到低依次为防感染、防发病和防传播。这里仅讨论理想情况的第一级防护,即防感染。

案例：电风扇的工作原理是"增加空气流通降低热量"，能否改变其工作原理？既能实现增加空气流通的目标，又能避免伤人、漏电等风险？事先预防的具体实施步骤如下。

(1)根据要解决的问题(或负面功能)，填写在表5-6第1行的第2列。

(2)问题背后对应的系统正常功能是什么？首先，确定所要实施的动作(用功能库规范动词表中提供的动词)；其次，确定该动作作用对象的性状(从以下5类性状中选择：固体、液体、气体、粉末、场)；最后，将"动作＋性状"的表述方式填写在第3列。例如，本例中问题是"叶片伤手"，其背后系统的正常功能是"移动气体"(或降低温度)，需要考虑风扇等系统如何在不伤手的前提下移动气体。因此需要查找移动气体的动能，在第3列填写"移动气体"。

表5-6　运用效应库对"风扇伤人"进行事先预防

A 现存的负面功能	B 正常功能	C 功能表达	D 属性表达
"叶片伤手"	实现的正常功能是"移动气体"	移动气体	改变压强

(3)继续分析第4列的操作中哪个参数被改变了(用属性库规范参数表中提供的参数)，具体是如何改变的(从以下5个动词中选择：增加、减少、稳定、改变、测量)。将第3列的内容转化为属性的表述方式(动词＋属性)。例如，在第3列中填写"移动气体"，在这个过程中哪个参数被改变了？答案是"压强"，因此需要在第4列中填写"改变压强"。

(4)结合第3列的内容查询功能库，第4列的内容查询属性库(具体内容请登录 www.cafetriz.com 查询)，产生批量概念解决方案，填写 PPT 模板中4.2和4.3的内容。

经过查询后，又产生了两个方案。方案3：查询"移动气体"，可运用科学效应"B10伯努利原理：在非黏性流体中，流动速度增加的同时，流体压强或重力势能将增加"。运用上述效应形成概念方案，即尝试用风扇改变周边空气的压强，使空气流动速度增加，形成"无扇叶风扇"，而不是直接由风扇带动空气流动。如图5-9所示，基座内的马达先从边缘的许多小孔吸入空气，再把这些空气向上推升到圆环内的中空管道，这个管道在较厚的那一边，有一圈很窄的缝，空气从缝中喷出。此时，由于空气流动产生的伯努利效应，这些气流会在圆环中间产生较低的气压，因而带动圆环后方、上下周围的空气一起流入圆环内，并以较高的速度共同向前流去。市面上大部分产品都宣称,基座吸入 1 分空气,就可以吹出至少 15~18 倍的风量,而且因为没有扇叶转动干扰,产生的风比扇叶转动产生的风更加柔顺。

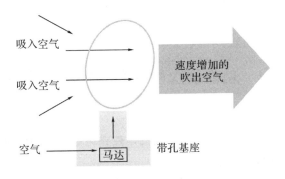

图 5-9　无叶风扇的工作原理示意

　　方案 4:查询"改变压强",可运用科学效应"F3 风扇:常见风扇有三种用于制造气体流动,离心式、切向式、压电效应"。压电效应是指某些物质受到外力后会产生极化现象,在相对位置上产生电流,反之则为逆压电效应。在运用上述效应形成概念方案,即利用逆压电效应,通过改变电流带动叶片产生弯曲谐振,如图 5-10 所示,使叶片向前方输出高速、平稳的气流。该风扇具有功耗低,可以在狭小空间内使用,不容易伤害到人等优点。

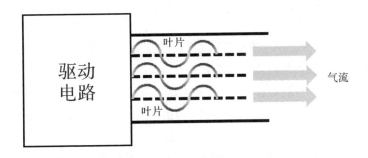

图 5-10　压电风扇的工作原理示意

　　经验与点评:在运用效应库进行专利破解时,要充分针对每个负面功能进行事中事后补救以及事先预防的思考,从而查询到更多改善问题的科学效应。在获得科学效应后,尤其要关注自己不熟悉的效应,因为我们作为"行业专家"必然知晓已有方案所采用的科学效应,而那些不熟悉的科学效应很可能是被大家忽视或尚未投入使用的潜在解决方案。这些我们"不熟悉的科学效应"往往能够有效规避既有的技术路线,同时为产品带来原有技术方案所不具备的特性。例如在本案例中,伯努利效应和压电效应虽然分别在航空和电子电气产品中使用,但较少应用在家用电器产品中。在提供了全新的解决方案同时,其具有不伤人、静音、体积小、科技感强、能耗低等优势,相比于传统风扇无论新颖性还是创造性都有显著提升。

5.3 功能层次的专利破解实战案例

5.3.1 案例一:专利"一种便于提高电磁铁电镀性能的电镀槽残渣处理装置"的破解

本节以专利"一种便于提高电磁铁电镀性能的电镀槽残渣处理装置"为例,说明如何运用效应库进行功能层次的专利破解。

<u>1.1 专利背景描述</u>

磁铁的应用非常广泛,根据产品用途需求,常常要将磁铁机械加工成不同的形状。由于磁铁中一些组成材料的化学性质比较活泼,极易被氧化,故需要对其成品进行电镀涂覆加工。然而,电镀涂覆的质量又与它的前处理和电镀液的质量密切相关。这种前处理工艺一般包括脱脂、去锈、活化等工序。如果前处理过程有任何不当,都会给最终的电镀产品带来潜在缺陷,致使电镀层出现起泡、剥落等问题。在此过程中,磁铁上残留的物质会随着滚筒的滚动而脱落,最终落进电镀槽内,这些物质会被电镀液腐蚀,由此产生的一些离子会污染镀液,同时还会造成电镀液的成分和电镀工艺条件的改变,最终影响电镀效果。目前通常采用的方法是阶段性中断电镀作业、排空电镀槽中的电镀液,进行人工清理。不仅严重影响电镀生产作业、降低生产效率,而且有毒镀液还严重损害操作工人的身体健康。

针对上述问题,目标专利开发了一种便于提高电磁铁电镀性能的电镀槽残渣处理装置,包括 **槽体(1)**、**槽体下部** 安装的 **支腿(2)**,其结构具体如图 5-11 所示。槽体的底面为 **锥底(3)**,锥底的最低处开设有通孔,且该同通孔 **固定连接向下延伸的 排泄管(4)**;所述排泄管的下端口安装着 **端盖(5)**,且端盖与排泄管为 **螺纹** 连接;所述锥底底部的通孔 *配置* 有 **塞子(7)**,塞子包括手柄以及安装在手柄下端的固定头,且固定头上安装着塞子头;所述固定头与塞子头连接处的 **边缘设**

置有密封圈。电镀结束后,用塞子堵住上端口避免电镀液流出。随后**转动手柄(6)**,打开端盖,人工**取出**电镀残渣。

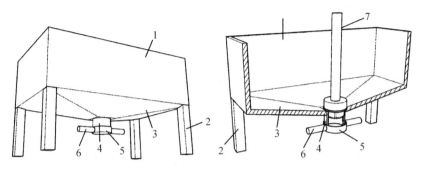

1-槽体;2-支腿;3-锥底;4-排泄管;5-端盖;6-转动柄;7-塞子

图 5-11　电镀槽的外观(左)和解剖(右)

因篇幅限制,专利文本分析和专利功能模型略过,直接得到如下专利功能分析结论。

2.5 专利功能分析结论

根据对专利文本的详细分析,总结了以下 7 个负面功能。

负面功能 1:4 条支腿对锥底的支撑作用不稳定(过度作用);

负面功能 2:密封圈对锥底等的密封性不好(不足作用);

负面功能 3:排泄管对塞子头的阻力作用不足导致残渣不能充分排除(不足作用);

负面功能 4:锥底对残渣的分离作用不彻底(不足作用);

负面功能 5:端盖与排泄管的螺纹连接作用不好,较难拆卸(不足作用);

负面功能 6:转动柄对端盖的旋转拆装作用不明显(不足作用);

负面功能 7:转排泄管对炉渣的收集程度的判断水平不足(不足作用)。

最终以负面功能 2 密封圈对锥底等的密封性不好(不足作用)为突破点。篇幅所限,此处略过组件层面的功能分析,直接进入功能层次的破解如下。

4 专利效应破解

4.1 运用效应库进行末端补救

根据专利功能分析结论,运用"末端补救"进行专利破解,并填写表 5-7。

表 5-7　运用"末端补救"进行专利破解

A 序号	B 负面功能	C 如何消除负面功能	D 属性表达
1	密封圈对锥底等的密封性不好	聚集固体	减少孔隙率
2	排泄管对塞子头的摩擦力作用不足,导致残渣不能充分排除	分离固体	增加压力
3	锥底对残渣的分离作用不充分	分离固体	改变压力
4	转动柄对端盖的旋转拆装作用不明显	旋转固体	减少摩阻

点评与讲解:在查找效应库时,要思考如何实现"(明确)负面功能—消除负面功能—(确定)属性表达"的过程,避免最终查找获得的科学效应与解题的初衷出现偏差。以负面功能"密封圈对锥底等的密封性不好"为例,先考虑通过加强密封性的方式来消除固体,那么如何加强密封性呢? 可以采取聚集固体的方式。相应地,由于残渣容易从密封不足的缝隙中漏出,因此考虑采用减少孔隙率的属性表达来消除负面功能。对此,读者需要注意的是消除负面功能的方式及其属性表达通常并不唯一,在使用中需要尽可能多地查找,并提高准确性,从而提升解题效率。

4.2 查询功能库并产生方案

方案 1:查询"分离固体",可运用科学效应"C25 离心分离"形成概念方案,即离心分离:一种利用离心力来分离混合物的方法,应用于工业和实验室环境,混合物离心分离后,密度大的成分偏离旋转轴分离在外侧,密度小的则在内侧;在收集池中加入离心分离搅拌器。

方案 2:查询"旋转固体",可运用科学效应"L17 杠杆"形成概念方案,即刚性物体选取合适的支点或轴点后可以放大机械力的作用,以施加到另一个物体上,采用比较长的转动柄。

点评与讲解:在使用效应库时,有学员并不清楚如何在找到科学效应后,回到负面功能上。以方案 1 为例,针对"锥底对残渣的分离作用不充分"这一负面功能,搜索"分离固体"可以获得多个效应,笔者选择了"C25 离心分离"这一常见相应构建了解决方案,即通过离心的方式增强锥体底部对混合物的分离效果。

4.3 查询属性库并产生方案

方案 3:查询"减少孔隙率",可运用科学效应"A17 黏合剂/C56 压缩"形成概念方案,即黏合剂:一种能够将两种物品黏合固定起来的化合物/压缩:材料屈从于压缩应力,导致体积减小。在本解决方法中首先采用压缩体积减小的办法增强密封性,若仍然无效,则采用涂敷黏合剂,增加密封性,便于渣料清理操作。

方案4：查询"增加压力"，可运用科学效应"D6形变"形成概念方案，即形变：施力造成物体形状大小的改变，即在排泄管的外部套一个压力控制器。

方案5：查询"减小摩阻"，可运用科学效应"A12声波润滑"形成概念方案，即声音带来的振动造成滑动面之间分离，这个频率的波正好能带来最佳振动，引起声波润滑效应。在转动柄和端盖直接安装声波控制器，若转动柄无法打开，则立刻触发声波控制器。

4.4 运用效应库进行源头治理

根据专利功能分析结论，运用源头治理进行专利破解，并填写表5-8。

表5-8 运用"事先预防"进行专利破解

A序号	B负面功能	C对应的正常功能	D属性表达
1	密封圈对锥底等的密封性不好	保持固体	稳定压强
2	排泄管对塞子头的阻力作用不足，导致残渣不能充分排除	移动固体	改变位置
3	锥底对残渣的分离作用不充分	分离固体	改变位置
4	转动柄对端盖的旋转拆装作用不明显	旋转固体端盖	改变压力
5	转排泄管对炉渣的收集程度的判断水平不足	检测固体收集量	测量重量

4.5 查询功能库并产生方案

方案6：查询"保持固体"，可运用科学效应"S20形状记忆化合物"形成概念方案，即高分子智能材料，能够在外部刺激下从变形状态回到它们原来的形状。可将传统密封圈改变成形状记忆化合物：基本形状＋密封态，在其底部设置有加热器，并用温度调控来达到形状改变的目的。

方案7：查询"移动固体"，可运用科学效应"超声波振动"形成概念方案，即在超声波频段的振动，把排泄管改装成利用超声波振动装置，并且内部结构为曲面，在出料口设置有感应开关如果清洁物料时，触发振动装置并且采用曲面即可快速完成清理工作。

方案8：查询"分离固体"，可运用科学效应"T1茶叶悖论"形成概念方案，即指一杯茶中的茶叶会在搅拌后迁移到中间和底部而不是在离心力作用下分布在茶叶边缘，即在装置中加入振动装置。

方案9：查询"检测固体"，可运用科学效应"F9反馈"形成概念方案，即指一个闭环系统能将输出量按照一定比例返回给输入量，即在排泄管内安装反馈装置,可以为重力反馈,也可以为高度反馈等。

方案10:查询"旋转固体",可运用科学效应"FW17威德曼效应"形成概念方案,即磁性材料在施加螺旋磁场时产生旋转。转动柄部分为磁性材料时,其内部有一个小型的螺旋磁场系统。在材料表面配置启动场开关,开动端盖时启动开关完成端盖的开启。

4.6 查询属性库并产生方案

方案11:查询"测量重量",可运用科学效应"M32力致发光(受力发光)"形成概念方案,即任何由固体的机械运动造成的发光。在排泄管中加入压力检测装置并连接报警指示灯,达到设定压力时,灯亮并及时提醒。

案例点评:在本案例中,方案1、方案5、方案6、方案7和方案10都具有较高的新颖性,在既往的专利较少采用如此复杂的方式。同时,这些方案能够在不同程度上增加创造性。如方案1能够提高残渣混合物的分离效果,相对于传统方案显然有所提升,但这一改进并未达到"需要付出创造性劳动"的程度。因此,还需要综合其他方案如方案7和方案10等,提高卸料效率,从而提升产品的整体处理效果。此外,考虑到产品还缺乏自动化设计,无法应对突发情况也不能对工作人员提供警示,方案9和方案10也能够起到较大的改进和提升作用。综合上述方案,作者若加以整合并针对实际产品进行改进,极有可能获得发明专利授权。

5.3.2 案例二:专利"一种脉冲气体发生装置"的破解

本节以专利"一种脉冲气体发生装置"为例,说明如何运用效应库进行功能层次的专利破解。

1.1 专利背景描述

技术领域:本发明涉及膜过滤系统领域,具体涉及一种用于擦洗滤膜系统的脉冲气体发生装置。

背景技术:

(1)膜生物反应器(MBR)工艺在污水处理中存在:能耗较传统工艺高、膜污染问题以及更换膜所带需成本;

(2)MBR工艺主要能耗的来源:膜擦洗曝气和生化工艺曝气占总能耗的60%~80%;

(3)MBR工艺中的膜擦洗是依靠曝气时空气泡的搅动,现有技术中脉冲曝气装置可将连续稳定的气流累积,当气流积累到设定量时便瞬间产生高流量大气泡的曝气,实现节能高效的脉冲曝气;

(4)通过控制阀门实现脉冲曝气,但阀门操作过于频繁会降低其寿命。

本专利致力于解决以下技术问题：

（1）提供一种仅需较小流量的气流，即可实现瞬间均匀释放大流量气体产生大气泡的脉冲曝气效果；

（2）有效避免因污泥沉淀而发生气道堵塞造成曝气失效的问题；

（3）延长装置使用寿命的脉冲气体发生装置。

1.2 专利的具体实施方式

如图5-12、5-13所示，一种脉冲气体发生装置包括壳体1、集气腔室11、斜面12、布气罩2、曝气孔21、排泥口22、集气管道3、第一开口31、竖直调节管道32、限位块33、定竖直管道34、第二开口35、第二竖直管道36、下连接管道37、排泥管4、排泥通孔41、水平布气管5、布气槽51、排气缺口52、浮动式防堵塞机构6、浮力块61、竖直导套62、浮动杆63、竖直穿插杆64、第二连接杆65。

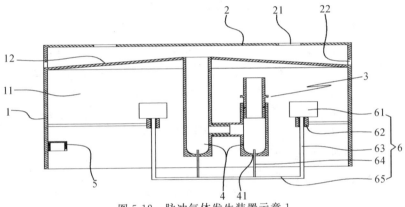

图 5-12 脉冲气体发生装置示意 1

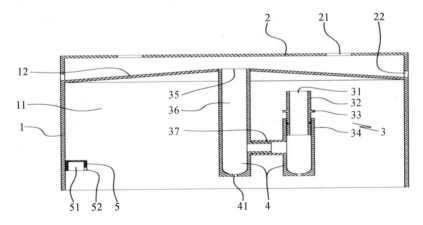

图 5-13 脉冲气体发生装置示意 2

(1)布气管 5 上的进气接口与外部进气设备连接，为集气腔室 11 提供气体。气体通过进气接口进入布气槽 51 内，逐渐在布气槽 51 的顶部聚集并不断将布气槽 51 中的液体排出，当布气槽 51 中的液面低于排气缺口 52 的上边缘时，布气槽内的气体从排气缺口 52 输入集气腔室 11 内。

(2)布气槽 51 内的气体从排气缺口 52 不断地输入集气腔室内 11(即外界小流量的气流不断地输入集气腔室 11 内)，逐渐在集气腔室 11 的顶部聚集并不断将集气腔室 11 中的液体排出；当集气腔室 11 内的液体低于集气管道 3 的最低点(即集气腔室 11 内的液体低于下连接管道 37)时，集气腔室 11 内通过集气管道 3 排出，实现瞬间释放集气腔室 11 内的大量气体，接着通过布气罩 2 的曝气孔 21 产生大气泡，如此完成一次曝气。当集气腔室 11 内的气体不断聚集并使集气腔室 11 内的液体低于集气管道 3 的最低点时，将再次曝气。如此循环反复，达到小流量气流输入，实现瞬间均匀释放大流量气体产生大气泡的脉冲曝气效果。此外，集气管道 3 内沉淀的污泥可以通过排泥管 4 排出。

(3)集气腔室 11 内还设有浮动式防堵塞机构 6。浮动式防堵塞机构包括竖直导套 62、可沿竖直导套滑动的插设在竖直导套内的浮动杆 63、设置在浮动杆上端的浮力块 61 及竖直穿插杆 64。浮力块 61 的浮力大于浮动式防堵塞机构 6 的重力。竖直导套 62 位于第一开口 31 及第二开口 35 的下方。竖直导套 62 通过第一连接杆与壳体 1 相连接。竖直穿插杆 64 的上端穿过排泥通孔并位于排泥管内。竖直穿插杆的下端通过第二连接杆 65 与浮动杆 63 的下端相连接。第二连接杆水平设置，且第二连接杆位于集气管道的下方。

(4)在集气腔室 11 内的气体聚集/释放的过程中，集气腔室 11 内的液面高度不断地升高/降低。在集气腔室 11 内的液面高度不断地升高/降低的过程中将带动浮力块 61 上下升降，进而带动竖直穿插杆 64 不断地在排泥通孔内穿插，从而避免因为减小排泥通孔的内径，而出现污泥沉淀堵塞排泥通孔的问题。

1.3 专利的权利要求

一种**脉冲气体发生装置**包括**壳体**，所述壳体的**内腔**构成集气腔室，且集气腔室的**下端**开口，所述**集气腔室内**设有集气管道，集气管道**具有**与集气腔室相**连通的**第一开口及与壳体外部相连通的第二开口，所述集气管道的**最低点位于**第一开口及第二开口的**下方**，且集气管道的**最低点**部位**设有**与集气管道的内腔**相连通的**排泥管。

2.5 专利功能分析结论[①]

根据对专利文本的详细分析，最终总结了多个负面功能，此处选择比较有代

---

① [ ]，专利的详细分析过程省略。

表性的 3 个负面功能作为案例予以解析。

负面功能 1：斜面和管道容易产生积泥——过度作用；

负面功能 2：沉积污泥堵塞连接管道——过度作用；

负面功能 3：排泥通孔黏结竖直穿插杆——不足作用。

4 专利效应破解

4.1 运用效应库进行末端补救

根据专利功能分析结论，运用"末端补救"进行专利破解，并填写表 5-9。

表 5-9　运用"末端补救"进行专利破解

A 序号	B 负面功能	C 如何消除负面功能	D 属性表达
1	斜面和管道容易产生积泥	加热固体	改变形状
2	沉积污泥堵塞连接管道	分解固体/分离固体	减少力
3	排泥通孔黏结竖直穿插杆	移动固体	减少摩阻/改变位置

4.2 查询功能库并产生方案

方案 1：查询"加热固体"，可运用科学效应"利用加热固体产生 P49 塑性形变"形成概念方案，即将凸起斜面改成单斜面，促进沉积污泥从排泥孔排出。

方案 2：查询"分解固体"，可运用科学效应"利用分解固体，产生 D6 形变 D12 减压减少压力"形成概念方案，即将第一、二竖直管、排泥管改成并联，分散压力，隔离空间。

方案 3：查询"移动固体"，可运用科学效应"稳定频率 H4 谐波振荡器，偏离平衡位置受到回复力左右"形成概念方案，即将利用弹簧振子等谐波振荡器实现往复运动。

讨论与思考：在针对负面功能 1"斜面和管道容易产生积泥"时，学员选择了"加热固体"的方式来消除负面功能，同时在属性表达中选择了"改变形状"，思考此处是否合理？为什么？（答案请参考下文解析）

4.3 查询属性库并产生方案

方案 4：查询"改变形状"，可运用科学效应"P49 塑性形变：利用加热固体产生塑性形变"形成概念方案，即将凸起斜面改成单斜面，促进沉积污泥从排泥孔排出。

方案 5：查询"减少力"，可运用科学效应"S10 分割：利用跨越空间承重的弯曲结构，消除张力，力分解为抗压应力"形成概念方案，即将第一、二竖直管、排泥管分割，减少重量。

方案 6：查询"改变位置/减少摩阻"；可运用科学效应"S91 控制斜盘/E2 偏心轮旋转运动转化为往复运动"形成概念方案，即将浮动式防堵塞装置替换为控制斜盘或者偏心轮实现往复运动。

4.4 运用效应库进行源头治理

根据专利功能分析结论,运用"源头治理"进行专利破解,并填写表 5-10。

表 5-10　运用"源头治理"进行专利破解

A 序号	B 负面功能	C 如何消除负面功能	D 属性表达
1	斜面和管道容易产生积泥	震动固体/移动固体	稳定频率
2	沉积污泥堵塞连接管道	检测固体	测量压强

4.5 查询功能库并产生方案

方案 7:查询"震动固体",可运用科学效应"E66 擒纵器、H4 谐波振荡器连续运动转化为往复运动"形成概念方案,即采用擒纵器和谐波振荡器构成稳定往复运动装置,使管道按照一定频率持续振动。

方案 8:查询"检测固体",可运用科学效应"测量压强 p41 压电效应,受到机械力压力变化时,某些固体会产生电荷"形成概念方案,即受到机械力压力变化时(位置不同,压力不同),某些固体会产生电荷,形成电流反馈,检测压力参数。

4.6　查询属性库并产生方案

方案 9:查询"稳定频率",可运用科学效应"E66 擒纵器、H4 谐波振荡器连续运动转化为往复运动"形成概念方案,即稳定往复运动作用。

方案 10:查询"测量压强",可运用科学效应"p41 压电效应受到机械力压力变化时,某些固体会产生电荷"形成概念方案,即受到机械力压力变化时(位置不同,压力不同),某些固体会产生电荷,形成电流反馈,检测压力参数。

讨论与思考:在针对负面功能一"斜面和管道容易产生积泥"时,该学员选择了"加热固体"的方式来消除负面功能,同时在属性表达中选择了"改变形状",思考此处是否合理?为什么?(答案请参考下文解析)

案例点评:在末端干预思路下,学员针对负面功能 1"**斜面和管道容易产生积泥**"选择了"加热固体"和"改变形状",在源头治理思路下,同样针对负面功能 1,学员选择了"**震动固体/移动固体**"来消除负面功能,其属性表达选择为"稳定频率",读到此处读者可能会觉得十分突兀,加热液体的功能如何与改变形状的属性相对应呢?移动固体的功能又如何与稳定频率的属性相对应呢?同样再看负面功能二"**沉积污泥堵塞连接管道**",在源头治理思路下学员选择了"检测固体"和"测量压强"的方式来解决"污泥堵塞管道"的问题,同样思路也十分跳跃,让人摸不着头脑。这是为什么呢?

这是由于学员在解题过程中出现了"思维固着",即在解题之前就预设了问题的解决方案,从而排除了其他可能的解题路径。这在"源头治理"的负面功能

2"沉积污泥堵塞连接管道"中表现得尤为明显,学员事先默认"污泥堵塞连接管道"是由于没有清理,而没有清理是因为"没有发现/检测到污泥堵塞管道这一过程",因此在解决方案时默认了"检测固体"和"测量压强"这一方向。据此查处的解决方案并不能改善"污泥堵塞连接管道"的负面功能,应该查找"移动/改变固体"等功能,或查找"改变位置/黏度"等属性才能获得对应的解决问题的科学效应。

实际上,无法检测污泥堵塞管道只是该产品的负面功能之一,学员在进行负面功能分析时并未考虑这一不足,因此提供的解决方案有"驴唇不对马嘴"的感觉。可见,学员在失效功能分析时要尽可能多地提出原专利系统的不足之处,同时在查找效应库时要注意"问题—效应(手段)—效果"保持一致,才能最大限度地改善方案的新颖性、创造性和实用性。

5.4 本章小结

本章着重介绍了功能层次的专利破解方法,其本质是通过引入一个强大的工具——科学效应库(功能库和属性库)来查找专利申请常用到的知识,从而为减少和消除专利系统的负面功能以及增添新的功能提供批量的可替代方案。根据《专利审查指南》,可以知道除可行性外,新颖性、创造性是决定专利能否获得授权的关键因素。通常可将专利破解分为"组件—子系统—系统"三个递进的层次,破解的层次越高,方案的质量就越高,也就越容易获得授权。功能层次的专利破解无疑位于最高的系统层面,也正因此才使其成为最有效的破解策略。科学效应库能够从产品/方案/工艺的原理层面引入新的科学效应和知识,帮助读者从系统层面规避原有专利的技术方案,最大限度地实现专利创新。

针对专利的负面功能,功能层次的专利破解有两种具体路径:一是末端干预,即负面功能已经或正在产生影响,(通过加入新的功能)减少负面的功能的影响;二是源头治理,即改变系统的主要工作原理(但不增加新的功能),使改负面功能根本不会出现(即彻底消除)。根据上述路径,可以检索解决两类问题的具体科学效应,进而产生解决方案。请读者注意二者的区别:总体来说,源头治理更主动积极一些,末端干预更被动一些。

06 进化层次的专利破解

6.1 技术系统进化法则

TRIZ 的创始人阿奇舒勒通过对大量的发明专利进行分析总结,发现所有的技术系统都会朝着理想化的方向进化,这是技术系统进化的一般客观规律。围绕这个总体规律,每个技术系统,以及技术系统中的各个子系统的具体进化路线有所不同。TRIZ 研究者们开发了技术系统进化理论,以提升系统理想度为基础,将不同技术系统的进化过程以技术系统进化法则的形式进行具体论述,并在法则的指导下构建技术系统进化趋势,将进化趋势的每个步骤明确、细化,得到技术系统进化路线(见图 6-1),将多条进化路线进行整合,形成纵横交织的节点网络,称之为技术系统进化树(见图 6-2)。熟练地应用上述理论和工具进行专利破解能够有效预测专利(产品)未来可能的发展方向和具体状态,从而避免盲目试错给企业带来的研发成本和研发风险,因此具有广阔的应用前景。

技术系统进化理论同时指出,在一个工程领域中总结出来的进化模式及进化路线,可以在另一个工程领域中得以实现,即技术进化法则与进化路线具有可传递性,极大地扩展了该理论的适用范围。本节将论述经典的技术系统进化法则(evolution laws)。法则共 8 条,可分为生存法则和发展法则两大类(见表 6-1)。

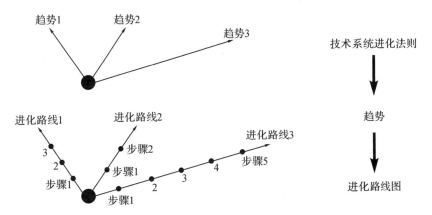

图 6-1 技术系统进化理论内部关系

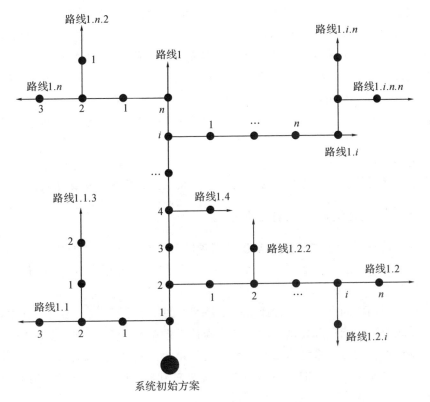

图 6-2 技术系统进化树示意

表 6-1　技术系统进化法则

1	完备性法则	静态	生存法则
2	能量传递法则		
3	协调性法则		
4	提高理想度法则	动态	发展法则
5	子系统不均衡进化法则		
6	向超系统进化法则		
7	向微观级进化法则	动力态□	
8	提高动态性法则		

　　一个新技术系统的诞生,是其各个部分(元素)按照一定规则有机组合的结果。那么,想要构建能够有效实现既定功能的技术系统,是否需要遵循某些基本原则? 以一个简单的比喻为例,自然界想要创造生物并赋予其健康的生命,仅仅依靠蛋白质和核糖核酸简单堆砌是不可能实现的。首先,动物的机体需要有完善的循环系统、运动系统、内脏器官等基本元素(这是生物体内的各个子系统,与技术系统类似);其次,各子系统之间要有流畅的能量流动(如人类的心脏供血、肺部供氧、糖类、ATP 等在体内循环提供生物能);最后,各子系统之间要在各个方面保持协调,才能从整体上实现生物系统的正常工作。由人类创造的技术系统也遵循同样的原则,TRIZ 理论中技术系统进化法则的前 3 条称为生存法则,是保证技术系统正常运作的必需条件。下文将依次介绍 8 条进化法则。

6.1.1　进化法则一:完备性法则

　　完备性法则的基本内容是:要实现某项既定功能,一个完整的技术系统必须包含以下四个相互关联的基本子系统——动力子系统、传输子系统、执行子系统和控制子系统(见图 6-3)。

　　虚线框内的四个子系统构成了一个最基本的技术系统,缺一不可。其中,动力子系统负责将能量源提供的能量转化为技术系统能够使用的能量形式;传输子系统负责将动力子系统输出的能量传递到系统的各个组成部分;执行子系统则对作用对象实施预定的作用,完成技术系统的功能;控制子系统负责对整个技术系统进行调控,以协调各部分工作。

　　例如,汽车是一个技术系统。能量源是油箱中的汽油,发动机作为动力子系统,能够将燃料油中储存的化学能释放为热能,并进一步通过活塞运动转化为汽车能够利用的机械能;该能量通过传输子系统(汽车行业一般称为传动系统,包

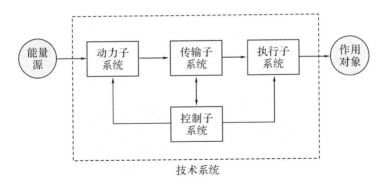

图 6-3 完备性法则示意

括离合器、变速器等)传递给执行子系统(包括车架、车桥、悬架、车轮等)。在整个过程中,控制子系统(包括转向系、制动系等,以及驾驶室内的各操作单元,最主要的是人的参与)完成对整体技术系统的控制,实现汽车正常行驶的基本功能。

汽车的进化充分展现了进化规律。现代汽车比早期汽车的动力系统更加强劲、可靠、节省能量;现代汽车具有离合器、变速器、线路等完备的传输子系统,早期汽车只能直接将机械能从发动机传递到车轮;现代汽车的车身、车架、车桥、悬架、车轮等构成了完备的执行子系统,早期汽车则相当简陋;现代智能驾驶汽车的控制系统更加完备——转向、制动、驾驶室内的操作单元、驾驶员等构成了完备的控制子系统。

需要注意的是,很多技术系统都从劳动工具演变而来。例如人用锄头锄地,其中锄头是劳动工具,二者不构成技术系统;而人驱使牛犁地则构成技术系统——其中,牛是能量源以及动力子系统(二者可以在一个部件内实现),牛身上的套索以及麻绳是传输子系统,锄头是执行子系统,人操控着锄头构成控制子系统(见图 6-4)。因此,完备性法则可以作为技术系统存在的判断依据,也是设计技术系统时必须遵守的原则。

正如以上牛耕地的案例所述,最初的技术系统往往是人工过程的一种替代。具体来讲,想要实现特定的功能,最开始由纯人力手工操作实现,逐步引入工具(执行子系统),加载传动装置(传输子系统)提供做功效率,进而可以引入其他能量(如来自风、水、牛、马、骡子等)解放人力,并添加控制子系统对整个技术系统进行管理和操控,最终达成对人工过程的替代。与此类似,从手挥镰刀收割小麦,到现今运用联合收割机高效地完成同样的工作。因此,本法则蕴含的具体进化路线 1 是:依次引入执行子系统、传输子系统、动力子系统、控制子系统。

图 6-4　牛犁地示意

6.1.2　进化法则二：能量传递法则

能量传递法则在完备性法则的基础上，对技术系统正常发挥功能提出了进一步的要求，其基本内容是：要实现某项既定功能，必须保证能量能够从能量源流向技术系统内所有需要能量的元件。与此同时该法则还指出，应该将系统内能量传递的效率提高，将能量损失（如能量转换过程中的损失、废弃物的产生以及产物带走的多余能量）降到最低。为达到此目标，应力求各个子系统使用同一种形式的能量，减少不同形式能量转换带来的损耗。同时，技术系统的进化过程应该沿着能量流动路径缩短的方向发展，减少能量的损失。如第二次世界大战期间的战列舰，使用了多种形式的能量（化石燃料的化学能、汽轮机发电的热能、动力系统的机械能、供电通信系统的电能）；21世纪最新技术的全电推进战舰，则有效减少了能量的种类及转换次数，动力、操纵、通信等系统统一采用电能驱动。因此，本法则蕴含的具体进化路线2是：减少能量种类、减少能量转换次数、缩短能量传输路径。

此外，也应将可控性较差的能量形式替换为可控性较好的形式。例如，火车车头最初采用蒸汽机、内燃机作为引擎，然而在将燃烧释放的热能转化为机械能的过程中有大量的能量损失，燃烧所产生的废气也会带走大量无法回收利用的热量。现今最新的高速电气化铁路则采用电能，一方面电能的输出可以通过控制面板方便地操作，增强了能量可控性；另一方面电动机能量利用性远大于蒸汽机、内燃机，能量形式单一，损耗小。因此，本法则蕴含的具体进化路线3是：提升能量的可控性（如势能、机械能、热能、化学能、电磁能）。

6.1.3　进化法则三：协调性法则

协调性法则的基本内容是：技术系统各个组成部分之间的参数要协调。这也是技术系统正常发挥作用的另外一个必要条件。其中,协调性可以具体表现为以下若干种方式。

　　① 结构的协调,如尺寸、质量、几何形状(见图 6-5)等;

　　② 性能的协调,如材料性质(见图 6-6)、电压、功率、作用力等;

　　③ 节奏的协调,如转动速度、频率、数据和信息传输等。

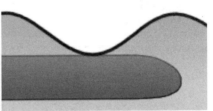

图 6-5　球形艏的特殊形状影响水流(形状协调)

图 6-6　人工机械心脏(惰性材料)转变为克隆心脏(材料协调)

　　协调性法则进一步指出,技术系统参数会沿着各个子系统之间更加协调,以及整体技术系统与超系统间更加协调的方向进化,具体可以分为以下三个层次。

　　首先,技术系统的参数从不协调,逐渐进化为部分协调、完全协调的状态。例如,早期的自行车前后轮大小不一致,骑车者上车下车比较困难,现今自行车已经改进为前后轮大小一致,整体高度与人身高类似,骑行十分方便舒适。

　　其次,技术系统的参数逐渐实现动态协调。例如坦克逐步改进其迷彩外观,以适应森林、沙漠、平原等多种不同环境的作战要求;又如各类自适应、自修复材料(见图 6-7)。

　　最后,技术系统的参数沿着各个子系统间、子系统与系统间、系统与超系统间蓄意反协调的方向进化。具体来讲,蓄意反协调的意义通常是消除技术系统

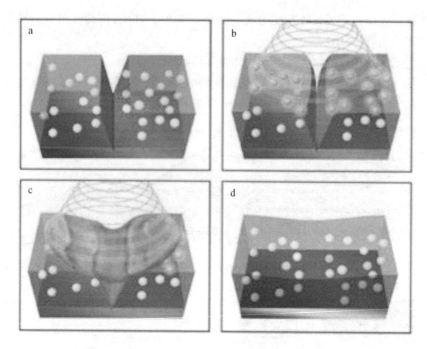

图 6-7　光触发自修复聚合物

元素之间的有害相互作用——如频率的反协调是消除系统中有害共振的有效方法（例如主动降噪耳机以及"白帽"黑客，见图 6-8、6-9）。而材料和场参数的蓄意反协调则可能在技术系统中产生相应的物理和化学现象，取得额外的有益作用。

将以上三方面进行提炼，则可以总结本法则蕴含的具体进化路线 4：<u>参数不协调或部分协调、完全协调、动态协调、蓄意反协调</u>。

与生存法则相对应的是技术系统进化所遵循的发展法则。顾名思义，生存法则讲述的是技术系统正常发挥功能的必要条件，发展法则揭示了系统在人为作用下，不断完善自身性能、提高理想度时遵循的规律，回答了如何改善其可操作性、可靠性及效率等一系列问题。

技术系统必须同时满足所有的生存法则，却并不需要同时遵从所有的发展法则。不同的技术系统在其发展的不同阶段，所遵循的发展法则可能不同。技术系统进化法则之中包含了 5 条发展法则，具体见表 6-1。

6.1.4　进化法则四:提高理想度法则

提高理想度法则的基本内容是:所有技术系统都朝着理想度提高，最终趋近理想系统的方向进化。本法则是技术系统进化理论的核心，是技术系统进化法

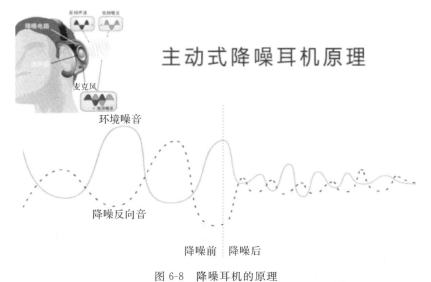

图 6-8 降噪耳机的原理

图 6-9 雇用"白帽"黑客进行安全测试（安全参数蓄意反协调）

则的总纲，其他法则以及若干进化路线，都可以视为从不同的角度提高技术系统的理想度。

欲达到提高理想度的目标，可以增加有用功能、减少有害功能、降低成本或增加用户体验及价值。在增加有用功能或增加用户体验及价值方面，蕴含具体进化路线 5：单系统、双系统、多系统、整合后的新的单系统（集成系统）（见图 6-10）。

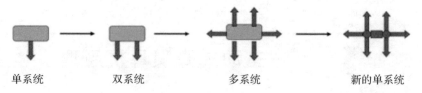

单系统　　　双系统　　　多系统　　　新的单系统

图 6-10　单双多进化路线

技术系统的发展,可以逐渐提升主要功能的性能,增加辅助或附加功能,增加相似的、有差异的或完全不同的组件,形成更加复杂的系统——双系统。多个初始系统也可能结合起来组成多系统。系统转变为双系统和多系统的主要条件是需要改善初始系统的运行指标,或需要引入新的功能,而通过系统结合能满足这些需求。

双系统和多系统可以是单功能的或者是多功能的。单功能双系统(例如两头尺寸不同的扳手)和单功能多系统(例如执行同一任务的战斗机编队)由能够完成同样功能的相同技术系统或者不同技术系统组成。

多功能技术系统包含行使不同功能的非均质技术系统(例如瑞士军刀,本质是一个非均质多系统),也可以包含行使相反功能的反向系统(例如带橡皮头的铅笔,本质是一个反向双系统)。通常一个系统和其他系统结合后,所得到的多系统中的所有组件会结合成为更高层次的单系统(瑞士军刀、带橡皮头的铅笔都可以认为是集成之后的更高层次的单系统)(见图 6-11、6-12)。

图 6-11　瑞士军刀

另外,在减少有害功能、降低成本方面,蕴含具体进化路线 6:裁剪有害组件、裁剪低价值组件、裁剪辅助组件、裁剪后新系统等。

系统被最大程度地扩展后具有了完整的组件和最多的组成元素。此时,系统的成本也会相应增加,之后系统的发展就沿着裁剪的方向,体现进化路线 5 和6 的顺承发展关系(见图 6-13)。例如,飞机的推进系统,最开始是单桨叶发动

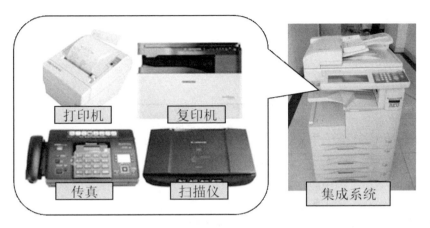

图 6-12　集成化办公一体机

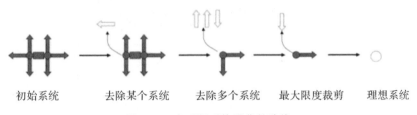

初始系统　　去除某个系统　　去除多个系统　最大限度裁剪　　理想系统

图 6-13　向理想系统进化的路线

机,逐渐增添为双桨叶发动机(双桨叶还可以反向旋转,体现参数蓄意反协调),后续优化为涡轮发动机。复杂的涡轮发动机逐渐进入裁剪路线,逐渐通过前沿科技创新,将传统的桨叶裁剪掉,通过改变推进原理,开发出量子发动机、曲率发动机等(见图 6-14、6-15、6-16、6-17)。

6.1.5　进化法则五:子系统不均衡进化法则

子系统不均衡进化法则的基本内容有以下几个方面:①技术系统中的每个子系统都有自己的 S 曲线,不是同步、均衡进化的;②整个技术系统的进化速度及水平,取决于最落后的子系统(短板效应);③这种情况导致系统内部产生矛盾,解决矛盾将使整个系统产生突破性的进化。因此,本法则蕴含的具体进化路线 7 是:子系统均衡发展、刻意实现子系统不均衡发展。

掌握子系统不均衡进化法则,可以明确提示并帮助技术人员及时发现并改进系统中最不理想的子系统,从而使整个技术系统的性能得到大幅提升。然而在实际工作中,人们往往忽视这个法则,花费较多精力改善那些非关键性的子系统。例如,早期的飞机被糟糕的空气动力学特性限制其性能。然而在很长一段

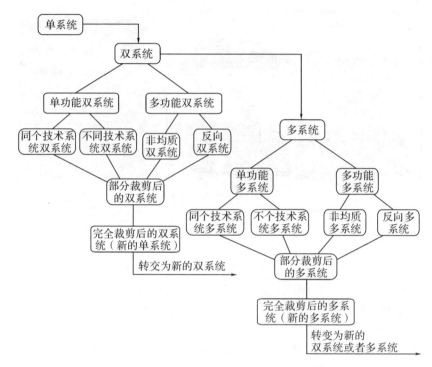

图 6-14 "单系统、双系统、多系统"进化路线

图 6-15 单桨叶、双桨叶发动机实物

时间内，工程师们却将注意力放在如何提高飞机发动机的动力上，导致飞机整体性能的提升一直比较缓慢。而对机身及机翼做出空气动力学改进之后，飞机的整体性能得到了大幅度提升。

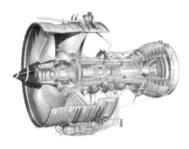

图 6-16　涡轮式、喷气式发动机原理

图 6-17　美国 NASA 量子发动机、曲率发动机示意

　　另外一个案例是自行车的进化过程。早在 19 世纪中期，自行车还没有链条传动系统，脚蹬直接安装在前轮轴上，因此自行车的速度与前轮直径成正比。为了提高速度，人们采用了增加前轮直径的方法。但是一味增加前轮直径，会使前后轮尺寸相差太大，导致自行车在前进中的稳定性变差，很容易摔倒。后来，人们开始研究自行车的传动系统（其进化落后于车轮子系统），为自行车装配链条和飞轮，用后轮的转动推动车子的前进，而且前后轮大小相同，以保持自行车的平稳和稳定。此后自行车的性能得到质的提高，逐步走进千家万户。整体的进化过程如图 6-18 所示。

6.1.6　进化法则六：向超系统进化法则

　　向超系统进化法则的基本内容是：技术系统内部进化资源的有限性要求其进化应该沿着与超系统中的资源相结合的方向发展。可以将原有技术系统中的一个子系统及其功能分离出来并转移至超系统内，形成专用技术系统，以更高的质量执行原先功能。此后，原来的技术系统将作为超系统的一个子系统，超系统将为其提供合适资源，原有技术系统也得到简化。因此，本法则蕴含的具体进化路线 8 是：功能或组件向超系统转移、与超系统集成发展。

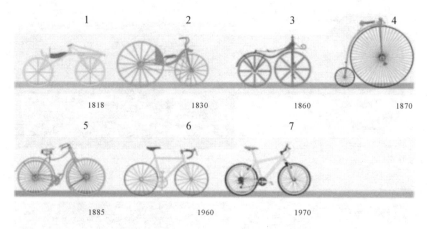

图 6-18　自行车各子系统不均衡进化

例如,空中加油机的发明(见图 6-19)。长距离飞行时,飞机需要携带大量的燃油。最初是通过携带副油箱的方式得以实现的。此时,副油箱被看作飞机的一个子系统。通过进化,将副油箱从飞机中分离出来,转移至超系统,以空中加油机的形式给飞机加油。一方面,由于飞机不再需要携带副油箱,使其重量减轻,系统得以简化;另一方面,加油机可以携带比副油箱多得多的燃油,大大提高了为飞机续航的能力。

图 6-19　空中加油机

向超系统进化法则鼓励提升对"免费"的超系统资源、能量以及系统内部多余能量的利用性,从而有效降低系统成本。如搭载了制动能量回收系统的电动汽车,可以把刹车或滑行时产生的多余能量转化为电能,给蓄电池充电,见

图 6-20。因此,本法则蕴含的具体进化路线 9 是:利用超系统资源(降低或消除成本或有害作用)、利用超系统免费或无害资源、回收内部多余能量、利用内部隐性资源。

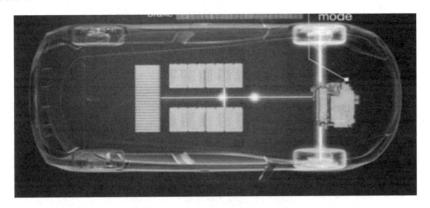

图 6-20   刹车能量回收系统示意

6.1.7   进化法则七:向微观进化法则

向微观级进化法则的基本内容是:在能够更好地实现原有功能的条件下,同时出于减少能耗、降低成本等考虑,技术系统的进化应该沿着减小其组成元素的尺寸(不断分隔),或整体系统向微观级的方向进化。本法则蕴含空间分割、表面分割、物场分割三条具体进化路线,具体内容如下。

进化路线 10(空间分割):单一固体、中空结构、多重中空、毛细/多孔结构、多孔结构＋有用元素(见图 6-21)。例如,保险杠的进化,从最初刚性的单一固体,进化为带腔体的中空结构,再进化为带蜂窝状填充物的结构(多重中空),再进一步进化为带多孔材料的结构(毛细/多孔结构),最后到带安全气囊,即在多孔结构中加入了有用的元素(空气)(见图 6-22)。

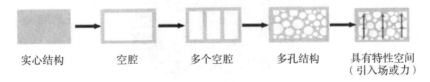

实心结构   空腔   多个空腔   多孔结构   具有特性空间
（引入场或力）

图 6-21   向微观级进化

进化路线 11(表面分割):光滑表面、肋状表面、立体粗糙表面、粗糙表面＋有用元素。例如汽车方向盘的进化,从最初裁剪光滑的表面,到粗糙表面(粗糙而又有弹性的表面,司机可以不需要很费力就能抓紧从而更好地控制方向盘),

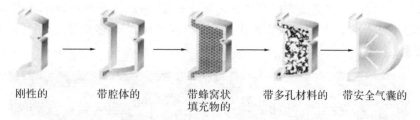

刚性的　　带腔体的　　带蜂窝状　　带多孔材料的　　带安全气囊的
　　　　　　　　　　填充物的

图 6-22　汽车保险杠内部结构的进化

到带有加热功能的表面，为用户提供更多有用功能（见图 6-23）。又如现代轮胎上的复杂图案——宽的纵向沟道能够防止潮湿地面上的侧滑，横向沟道和小的刻纹能够使车轮具有很好的控制性和有效的制动（见图 6-24）。

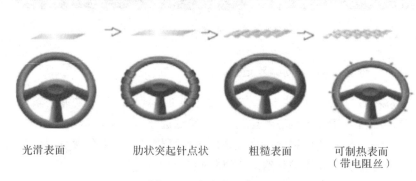

光滑表面　　　　肋状突起针点状　　　粗糙表面　　　可制热表面
　　　　　　　　　　　　　　　　　　　　　　　　　（带电阻丝）

图 6-23　方向盘上的纹路

图 6-24　轮胎花纹

进化路线 12（物场分割）：单一固体、分割固体、粒状固体、液体、泡沫/气雾、气体、电浆、能场、中空（见图 6-25）。例如想抬升一个重物，可以用一根铁棍支撑（整体），或者可以选用剪式千斤顶、螺纹式千斤顶（多个部分）、液压式千斤顶（液体），此时技术系统的微观级程度得到增加，能够更加有效地实现功能（抬举重物），可控性和操作性也更加良好。而更高级别的分化则会加入场的应用（如装备有电磁吸盘的起重机）。

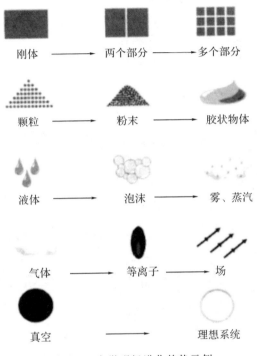

刚体 → 两个部分 → 多个部分

颗粒 → 粉末 → 胶状物体

液体 → 泡沫 → 雾、蒸汽

气体 → 等离子 → 场

真空 → 理想系统

图 6-25　向微观级进化趋势示例

另外一个典型的例子是人造计算机的进化过程。从最初电子管计算机ENIAC（美国宾夕法尼亚大学研发，是占地 170 平方米的庞然大物，见图 6-26），到后来的晶体管计算机，随着集成电路、大规模集成电路的应用，计算机的尺寸逐步减小，与此同时功能却愈发完善和丰富。未来的进化朝着能量场的方向逐渐演变，已经研发的"量子计算机"（见图 6-27）就是典型。

与此例类似的是，在 DOS 以及 Windows 刚刚兴起的年代，计算机储存介质是 5.25 或 3.5 英寸的软盘，其面积与人类手掌大小类似，存储空间最高只有1.44MB。随后，储存系统应用的材料以及整体尺寸向微观级进化，发展出了光盘、硬盘等媒介，现今一些硬盘的储存空间高达几 TB，一些 U 盘的大小与人类的指甲类似，不得不说这是技术系统向微观级进化的典型案例。

又如，切割工艺的进化。从单一固体的刀具，到分割固体的剪刀，逐步进化

图 6-26　传统计算机超微观级进化

图 6-27　量子计算机问世

为线切割（粒状固体）、水刀切割（液体）、高压气体切割（气体）以及激光切割（能量场）（见图 6-28）。再如轴承系统，从单排球轴承，到多排球轴承、微球轴承，再到气体、液体支撑轴承，最后进化为磁悬浮轴承。又如，从千百年前的活字印刷，到现今的激光打印，也体现了向微观级进化的趋势及物场分隔的进化路线（见图 6-29）。

单一固体　分割团体　　柱状固体　　　液体　　　　气体　　　能量场

图 6-28　切割方式的进化

图 6-29　活字印刷到激光打印机

6.1.8　进化法则八：提高动态性法则

动态性法则的基本内容是：技术系统的进化应该沿着结构及相互作用柔性、可移动性和可控制性增加的方向发展，以适应环境状况或执行方式的变化。本法则蕴含增强柔性、可移动性、可控性三条具体进化路线，具体内容如下。

进化路线 13：刚性系统、多铰链系统、柔性系统、由场构成的系统。

图 6-30 展示的是我们常用锁具的进化过程，从最初的挂锁（刚体），到形状可以自由改变的折叠锁、链条锁（多铰链、柔性体），再到可以自主设定以及灵活识别的电子锁、指纹锁、虹膜检测锁等，都遵循着柔性进化的趋势。

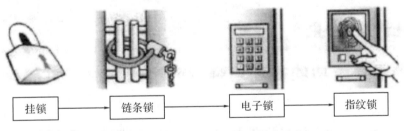

| 挂锁 | → | 链条锁 | → | 电子锁 | → | 指纹锁 |

图 6-30　柔性进化趋势实例：门锁的进化

再如常见的键盘是一个长方形的刚性整体，携带非常不便。而后逐渐出现了可折叠键盘，以及用橡胶材料制成的可卷曲的柔性键盘；进而在许多电子设备中，其触控显示屏即可发挥键盘的功能。最近已经出现了一种虚拟激光键盘，它可以将全尺寸键盘的影像投影到平面上，用户可以像使用普通键盘一样直接输入文本，使用非常方便。

进化路线 14:<u>不可动系统、部分可动系统、高度可动系统</u>。例如从传统的固定电话到现今的移动电话,再如手机的充电模块,从固定座充、固定线充,逐渐进化到移动充电宝、无线充电等,见图 6-31。

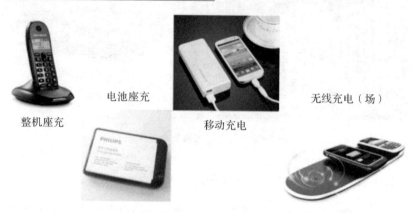

电池座充   无线充电（场）

整机座充   移动充电

图 6-31   手机充电系统的进化

进化路线 15:<u>直接控制、间接控制、反馈控制、自动控制</u>(减少人为参与)。

例如将普通的开关控制灯具改进为声控、光控灯具,现在已经发展出通过光感自动调节亮度的灯具,遵循可控性增加趋势,见图 6-32。

无红绿灯的十字路口 由程序控制的红绿灯   交警   由探测器控制的红绿灯

不受控制的系统   有固定程序的系统   外部控制系统   自我控制系统

图 6-32   自动控制的路灯

6.2   基于进化法则以及进化路线的专利破解

进化层次的专利破解实际上依托技术系统进化法则以及进化路线展开,读者需要按照下面介绍的基本流程,根据专利系统的组件、子系统和系统本身的情况思考进化方向进行产品预测和布局,从而实现专利破解。

为了简化专利破解过程,开发了专利进化问答表格(见表 6-3)。使用步骤如下。

表 6-3 专利进化问答表格

序号	进化路线	当前所处阶段	产生概念方案
1	提升完备性:引入执行子系统、传输子系统、动力子系统、控制子系统		
2	减少能量损耗:减少能量种类、转换次数、缩短能量传输路径		
3	提升能量可控性:如势能、机械能、热能、化学能、电磁能		
4	提升协调性:参数不协调或部分协调、完全协调、动态协调、蓄意反协调		
5	单双多:单系统、双系统、多系统、整合后的新的单系统(集成系统)		
6	裁剪:裁剪有害组件、裁剪低价值组件、裁剪辅助组件、裁剪后新系统		
7	子系统均衡性:子系统均衡发展、刻意实现子系统不均衡发展		
8	向超系统转移:功能或组件向超系统转移、与超系统集成发展		
9	利用超系统资源:利用超系统资源(产生成本或有害作用)、利用超系统免费或无害资源、回收内部多余能量、利用内部隐性资源		
10	空间分割:单一固体、中空结构、多重中空、毛细/多孔结构、多孔结构＋有用元素		
11	表面分割:光滑表面、肋状表面、立体粗糙表面、粗糙表面＋有用元素		
12	物场分割:单一固体、分割固体、粒状固体、液体、泡沫/气雾、气体、电浆、能场、中空		
13	提升柔性:刚性系统、多铰链系统、柔性系统、由场构成的系统		
14	提升可移动性:不可动系统、部分可动系统、高度可动系统		
15	提升可控性:直接控制、间接控制、反馈控制、自动控制(减少人为参与)		

① 在应用专利进化问答表格时,首先针对专利系统的主要功能,遍历表格中列举的 15 条进化路线,明确系统当前所处发展阶段,填写至表格"当前发展阶段"一列;根据相应的进化路线向前或向后推进,形成完善的概念解决方案,填写在表格的最右一列。

② 其次,针对已经确定的若干专利破解突破点,遍历表格中列举的 15 条进化路线,明确系统当前所处发展阶段,填写至表格"当前发展阶段"一列;根据相应的进化路线向前或向后推进,形成完善的概念解决方案,填写在表格的最右一列。

③ 需要注意的是,在填写过程中,同一个进化路线可以产生多个概念方案(主要功能进化、不同的专利破解突破点进化),均可在表格中添加新行,清晰列举产生的概念方案。

6.3 本章案例

6.3.1 案例一:专利"焊缝密性的测试方法"的破解

在第三章中对专利系统"焊缝密性仪"进行了功能和失效分析,本节仍旧以"焊缝测试仪"为例,说明如何在进化层次进行专利破解,本系统的主要功能(焊缝测试仪检测焊缝密封性)以及专利破解突破点如下。

专利破解突破点 1:抽真空机产生振动对管道产生破坏(有害作用);

专利破解突破点 2:罩体固定压力表时易松动(不足作用);

专利破解突破点 3:密封橡胶与焊缝贴合不好,产生泄漏(不足作用);

专利破解突破点 4:在特殊作业环境下,操作者对罩体支撑不够(不足作用);

专利破解突破点 5:操作者无法观察到气泡产生(不足作用)。

依次针对系统主要功能以及 5 个专利破解突破点,分析其现今所处的技术水平及发展阶段,并产生相应的概念方案,统一填写在专利进化问答表格中(见表 6-4)。根据具体操作提示,共产生 5 个解决方案。

表 6-4　专利进化问答表格

序号	进化路线	当前所处阶段	产生概念方案
1	提升完备性:引入执行子系统、传输子系统、动力子系统、控制子系统	在执行子系统方面不完备,人工在焊缝接口处涂覆肥皂液,然后观察肥皂泡冒泡情况	方案1:针对专利破解突破点5,设计一个简易的自动清理肥皂泡喷涂装置,减少人工操作环节
1	提升完备性:引入执行子系统、传输子系统、动力子系统、控制子系统	在控制子系统方面不完备,仍需人为观察罩内真空度再手动调节阀门2	方案2:针对专利破解突破点2和3,增加自动压力测试仪,实时将罩内真空度反馈给阀门2,阀门2根据真空度实现自动调节
2	减少能量损耗:减少能量种类、转换次数、缩短能量传输路径	当前系统通过长管道连接抽真空机和真空罩,能量传输路径较长	方案3:针对专利破解突破点1,直接将抽真空机和真空罩一体化,减少抽真空过程中的能量损耗
9	利用超系统资源:利用超系统资源(产生成本或有害作用)、利用超系统免费或无害资源、回收内部多余能量、利用内部隐性资源	没有利用超系统资源,仍利用肉眼观察,操作比较复杂	方案4:针对专利破解突破点5,关于重要金属连接焊缝的测试,可引入X射线探伤,避免肉眼观察失误或肥皂水的腐蚀作用
13	提升柔性:刚性系统、多铰链系统、柔性系统	当前真空罩采用刚性材料,不便于携带,而且狭小空间位置使用不方便	方案5:针对专利破解突破点4,真空罩体各个面之间采用柔性连接,便于携带,并可以组装成任意形状

　　案例点评:使用专利进化问答表格时,要立足于产品现状,寻找能最大程度改善当前产品缺陷的方案,增加发明专利授权概率。如原有产品的监测和控制装置完全依赖于人,而肥皂泡测试的灵敏度也存在不足,对焊缝密性测试的准确度较低,很有可能出现统计学上的"第一类错误弃真",即将气密性较差的焊缝误认为是气密性较好的焊缝。因此,通过引入真空度监测装置(方案2)能够在原

始方案和人工观察的基础上提高测试的准确性，大幅提升产品的创造性和实用性。

6.3.2　案例二：专利"粉体真空包装机"的破解

本节以"粉体真空包装机"为例，说明如何在进化层次进行专利破解。

1.专利背景分析

1.1 专利的背景技术描述

现有的真空包装机主要用于食品的真空包装，以达到保质保鲜的作用。其包装过程为：在包装袋内装完产品之后对包装袋抽真空，排除包装袋内残留的气体然后密封包装袋；或者把包装袋放在包装室内，对包装室抽真空，使包装袋张开，装完产品之后加热封口密封包装袋。这种食品真空包装机的真空包装室小，不能随意调整，包装重量受包装室的限制，不适合用于粉体的真空包装。现有粉体包装机没有采用真空包装，粉体材料的包装一般采用敞口包装，或者采用螺杆旋转进料阀口袋包装，在包装过程中粉尘污染严重，计量不精确，产品包装不密实。

本发明的目的在于提供一种在密闭状态下真空包装超细粉体的真空包装机。利用真空包装室和料仓之间的压力差把粉体产品吸入置于真空包装室的包装袋中，实现在密闭的中空装状态下对粉体进行包装。包装室内的挡板可以根据包装袋的尺寸进行调整，在包装的后期，由粉尘收集装置进行除尘。整个包装过程还可以通过称重装置来控制包装重量，因此包装和称重同时完成，克服了传统包装机的包装重量小、粉尘严重的缺点，包装效率和计量精度高，产品包装密实。

1.2　专利的具体实施方式

本实施例由支架、供料装置、真空包装室、粉尘收集装置和称重装置构成（如图6-38所示）。真空包装室1上安装有抽真空管2、真空释放管3和进料喷嘴25，抽真空管连接到真空泵。在抽真空管2上安装有一个阀门13，包装机工作时，阀门13开启，对真空包装室1进行抽真空。真空释放管3与大气相通并在管上也装有一个阀门12，真空释放管是用来保证真空包装室内真空度稳定性，当真空度过高时，阀门12开启使真空包装室内真空度下降，反之，当真空度低时则关闭，这样来保证真空包装室内压力的稳定。

真空包装室1为由两扇可开启门18闭合形成的密封腔体，每扇门的边缘有一圈起密封作用的橡胶圈19。上挡板21、侧挡板22和前挡板23分布由可调螺杆固定在真空包装室的顶壁、侧壁和前壁，栅状支撑架24固定在真空包装室内的后壁底部的排孔上。上挡板21、侧挡板22、前挡板23和底部支撑架24在真空包装室内围成一个长方体,可以使在腔体内的包装袋在包装时形成规则的形状,并可通过调整挡板和支撑架的位置,适合不同尺寸的包装袋,包装不同重量的产品。上挡板和侧挡板上均有开孔,可使气体通过,把包装过程中由产品带入包装袋的气体及时抽走,保证产品进入包装袋的速度均匀稳定。密封腔体的顶部安装压力表 17 可显示真空包装室的压力,其顶部开有用于安装抽真空管及真空释放管的抽气口 20(见图 6-34)。

进料喷嘴 25 位于上述由挡板和支撑架围成的长方体上部并固定在密封腔体上,其位于真空包装室外的一端与进料装置中的进料管 4 连接,进料喷嘴位于真空包装室一端是粉体进入包装袋的入口并用于套挂包装袋。进料喷嘴的中部设有可膨胀的橡胶圈 26(见图 6-35),其所包裹的喷嘴通上开有小孔 27,小孔经连接细管 28 可与压缩空气入口 29 相连。在包装机工作时,压缩空气入口进入压缩空气使橡胶圈膨胀,起到固定和密封包装袋的作用,防止粉从包装袋阀口处泄漏。包装完成后,关闭压缩气并与大气连通,此时橡胶圈收缩,包装袋可从进料嘴取下。

粉尘收集装置有除尘管 14 和除尘罩 10 组成,除尘管和除尘罩都通过橡胶管与抽气泵连接,橡胶管可有效防止抽气过程中的震动对称重系统的影响。除尘管 14 上安装有阀门 15,除尘管位于真空包装室的底部并伸入包装室内,除尘罩 10 位于真空包装室顶部正上方。在包装过程中,除尘管阀门 15 关闭;停止进料后,除尘阀门 15 开启,把真空包装室里面的粉尘抽出。顶部的除尘罩用于真空包装室门开启时清除飘扬的粉尘。

供料装置由进料管 4 和料仓 5 构成,料仓固定在支架 9 上,进料管 4 上安装有一级进料阀 6 和二级进料阀 7 以及喷嘴净化阀 8,一级进料阀 6 和二级进料阀 7 都为蝶阀,其中一级进料阀的蝶片有两个小孔,在一级进料阀关闭时通过两小孔进料,从而降低进料速度,提高精度。喷嘴净化阀 8 与压缩空气连接并与大气相通。开始包装时,两料阀开启,喷嘴净化阀关闭,在包装重量达到设定的接近目标重量时,关闭一级进料阀,进料速度减小,进行精确进料;在包装重量达到目标重量时,关闭二级进料阀停止进料,然后喷嘴净化阀开启 0.1～0.5 秒,利用大气与包装室内的压力差把残留在喷嘴内的产品吹进包装袋。进料管 4 经橡胶套筒 16 与进料喷嘴 25 连接,用于防止包装机工作时料仓的震动传到真空包装室而影响称重装置。

真空包装室通过牵条挂在支架 9 上。称重装置由载荷传感器 11 和控制电路组成,载荷传感器固定在支架上,把感应的重量传输到控制电路,控制电路的输出信号用于控制一级进料阀和二级进料阀的启闭。控制电路还可以显示包装机工作过程中的包装重量、平均进料速率等,实现包装过程的自动控制。

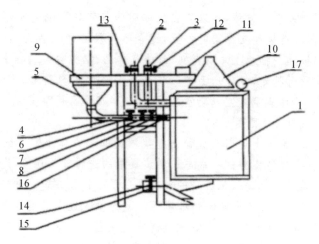

图 6-33 真空包装机正视

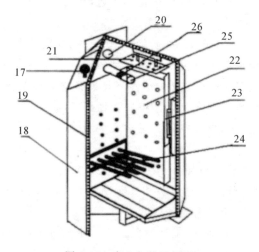

图 6-34 真空包装机剖面

1.3 专利的权利要求

1. 一种粉体**真空包装机**包括**支架**和**进料仓**及**进料管构成**的供料装置,供料装置**固定**于支架上,其特征在于还包括**真空包装室**和**粉尘收集装置**,所述真空包**装室**上设有**连接**到**真空泵**的**抽真空管**、与**大气相通**的**真空释放管**和**进料喷嘴**,抽真空管和真空释放管中设有**阀门**,所述**供料装置**中的**进料管**中设有**进料阀**,进料管与所述进料喷嘴连接;粉尘收集装置由都与抽气泵连接的除尘管和除尘罩组成,除尘管上设有阀门,除尘管位于真空包装室的**底部**并**伸入**真空包装**室内**,除尘罩位于真空包装室顶部的正上方。

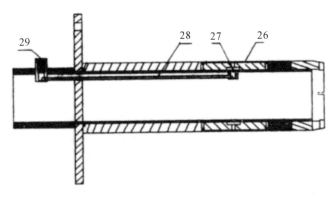

图 6-35　真空包装机连接口示意

2.根据权利要求1所述的粉体真空包装机,其特征在于还包括**称重装置**。称重装置由**可感应**真空包装室重量的**载荷传感器**和**控制电路**构成,载荷传感器与控制电路的输入端连接,控制电路的输出信号用于控制进料管上一级进料阀**和二级进料阀**的启闭。

2.2 专利系统组件列表

本系统的作用对象是:<u>粉体</u>。

本系统的主要功能是:<u>粉体包装机改变粉体包装状态</u>。

根据系统分析结果填写专利系统组件列表(见表6-5)。表6-5共包含5个超系统组件:大气、粉体、真空泵、抽气泵和纸袋、系统组件供料装置、包装室、粉尘收集装置和称重装置。

表 6-5　专利系统组件列表

超系统组件	组件	子组件
大气 粉体 真空泵 抽气泵 纸袋	供料装置	支架、进料仓、进料管
	真空包装室	抽真空管、真空释放管、进料喷嘴、真空室腔体
	粉尘收集装置	除尘管、除尘罩
	称重装置	载荷传感器、控制电路

根据专利系统组件列表和功能结构关系,绘制本专利的功能模型图(见图6-36)。

根据专利系统失效分析结果(过程略),绘制存在本专利的负面功能模型图(见图6-37)。

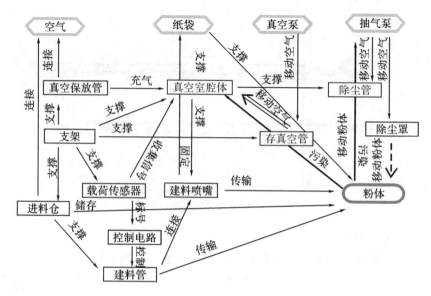

图 6-36 专利系统功能模型

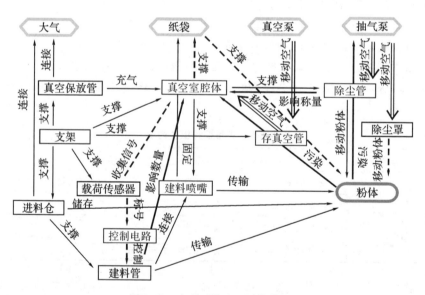

图 6-37 专利系统负面功能模型

2.5 专利功能分析结论

根据专利负面功能分析结果,结合专利系统的具体情况分析,基于专利系统负面功能模型图提取以下 12 个负面功能。

负面功能1:进料管进料过程中的振动降低称重系统的精度(有害作用);

负面功能2:除尘管粉尘收集过程中的振动降低称重系统的精度(有害作用);

负面功能3:飘散出的粉体污染真空包装室(有害作用);

负面功能4:除尘管收集的粉体进入抽气泵造成污染(有害作用);

负面功能5:除尘罩移动粉体能力不足(不足作用);

负面功能6:纸袋充填粉体能力不足(不足作用);

负面功能7:真空室腔体支撑纸袋能力不足(不足作用);

负面功能8:载荷传感器收集信号能力不足(不足作用);

负面功能9:载荷传感器传递信号能力不足(不足作用);

负面功能10:控制电路控制进料能力不足(不足作用);

负面功能11:真空泵的真空度过低浪费能源(过度作用);

负面功能12:抽气泵抽气量过大浪费能源(过度作用)。

限于篇幅和精力,本文分别选取黑色加粗部分(即负面功能3/8/10/11),作为专利破解突破点进一步展开分析和处理,具体如下。

专利突破点1:飘散出的粉体污染真空包装室(简称"粉体污染");

专利突破点2:载荷传感器收集信号能力不足(简称"信号不足");

专利突破点3:控制电路控制进料能力不足(简称"进料不足");

专利突破点4:真空泵的真空度过低浪费能源(简称"真空度低")。

5.2 专利进化方案

在上文对专利系统分析的基础上,针对系统主要功能(粉体包装机改变粉体包装状态),以及上述确定的4个专利破解突破点,根据专利进化问答表格的提示填写表6-6。

表 6-6　专利进化问答表格

序号	进化路线	当前所处阶段	产生概念方案
1	提升完备性:引入执行子系统、传输子系统、动力子系统、控制子系统	当前系统对包装袋要求较高,工作条件限制较多,执行子系统不完备	方案1:针对系统主要功能(粉体包装机改变粉体包装状态),采用增大真空包装室体积、改善供料装置等,使包装机既可以进行纸袋包装又可进行软袋包装

续表

序号	进化路线	当前所处阶段	产生概念方案
2	减少能量损耗:减少能量种类、转换次数、缩短能量传输路径	当前系统步骤较多,物质、能量和信息传递流程过长	方案2:针对系统主要功能(粉体包装机改变粉体包装状态),将纸袋输送系统、托盘成型系统和热收缩膜包装系统与真空包装机系统连接,形成整合的包装生产线,以减少能量消耗
3	提升能量可控性:如势能、机械能、热能、化学能、电磁能	现有系统需要多次作用才能将系统抽成真空状态	方案3:针对专利破解突破点4(真空度低),将真空释放管和真空罩消除,简化控制系统,加强对能量的直接控制
7	子系统均衡性:子系统均衡发展、刻意实现子系统不均衡发展	现有包装机的包装质量比较固定,调整余地较小	方案4:针对专利破解突破点3(进料不足),将粉体供料系统与真空包装系统连接整合,提高两系统的协同工作能力,实现包装重量的动态化
8	向超系统转移:功能或组件向超系统转移、与超系统集成发展	系统与超系统之间独立发展,相关性较低	方案5:针对专利破解突破点2(信号不足),将料仓料位监测系统与真空包装机系统协调控制,根据料仓料位的变化调整包装机的包装速度
10	空间分割:单一固体、中空结构、多重中空、毛细/多孔结构、多孔结构+有用元素	未能有效利用微观环境和空间	方案6:针对专利破解突破点1(粉体污染),将真空包装室内的刚性金属隔板替换为多孔且有除尘功能的材料,实现纸袋充分填充和包装室除尘的功能
15	提升可控性:直接控制、间接控制、反馈控制、自动控制(减少人为参与)	本专利处于人为参与控制阶段,自动化程度低,动态性差	方案7:针对系统主要功能(粉体包装机改变粉体包装状态),引入自动送袋系统、自动卸袋系统、自动搬运系统、自动托盘包装系统、自动仓储系统,实现完全自动化

案例点评：在本案例中，虽然根据进化法则产生了初步的解决方案，但方案内容不够细致，还有待深挖以提升方案的创造性。以方案1为例，现有包装机大部分都可实现纸袋包装或软袋包装，但能够同时集成两者的并不多。因此，学员需要查询现有专利或市场在售产品，具体说明如何集成两种包装方式。如果能够有效实现对不同产品的包装，仅此一个方案就有可能获得专利授权。

6.4 本章小结

本章首先介绍了进化法则的相关概念，在此基础上引入了适用专利破解的"简洁版"技术系统进化路线。其次为了提升可阅读性，改善提示效果，还开发了专利进化问答表格及相关应用流程。最后，本章通过两个案例说明如何开展进化层次的专利破解。

技术系统进化法则展示的是产品朝着理想化方向进化的过程，对于专利破解而言，进化法则能够在现有专利和产品的基础上提供更加理想化的方案，因此而产生的概念方案获得授权的概率也较高。在使用技术系统进化法则破解专利时，应当注意以下几个要点：第一，系统的进化以产品现有的技术特征为起点，只有全面分析当前技术所处的阶段和不足之处，才能够提出相应的进化方向；第二，采用进化法则提出的大部分方案大都比较超前，因此要着重考虑系统的完备性，提升不同系统之间的兼容性，从而改善产品的整体效能；第三，在提供概念方案时要关注方案的前瞻性，不能被现有的技术系统所束缚，同时尽可能保留所有的概念方案，将其作为技术储备或增加专利创造性的潜在策略；第四，针对已经提出的概念方案，学员应积极进行详细设计和论证，而不能以"智能化监测和控制系统"等模糊词汇描述最终方案，也要避免以"提高产出效率"和"改善自动化"等描述效果的词汇来解释方案，而是要重点阐述具体的问题解决方案采用了什么结构和设计。

07 流程层次的专利破解

细心的读者可以发现,前面几章介绍的工具更适合实体的物理系统,尤其专利系统功能分析、组件层次的减换加拆和功能层次的科学知识效应库等工具。但专利并不都是实体产品,还包括工艺流程、软件(包括软硬件结合的产品)等多种非实体形式。随着数字时代的到来,后者的比例呈现逐步上升的趋势。另外,有很多专利关注的对象不是静态的,而是在不断动态变化的。综合以上两点需求,我们开发了流程层次的专利破解工具,主要用于破解涉及工艺流程、生产过程、制造链、专利等领域的相关专利。该工具的核心就是流分析及流优化措施,因此本章主要包含以下四部分内容:流分析的基本概念、流优化措施简介、基于流分析的流程层次专利破解流程、流程层次的专利破解实例。

7.1　流分析的基本概念

7.1.1　流及流的属性

在了解流程层次的专利破解流程之前,首先要了解其核心工具流分析的基本概念。创新方法中提到的流(Flow)指的是物质、能量(场)、信息在系统及环境中的运动。流本身具有多种属性。

● 在基本性质上,具有连续性和运动性的属性,这是流与其他静态物体的本质区别;

● 功能类型上,具有有用、有害、不足、过度、浪费、中性、单一流、复合流等;

● 在本体上,有占空性、质量、颜色、致密性、内能等;

● 在形状上,有长、短、粗、细、弯、直、截面特征等;

- 在方向上,有可测量、不可测量、测不准等;
- 在通道上,还有畅通、间断、阻滞、停滞、流与通道相互损害等;

需要注意的是,谈到流,必然涉及流的通道(见图 7-1),因为流往往被约束在通道内。

图 7-1　流与流的通道

流与流的通道、作用对象必然发生相互作用。其作用关系的功能图如图 7-2 所示,流的通道(O_1)承载/包容流(S),流(S)对对象(O_2)产生作用(V)。

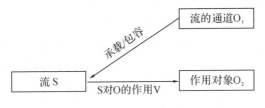

图 7-2　流的基本概念图示

正因为流的多种属性,流的相关概念也较多,这里我们对主要的概念进行介绍和解释。

- 流转换:物质状态的变化,能源类型的变化,信息呈现方法的变化。
- 停滞区:该区域流的某一部分被长时间或永远地停止;
- 瓶颈:阻力急剧增加的区域;
- 灰色区:在该区域无法以足够高的精度预测流的行为;
- 寄生流:被浪费的流;
- 反流:与已知流特征相反的流;
- 组合流:将反流添加到有害流而组合成的流。

7.1.2　流的分类

按照流效果与期望之间的差异,可将流分为无缺陷的有用流(简称有用流)和有缺陷的负面流(简称负面流)两大类。其中,有用流指流载体对流对象的作用按照期望的方向改变流对象的参数;负面流指流载体对流对象的作用不按照期望的方向改变流对象的参数。负面流是系统中存在的不利因素,应找出并设法予以消除。

对于系统中的有用流而言，又可以根据流对象在系统中所处的位置不同，进一步将其分为基本流、辅助流和附加流。三种流类型的区别如下。

（1）基本流用 Lb 表示，其流作用的目标是系统对象或系统期望的最终产出（可以是操作、数据/信息输出），是系统存在的主要理由，与系统主要功能类似，回答"系统能做什么"的问题。

（2）辅助流用 Lax 表示，其流对象是系统组件，作用是支撑基本流，回答"系统怎么做（实现基本流）"的问题。

（3）附加流用 Lad 表示，其流对象是超系统组件，回答"系统还能做什么"的问题。

负面流可以分为两大类，分别是流分配缺陷和流操作缺陷。二者的区别在于前者侧重考虑的是流所造成的负面效果，因此一般分成有害流、过度流（也叫浪费流）两类；后者侧重考虑的是流自身存在的问题，分为导通性缺陷和利用性缺陷，两种缺陷体现在流的效果都是不足但原因不同。其中，利用性流缺陷是指外部对流存在有害作用导致效果不足，导通性缺陷主要指流自身存在缺陷导致效果不足。有害流、过度流、导通性不足流、利用性不足流这四种负面流都无法满足流载体对作用对象的正常功能，因此都是系统中存在的不利因素，应找出并予以消除。负面流的具体分类解释如下。

（1）流分配缺陷：有害流或过度流

由于流分配存在不足，容易产生有害流或过度流。有害流具体指产生了有害效果的流，常见的有害流分为有害物质、有害能量、有害信息、结构振动、热流、浪费流六类。

① 有害物质传播——有害物质形成不可控传播流，如氯气泄漏、雾霾空气、流感病毒等。

② 有害能量传播——有害能量形成不可控传播流，如电焊强光、核辐射、宇宙高能射线等。

③ 有害信息传播——有害信息形成不可控传播流，如电脑病毒、黑客攻击、谣言等。

④ 结构振动——各种载荷施加而引起的结构振动，如城际铁路行驶过程中导致的振动、噪声等。

⑤ 热流——由热引起的有害作用，如汽车发动机的热量、阳光暴晒、芯片发热等。

⑥ 浪费流——损失物质、能量与信息的流，如输油管漏油、运钞车遗撒等。

我们可以结合一些现实中的案例，进一步理解有害流。如传送带传送塑料瓶，塑料瓶在传送过程中会相互划伤。其中的流是塑料瓶，传送带是流的通道，流在通道中相互划伤,这是典型的流损害自身。又如管道被流体腐蚀,显然管道即流的通道,管道内的流通物即流。这两个案例显然都是流损害通道。又比如车子或车流撞倒了行人,这是流损害了其他物体。一直在漏水的水龙头是浪费流;太阳风影响地球的导航或通信等,是有害能量的扩散。

过度流具体指产生了过度效果但尚未造成危害的流。过度流的表现很明显,一般可分为有用物质过量、有用能量过量、有用信息过量三类。

① 有用物过量——有用物质在执行功能时出现了过量的情况

如汽车喷漆过厚而产生"流挂";打了一个"120"急救电话却来了三家不同机构的救护车;还有饮食过量、服药过量等。

② 有用能量过量——有用能量在执行功能时出现了过量的情况

如阅览室内人数较少,但却打开了全部的照明灯。某一局部地区各类无线信号(电视、电台、手机信号、WiFi 等)覆盖过多,室内暖气过热等。

③ 有用信息过量——有用信息在执行功能时出现了过量的情况

如图 7-3 所示,在留学网站中,面对一大堆类似的广告信息,观众或读者一头雾水,难以真正找到有用的信息。浏览微信、网页时间过长,看电视时间过长等也属于接受了过量的有用信息。

图 7-3　广告信息过量

图片来源:作者对某网站的截图。

有害流和过度流都属于流分配缺陷,一般通过查询减少或消除有害/过度流的 17 个流优化措施来加以改进。

（2）流操作缺陷：导通性不足的负面流

除了有害/过度流，还存在不足的负面流，即没有达到预期效果的流，一般也有有用物质不足、有用能量不足、有用信息不足三种表现。

① 有用物质不足——有用物质在执行功能时出现了不足的情况，如住在高层总停水（水压不足）等。

② 有用能量不足——有用能量在执行功能时出现了不足的情况，如在山区或高楼的角落里，手机通信信号较差，无法提供网络和通话服务。

③ 有用信息不足——有用信息在执行功能时出现了不足的情况，如侦察员不能提供足够的信息，使得领导无法做出决策。

因为不足流特别常见，所以又分为导通性不足的负面流和利用性不足的负面流两类。

导通性不足的负面流指流自身存在缺陷导致效果不足，导致导通性不足的常见原因有以下七类。

① 存在瓶颈——在流通道中流动阻力显著增加的位置，如某些高速路的收费站，车流量大但出入通道较少。

② 存在停滞区——流暂时或永久停止的位置，如十字路口容易产生堵车、血管在某部分流通不畅、送料管道堵塞等。

③ 流传递性差——传递性较差的流，如早期的数据线、管道传音等。

④ 流过长——传递或导通路径过长的流，如机械臂很长的牙医钻、百节车厢的火车、石油输送管道等。

⑤ 存在高阻力通道——流传递的通道阻力较高，如飞机进入等待队列准备起飞、火箭进入大气层等。

⑥ 流密度低——密度较低的流，如弹簧床、松软的棉花包、低载/空载的货车等。

⑦ 流转换次数过多——有益流经过多次转换而用处不大。比如通信中信息的多次传递，影响了信息传输效率。

（3）流操作缺陷：利用性不足的负面流

与导通性流缺陷相反，利用性流缺陷是指外部对流存在有害作用导致效果不足，导致利用性不足的常见原因有以下三类。

① 存在灰色区——在流中的一个难以预测参数的位置。如石油钻井时对钻头断齿位置的实时判断。

② 存在延迟区——在该位置整体的流速度显著低于局部的流速度，如在河道中，河道边缘位置的水流速度显著低于河道中心位置。

③ 通道损害流——流的通道对流造成损害。如破损路面降低了车速，甚至

颠坏车轴。

　　利用性、导通性不足流都属于流操作缺陷，一般通过分别查询改善流导通性缺陷的 13 个改进措施和改善流利用性缺陷的 9 个改进措施来加以改善。

7.1.3　流分析的优势

　　流分析有什么好处呢？传统的分析方法大多长于静态分析，例如要求聚焦"此情此景"的经典系统功能分析方法。但事实上，系统很少是静态的，一般每时每刻都在发生动态的变化，因此如何追踪和分析动态变化的系统或系统的动态变化就成为一个很重要的课题。流分析正是这样一个工具，能够帮助我们从一个全新的动态视角来对系统进行全面分析。流分析与系统功能分析的流程类似，都是先根据专利文本分析填写系统组件和超系统组件列表，然后绘制流分析图，再然后通过失效模式分析找到负面流，最终依据提供的 39 个流优化措施构建解决方案。

　　流分析与系统功能分析的不同之处在于，系统功能分析更关注组件间的相互作用，旨在通过不断优化系统组件间的辅助功能来强化针对系统作用对象的主要功能及增加针对超系统对象的附加功能。系统流分析则从一开始就先确定一条系统的主要功能流，系统主要功能流可能是一个信息流，一组工艺流（工艺流的本质是一组有序组合的物质、能量及信息的混合流）等，主要功能流的指向系统的最终产出（可能是预期的输出结果，可能是一个合格的产品、一个想要的动作），流分析模型的具体介绍详见下一节。

7.2　流程层次专利破解流程简介

　　想要破解不方便绘制专利功能模型的专利（如软件类、工艺类专利），在进行专利文本分析之后，就需要进行专利流分析，找到可能使专利失效的负面流，以提高专利破解的针对性。在进行专利流分析之前，首先需要运用流分析破解专利的基本方法。

7.2.1　应用流分析破解专利的基本流程

　　应用流分析工具进行流程层次专利破解的流程主要包括如下几个步骤。

　　第一步，依据与专利功能分析一样的方法，对专利文本进行分析，标出其中的名词、动词和形容词等。

　　第二步，根据专利文本分析中标出的名称填写流组件列表。

第三步,根据专利文本分析的结果,并确定系统的基本流、附加流以及辅助流。

第四步,绘制流分析图。

第五步,专利失效分析,找出可能存在缺陷的负面流。

第六步,查找流优化措施以思考解决方案。

整个流程如图 7-4 所示,后文将对各步骤进行详细介绍。

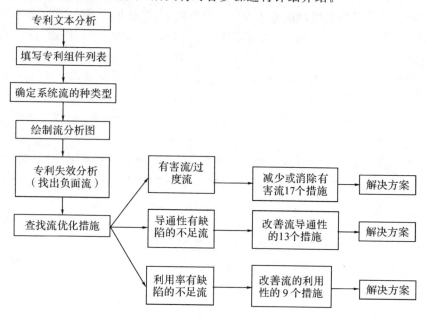

图 7-4　应用流分析工具破解专利的流程

7.2.2　流分析组件列表

与系统功能分析类似,系统流分析的第一步也是组件分析。但二者对于组件的定义不同。在流分析中,为与系统功能分析做区分,我们把系统组件定义为流组件,流组件就是能够改变流的参数的物理或虚拟实体。所以流分析模型中每个流组件都至少要改变某个流的某个参数,如果流通过某个实体但所有参数都没有发生改变,那么该实体就不作为流组件出现在流分析模型图中。

此外,不同于系统功能分析中要求组件必须是客观的物理实体,流分析中流组件可以是客观物体实体,如调制解调器、传感器等,也可以是逻辑程序、函数或算法等虚拟实体。只要它改变了某个流的某个参数,无论物理实体还是虚拟实体,都应作为流组件来考虑。这里要特别指明的是,流的通道如果没有改变流的属性,那么就不作为流组件来专门考虑。例如声流在条件不变的空气中进行传输，参数没有任何变化，那么空气就不用作为流组件来考虑，甚至可以不考虑。而声流从空气进入水中，水作为声流的通道会改变声流的传输速度，那么水就要作为流组件来分析。

流分析模型中，为与系统功能分析进行区别，我们把超系统组件称为超系统流组件。一般超系统流组件分两类：一是流的发出者（流源），二是流的作用对象或产出。超系统流组件和系统流组件的区别在于，超系统流组件不改变流的参数。例如提供稳压电流的电源，它只产生电流，但不改变电流的任何参数，是超系统流组件，而变频电源，可以产生不同频率的电流，即可改变电流的参数，那变频电源就应该作为流组件来考虑，如果在你所研究的情境中，变频电源不变频，只产生稳定频率的电流，那它才可以作为超系统流组件来考虑。另一个例子，瀑布下的一块石头，如果不考虑它改变水流方向的作用，它作为水流的作用对象就是超系统流组件，它只能默默地承受水流的冲击被改变（水滴石穿），但不能改变水流的参数（石头决定不了水能不能不滴穿它或换块其他石头滴穿）；而如果考虑它能改变水流的方向，那石头就是流组件。所以超系统流组件如果是流源，则会发出流，但不能通过调整超系统组件来改变所发出流的参数。同样，作为流作用对象或产出的超系统流组件，只能被动地接受流的作用，不能通过改变自身来改变流的作用。因此，对于具体问题，超系统流组件一般或者是环境中不可控制的有害因素或可用资源，或者是系统的中间或最终产出。

关于超系统流组件有一个特殊之处需要强调，即超系统流组件也可以是流的产出，可以是物质流（如产物）、能量流（如某种动作）或信息流（如某个输出结果）的一种。但为了分析方便，也为了便于跟踪监测，我们一般把这些流都作用到物理实体上展示出来。这一点，对于主要是关注物质流的专利和难题比较好理解，我们重点来看能量流和信息流。例如某个专利的产出是精准的切削加工动作，是一种能量流，但能量流看不见摸不到，不好分析也不好管理，所以这种情况下通常建议在流分析模型图中把被切削的工件作为超系统流组件，这样系统的最终的产出是被精确切削的工件而不是一个精确的切削动作。

之所以要专门强调流产出的问题，是因为流分析中有一类特殊的超系统流组件——系统流作用对象（简称流对象）。系统作用对象是系统流分析模型的最终产出，是系统之所以被设计和创造出来的目的。换言之，流系统被创造出来就是为了得到想要得到的流对象。流对象可以是一个物理实体（即物质），也可以是一个抽象的信息输出或能量。但如前所述，一般情况下我们尽量考虑把抽象的信息和能量作用到物理实体上展现出来以便更好地观察、控制和改进。流系统就是为了产出所需要的对象从而实现其功能。而功能分析的作用对象只能是物理实体，系统通过改变或保持它的参数来实现功能。

此外,除了上述已列举的不同外,功能分析中因关注"此情此景",所以系统作用对象只能有一种状态,是不能变化的。但在流分析中,因为流对象(即流)是可以在不断变化的,所以除系统最终产出作为流对象单独考虑外,其他不同状态不同性质的流对象可以以超系统流组件的形式同时出现。流分析和功能分析组件层面的差别如表 7-1 所示。

表 7-1　流组件和功能分析中组件层面的不同

对比项	流分析	功能分析
形态	可以是客观物体实体,也可以是虚拟实体	必须是物理实体
性质	能够改变流的参数	必须能够执行一定的功能(即改变和保持对象的某个参数)
对象的状态变化	不断变化,不同状态不同性质的对象可以同时出现	只有一种状态,不能变化
与超系统组件区别	不改变流的任何参数,也不能被改变和删除	不能被改变或删除
对象形态	可以是虚拟实体,但一般尽量把虚拟实体通过作用到物理实体上展现出来	必须是物理实体

流组件分析是流分析的第一步,也是后续进行非实体类专利破解的基础,非常重要。经过以上分析后,可以填写流分析组件列表,对系统的全部组件进行梳理。按照过往经验,组件总数(包括超系统组件)10～15 个最为合适,太多太少都不好。系统组件列表如表 7-2 所示。

表 7-2　流分析组件列表

超系统组件	组件	作用关系

7.2.3　专利流分析模型图的绘制

专利流分析模型图是一种用图示化表达专利系统中各物质、信息和能量流之间的相互作用关系的方法,尤其是信息和能量流。为什么有了专利功能模型图还要再有流分析模型图呢? 这主要是因为功能的作用对象以及执行机构大部分都是实体系统,而有很多专利的作用对象及执行机构是非实体,例如软件,其实不好用功能模型的思路定义作用对象,也许有读者会说是数据或信息,但是具体是哪一条数据或信息呢? 如果说是最初输入的那条数据/信息,但这条数据/

信息输入之后在毫秒间就混入了数据海洋之中,最后变成了期望的输出结果。在这个过程中,最初的输入在不断发生着变化。而流分析就是在追踪并试图优化这个转化的过程,保证最后的输出是满足期望的。

(1)专利流分析模型图的作图规范

与系统功能 SVOP 的定义类似,流的抽象定义也是 SVOP,表示流组件(S, System)改变(V,Verb,动词、动作)对象流(O,Object)的参数(P,Parameter)。一个基本的流模型如图 7-5 所示。该图表示,参数为 P 的流 O 通过组件 S 经过动作 V 变成了参数为 P' 的流 O'。组件 S 的作用是通过动作 V 改变了对象流 O 的参数 P(变为 P')。

图 7-5　基本流分析模型图示例

与系统功能分析类似,流的图形化表达常用箭头和各式多边形框来表示。流分析模型图中各种多边形框表示各类流组件,各种多边形框中写组件名,其中超系统流组件用绿色六边形框表示,流组件用黑色矩形框表示。特殊的超系统流组件——流对象,用蓝色椭圆框表示。以上图例均与系统功能分析类似。流分析图中箭头代表流流动的方向,箭头上的文字写明流的名字及有关参数,动作 V 体现在箭头上的文字中。例如水流 O 经过压力泵流速增加,可以绘制为图 7-6 所示的形式,表示速度慢的水流 O,通过组件泵,变为速度更快的水流,组件泵起加速的作用,改变了水流的参数(流速)。这里动词体现在右边的箭头上方(加速的水流)。

图 7-6　泵和水流作用的流分析模型图示例

为绘图和阅读方便,如果流名字和形态(如物质流、信息流和能量流)一直都没有改变,可以在第一次书写后略去,直到流名字或形态发生改变时再重写在线上。线上的文字要体现参数在数量或维度上的变化,右侧的箭头线最好能体现出动词的作用效果。因此流一般都以流组件右侧箭头上的 P'O' 来命名,表示"改变了参数的流",有时为表达方便,尤其是在命名表示动作的能量流时,"流"字也可略去不写,流名称变为"改变了参数的某动作"。流命名的总体原则就是要言简意赅,能表示流参数的变化、能体现动作的效果即可。

本书采用统一的流分析模型图要素代号及图例(见表 7-3)。

表 7-3　流分析模型图绘制图例

比较项	类别/分类	需要程度	
功能类型	基本功能 B	必备型	
	辅助功能 Ax	无差异	
	附加功能 Ad	期望型	
	特征功能 As	魅力型	
功能等级	正常功能	黑色实线箭头	⟶
	不足功能	蓝色双实线箭头	⟹
	过度功能	红色虚线箭头	▪▪▪▶
	有害功能	红色实线箭头	➡
组件类型	系统组件	矩形框	组件
	超系统组件	六角菱形	⬡超系统
	系统作用对象	圆角矩形	对象

专利流分析模型图的绘制有助于加深对于专利系统,尤其是非物理实体的专利系统的理解,也有助于后续开展专利破解,因此要充分重视建立专利流分析模型图的重要性。对照第三章的功能模型分析,在建立专利流分析模型图的过程中,主要有以下注意事项可供参考和比较。

➤ 功能模型的作用对象一般只有一个,但流分析模型的流对象是指流系统的最终产出,如果彼此间相互独立的最终产出有多个,原则上确定最重要的那个产出为对象,其他作为超系统组件考虑。如果最重要的产出不止一个,也允许选择多个彼此独立的产出作为流对象。

➤ 功能模型图线上写的是动词,因为在功能描述中必须有动词反映该功能。流分析图线上写的是流的名字和有关参数,是名词,动作体现在参数的改变中。这是因为功能模型描述的是"功能",所以表征功能的重要信息"动作"写在箭头线上。而流分析模型中关注的是"流",尤其是流参数的变化,所以箭头上写的是流名称和变化的流参数,动作作为次要因素体现在流参数的改变上。

➤ 功能模型中组件存在的条件是必须具有一定的功能,即必须改变或保持其功能受体(对象)的某个参数。流分析中流组件存在的条件是必须改变流的某个参数,其实流组件也能执行功能,只不过其功能具体表现在对流参数的改变上。

➤ 功能模型中的组件必须是物理实体,且能执行一定功能。而流分析中的流组件可以是实体,也可以是虚拟实体。

➢ 在描述流时可以增添补充部分,指明流的作用区域、持续时间、强度、作用等。这一点与功能模型是类似的。

(2)专利流分析图绘制的具体步骤

专利功能图的绘制需要基于专利文本分析结果展开,基于第二章的步骤详细找出专利权利声明中的动词、名词和形容词/副词后,然后按照如下步骤进行绘图。

第一步,确定系统流对象。如果彼此间相互独立的最终产出有多个,原则上确定最重要的那个产出为对象,其他作为超系统组件考虑。如果最重要的产出不止一个,也允许选择多个彼此独立的产出作为流对象。

第二步,在完成专利文本分析后,列举系统的主要流和重要动词,填写流组件列表。

第三步,根据各流在组件之间的流动关系,连接各组件,注意箭头方向不要错。

第四步,对照专利文本检查完善,看是否有遗漏。

专利流分析的步骤和专利功能模型分析有相似之处,但需要注意的是,二者仍然存在几点区别和联系(见表7-4)。

(1)二者的第一步都是先确定对象,第二步确定主要功能/主要功能流。因为无论作为物理实体的功能分析对象,还是作为系统输入和输出的流分析对象,都相对比较好确认。确定了对象,主要功能/主要功能流的确定就不会有偏差。

(2)流分析是把流在各组件间的流动以及流的变化情况用图示化表达出来,功能分析则是把组件间的相互作用(即功能)用图示化表达出来。二者略有不同。

表 7-4   专利流分析模型和专利功能模型图的区别

对比项	专利流分析图	专利功能模型图
对象	一般建议一个,可以有多个	一般只有一个
箭头含义	线上写的是流的名字和有关参数,是名词,动作写在流组件的上面	箭头线上写动词
组件定义	流组件可以是物理实体也可以是虚拟实体,但必须改变流的参数	一般是物理实体,非实体组件(空腔、孔隙或者是真空)也可根据需要画出

7.2.4　专利失效流分析

与之前专利功能失效分析一样,大部分专利也都不会明确指出本专利的漏洞、不足或有害之处。系统失效流分析是通过寻找专利系统（一般都是非纯硬件）失效的条件，从而为专利破解提供突破点。系统流失效分析的具体步骤仍旧分为四个步骤：找出正常流、分析流正常的工作条件、分析潜在失效模式、找出流失效的条件。下文以"输油管道"为例，说明如何开展流失效分析。输油管道是常见的用于完成油料输送和装卸任务的设备，一个简易的输油管线通常包括油泵机组、输油管线、法兰和阀门等部件组成，大部分输油管线的工作环境都较为恶劣，因此存在较高的失效风险。

第一步：正常流。专利流分析模型图中的所有流均列举在表 7-5，用 S（组件）＋V（对照）＋O（对象流）＋P（参数）的格式，如油泵改变油料压力。

第二步：流正常工作的条件。流功能正常发挥的条件，主要包括操作条件或使用条件，其中操作条件指热、冷、干、粉尘环境等。如油泵应该在干燥、无尘及合适的温度下运行，而阀门应该在压力值范围内运行。

第三步：潜在失效模式。常见失效发生的类型与条件如表 7-5 所示，学员在分析时可作为参考。根据这些失效发生的结果，流分析可以将其归纳为以下四类：①不足功能可具体分为功能丧失、功能降低、功能间歇性中断；②有害功能；③过度功能；④不可控功能。此外，还应关注突发性和渐变性两种情况。如油泵由于机体内存在灰尘、缺乏保养导致压力不足，是为不足功能。而酸碱等环境对输油管道的腐蚀则为有害功能。

表 7-5　常见系统的失效发生的类型与条件

失效类型	具体分类	典型方式	发生条件
Ⅰ类失效：系统因为失效而不能完成预先设计的功能	突发型：失效发生的过程较为迅速	断裂、开裂、碎裂、弯曲、塑性变形、失稳、短路、断路、击穿、泄漏、松脱等	应力过大、强度不足、负载过大、材料老化、质量不佳、化学腐蚀、人工破坏、环境腐蚀……
	渐变型：失效发生的过程较为缓慢	磨损、腐蚀、龟裂、老化、变色、热衰退、蠕变、低温脆变、性能下降、渗漏、失去光泽、褪色等	缺乏保护、化学反应、材料老化、温度变化、工作环境影响、物理特性、设计缺陷、人为因素……
Ⅱ类失效：系统产生了有害的非期望功能	无	噪声、振动、电磁干扰、有害排放等	缺乏防护、设计缺陷、处理装置不足、工作环境破坏……

第四步:流失效条件。潜在失效模式的发生条件,主要包括操作条件或使用条件,其中操作条件指热、冷、干、粉尘环境等。如输油管道经过被污染的土地或水体时,受到酸性介质的腐蚀,就可能导致失效。输油管道系统的失效分析过程总结如表 7-6 所示。

表 7-6 输油管道系统失效分析

步骤	第一步	第二步	第三步	第四步
操作	正常功能	正常功能的条件	潜在失效模式	功能失效条件
	油泵改变油料压力	无尘、干燥、机油保养等	油泵磨损、内部开裂、功率不足等	灰尘进入机体、气体腐蚀、金属疲劳等
	输油管道改变油料位置	酸碱环境正常、管道内外压力值小于设计值	输油管道破裂、出现缝隙	应力疲劳、酸碱腐蚀等
	阀门改变油料压力	油料黏稠度正常、阀门压力正常	管道阻塞、阀门被腐蚀等、缺乏调节功能等	压力值过大、酸碱度超出正常值、疲劳、变形
	...	...	...	...

表格来源:自行总结制作。

根据系统失效分析的结果,还可以进一步绘制含负面功能的专利模型图,同时罗列专利流分析的结论,以便后续分析使用。

7.3 流优化措施简介

7.3.1 减少或消除有害/过度流的 17 个措施

流优化措施是解决流缺陷的重要工具,我们可以根据前期分析的流缺陷类型,找到对应的优化措施,从而解决流缺陷带来的系统问题。减少或消除有害流共有 17 个常用措施,如表 7-7 所示。

表 7-7　减少或消除有害流/过度流共有 17 个措施

序号	具体改进措施	概念定义	应用示例
1	增加流转换次数	工程系统具有将经过的有害流向须经过多次转换的流的进化规律	炼钢炉中钢水无法直视,通过摄像头转换成图像信号
2	在通道中引入停滞区	"停滞区"是指在该区域流的某一部分被长时间或永远地停止,使得流的有效功率降低	在人流密集场所设置安检区
3	过渡到低导通性的流	工程系统具有从一个容易被转移的有害流向一个难以转移的流进化的规律	高辐射区域船上带铅板的防护服
4	减少通道部分的导通性	对于给定类型的导体,工程系统具有使有害流的各个分量的导通性减少到零的进化规律	对容易超速的路段设置弯道
5	增加(有害)流的长度	很多损失和流阻力与其长度成正比,将工程系统从短的有害流过渡到长流可以降低有害作用	蛇形的排队区
6	通过添加到自身(实现再循环)来减弱有害流	工程系统具有通过将有害流加到自身来实现弱化其负面效应的进化规律	空气净化器反复过滤空气
7	在通道中引入瓶颈	"瓶颈"是指阻力急剧增加的区域,引入瓶颈区域会大大降低有害流的导通性	在重要的人流关口设立闸口(旋转闸或翼闸)
8	在通道中引入灰色区	灰色区是指在该区域无法以足够高的精度预测流的行为	软件编程中应用随机数来打乱数列或模拟无规律运动轨迹,放射性废料深埋地下
9	降低流的密度	工程系统具有从小的高密度流向低密度的大流过渡的进化规律	空气净化器降低空气中的粉尘数量
10	利用旁路绕过	利用旁路绕过可以让流从系统外部的通道绕行而不使用系统内部通道	避雷针将聚集电荷抽至地下

续表

序号	具体改进措施	概念定义	应用示例
11	对易受损害的对象提前预设足够的物质、能量和信息来中和有害流	工程系统具有在有害流的作用对象上预设足够的中和流的进化规律。如果不能提供中和流,应该对易受有害流损害的对象预设足够的中和剂(物质、能量、信息)	楼房内预置消防喷头
12	避免共振	工程系统具有从任意频率的有害脉冲流向远离流源、流通道或作用物体的固有频率的流进化规律	机床安装在水泥浇注的地基上
13	(按梯度)重新分配流	重新分配有害流,使得它在最脆弱(薄弱)点具有最小强度。总流量没有下降,但其有害作用减少	将密集的游人引导到非密集区,以免发生踩踏事故
14	组合流和反流	工程系统具有通过将有害流添加到反流中以减少其有害作用的进化规律。流的有害作用可以通过将其与另一个和已知流特征相反的流(反流)叠加来抵消	自充气轮胎
15	改变流的属性以减少其又害行为	有时流的有害作用可以通过修改它来抵消,使得被流损坏的对象对流不敏感。在这种情况下,流仍然存在,但它不再有害	让酸性废气通过碱性废液
16	寄生流的吸收	寄生流是指被浪费的流,工程系统有完全或部分性吸收强寄生流从而实现向弱流进化的规律	回收运货车遗撒的货物
17	修改或修复被流损坏的对象以减少流的有害作用	工程系统具有赋予被流损坏的对象一系列属性来减少流的有害作用的进化规律。有时通过修改对象,可以中和流的有害作用,使得对象对流变得不敏感。在这种情况下,流确实不会停止存在,但它不再是有害的	焊好滴漏的管道

以下将通过案例对每个流优化措施进行详细的解释。

措施 1：增加流转换次数

工程系统具有将经过的有害流向须经过多次转换的流进化的规律。通常，每次流的转换（物质状态的变化，能源类型的变化，信息呈现方法的变化）都伴随有害流的损失和延迟。因此，增加这样的转换会使（有害流的）导通性下降。在理想的情况下，应该根本没有转换，流的所有组成部分应该同时呈现使用情境所需的形式。

案例：

● 变沙为宝：沙漠周边居民通过建设硅砂厂和发展沙漠观光旅游，利用化工手段将沙子做成玻璃制品出售，以及建设赛马、赛车、沙雕、沙主题游乐等特色旅游项目，开发沙浴、沙疗、沙按摩等旅游服务项目等，将过去产生有害作用的"沙流"变为宝贝，这就是通过增加物质状态的转换来减少有害流。

措施 2：在通道中引入停滞区

工程系统具有从不含有"停滞区"的有害流向含有"停滞区"的流进化的规律。所谓"停滞区"是指在该区域流的某一部分被长时间或永远地停止，使得流的有效功率降低了。因此，引入"停滞区"能够减少路径中对有害流的实际吸收。

案例：

● 排队等候区：迅雷下载和百度云等为了避免文件下载数过多影响网络的正常使用，引入"等候区"控制文件下载数量。

措施 3：过渡到低导通性的流

工程系统具有从一个容易被转移的有害流向一个难以转移的流进化的规律。

案例：

● 股权奖励：对于企业来说，员工离职率过高无疑是有害的，此时高流失率的员工流就是有害流。为了降低员工离职和流失率，提高人员稳定性，很多企业会采用股份奖励政策，如阿里巴巴、华为等将公司股份作为给予员工的分红，使员工自身收益和企业收益绑定，降低了人员流动的"导通性"，减少了员工有害流失。

措施 4：减少通道部分的导通性

对于给定类型的导体，工程系统具有使有害流的各个分量的导通性减少到零的进化规律。由于对流的阻力在很大程度上取决于导体的属性，后者的改进将导致有害流导通性的减少。理想情况下，有害流的导通性应该达到零。

案例:

● 双层中空隔音玻璃:传统的单层玻璃,声音可以透过玻璃继续传播,造成噪声污染,同时也无法降低热量交换,导致能量损失严重。双层中空隔音玻璃由两层玻璃中间填充气体组成,中间的气体可以减少声音的传播,也可降低热量损失,从而起到隔音隔热的效果(见图7-7)。

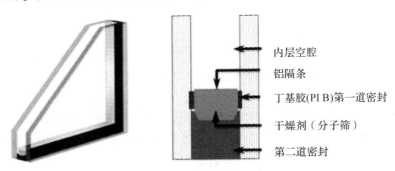

内层空腔

铝隔条

丁基胶(PIB)第一道密封

干燥剂(分子筛)

第二道密封

图 7-7　双层玻璃的结构

图片来源:https://www.sohu.com/a/401207289_434566。

措施5:增加(有害)流长度

工程系统具有从短的有害流过渡到长流的进化规律。通常,很多损失和流阻力与其长度成正比。因此,为了增加对有害流的阻力,必须增加其长度。

案例:

● 大坝旁边增设"鱼道":由于修建大坝,导致鱼无法顺利通过大坝前往上游产卵或实现上下游流动。为了克服上述问题,在大坝旁设置了较长的倾斜的鱼道,确保鱼可以在上下游流动或产卵。

措施6:通过添加到自身(实现再循环)来减弱有害流

工程系统具有通过将有害流加到自身来实现弱化其负面效应的进化的规律。

案例:

● 汽车的制动能量回收系统:传统的汽车制动过程直接将车辆的动能转化为刹车片的内能,对刹车片损伤较大的同时制动效果也比较一般。而搭载了制动能量回收系统的汽车,可以把刹车或滑行时产生的多余能量转化为电能,给蓄电池充电,在降低车速的同时又减少了油耗。

措施7:在通道中引入瓶颈

工程系统具有从不含有"瓶颈"的有害流向含有"瓶颈"的流进化的规律。"瓶颈"是指阻力急剧增加的区域,显然,这些区域的引入大大降低了有害流的导通性。

案例：

● 银行交易限额：为了防止大额资金挤兑，也为了方便资金管理，我们在日常交易中，无论银行储蓄卡、信用卡还是微信转账，都有每日交易限额。限额政策对于跨境转账尤为重要，可以防止洗钱和分赃等违法现金交易活动。如果确须进行大额转账和取现，需要提前预约。此举就是在现金交易通道中引入限额"瓶颈"来减少有害（资金）流的流动泛滥。

措施 8：在通道中引入灰色区

工程系统具有从不含"灰色区"的有害流向含有"灰色区"的流进化的规律。灰色区是指在该区域无法以足够高的精度预测流的行为。

案例：

● Outlook 垃圾邮箱：Outlook 等邮箱设置垃圾邮箱（灰色区），可以拦截垃圾邮件并统一处理，这里的垃圾邮件属于有害信息流，在邮箱系统中引入垃圾邮箱这个灰色区，有利于系统正常运行。

措施 9：降低流的密度

工程系统具有从小的高密度流向低密度、大流量的流过渡的进化规律。

案例：

● 分布式数据存储：传统的数据采用集中存储服务器存放所有的数据，但随着数据量的增加，存储服务的要求越来越高，导致搜索和数据挖掘效率变低，可靠性和安全性也出现问题，从而无法适应大规模存储的需要。分布式数据存储采用可拓展的系统结构，运用多台存储服务器分担存储任务，大大改善了集中存储存在的数据密度问题。

措施 10：利用旁路绕过

利用旁路绕过可以让流从系统外部的通道绕行而不使用系统内部通道。

案例：

● 避雷针：为了避免雷电对建筑物及室内电气电子产品造成伤害，在高层房顶预先安装避雷针（预置物质），雷电击中时可以将有害的电流导流至地下从而保护建筑物。

措施 11：对易受损害的对象提前预设足够的物质、能量和信息来中和有害流

工程系统具有在有害流的作用对象上预设足够的中和流的进化规律。如果不能提供中和流，应该对易受有害流损害的对象预设足够的中和剂（物质、能量、信息）。

案例：

● 洗手间除臭：洗手间常常会有异味，很难根除。如果在洗手间放置有香

味的檀香等,就可以提前中和臭味这种有害(气)流,以达到减少有害流危害的目的。

措施 12:避免共振

工程系统具有从任意频率的有害脉冲流向远离流源、流通道或作用物体的固有频率的流进化的规律。

案例:

● 大楼顶部安装的阻尼器:为了降低高层大楼在大风情况下的振动幅度,工程师在楼顶安装了阻尼器。如上海中心大厦地上有 127 层,地下 5 层,总高 632 米,在大厦顶楼的 125～126 层安装了有"上海慧眼"之称的大型阻尼器(见图 7-8)。

图 7-8 高层大楼的阻尼器

图片来源:https://www.sohu.com/a/470022282_121106884。

措施 13:(按梯度)重新分配流

工程系统具有从均匀或任意分布在空间中的有害流向其空间分布特性根据对象(对象的一部分、若干对象)的位置变化而变化的流进化的规律。重新分配有害流,使得它在最脆弱(薄弱)点具有最小强度。总流量没有下降,但其有害作用减少。

案例:

● 垃圾分类:对垃圾进行分类后,可以按照垃圾的类别进行处理,降低有害垃圾对环境的影响(见图 7-9)。

图 7-9　垃圾分类标示

措施 14：组合流和反流

工程系统具有通过将有害流添加到反流中以减少其有害作用的进化规律。如图 7-10 所示，有时流的有害作用可以通过将其与另一个和已知流特征相反的流（反流）叠加来抵消。

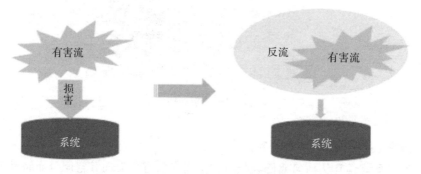

图 7-10　组合流与反流示意

案例：

● 废酸废碱处理：对于工业生产产生的废酸废碱，由于其对环境危害较大，无法直接稀释后排放到环境中，可以采用酸碱中和的方式进行处理，以降低对环境的影响。

措施 15：改变流的属性以减少其有害行为

工程系统具有通过赋予流一系列属性以减少其有害作用的进化规律。有时流的有害作用可以通过修改它来抵消,使得被流损坏的对象对流不敏感。在这种情况下,流仍然存在,但它不再有害。

案例:

● 废气废水的脱氟处理:大量工业废水废气中含有氟化物,氟化物能够逃逸到空气中,从而污染空气和臭氧层,对环境影响很大。因此常利用氯化钙对脱硫废水废气进行二次除氟,以确保氟量达标。

措施16:寄生流的吸收

工程系统具有通过在通道中完全或部分吸收强寄生流从而实现向弱(不存在)流进化的规律。寄生流就是指被浪费的流。

案例:

● 火电厂的余热水再利用:火电厂用来降温的水,排出后往往仍有余温,比正常水温要高,直接排出造成了一定的浪费(寄生流)。可以利用鱼塘充分吸收火力发电厂的废热水中的热量,减少余热水排放带来的能源浪费。如河南省开封火力发电厂建造了五个养鱼池,经过科学饲养,鱼的生长速度增加两倍。

措施17:修改或修复被流损害的对象以减少流的有害作用

工程系统具有赋予被流损坏的对象一系列属性来减少流的有害作用的进化规律。有时通过修改对象,可以中和流的有害作用,使得对象对流变得不敏感。在这种情况下,流确实不会停止存在,但它不再是有害的。

案例:

● 为汽车加装尾翼:汽车高速行驶时,空气从车底高速穿过会产生上浮力,导致车身不稳容易侧翻。为了克服上述问题,对汽车加装尾翼可以改变气流流向和流速,产生下压力,保证车身的稳定,使底盘更稳(见图7-11)。

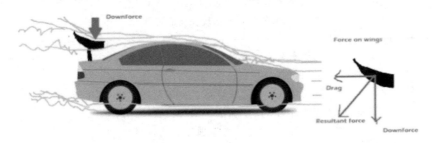

图7-11 汽车尾翼的作用原理

图片来源:https://www.sohu.com/a/232546135_458545。

7.3.2　改善流导通性的 13 个措施

改善流的导通性共有 13 个措施,用来解决流操作缺陷中导通性有缺陷的流(见表 7-8)。

表 7-8　改善流导通性的 13 个措施

序号	具体改进措施	概念定义	应用示例
1	减少流的转换次数	工程系统具有将经过多次转换的流转变为同质流的进化规律。通常,每次流的转换(物质从一种状态转变为另一种状态,能源类型的变化,信息呈现方法的变化)都伴随着损失和延迟。因此,减少这样的转换会使导通性增加。在理想的情况下应该根本没有转换,流的所有组成部分应该同时呈现使用情境所需的形式	消除物流的中间环节,送货一次到位
2	转化为更易转换的流	工程系统具有从难以转换的流向容易转换的流进化的规律。如果在流转换过程中存在显著的流阻力和损失相对较低,可将流转变为更容易转换的形式	OA 系统代替纸介质文件系统,报纸变成网页或微信
3	减少流的长度(把长流变成短流)	工程系统具有从长流过渡到短流的进化规律。通常,许多类型的流损失和阻力与其长度成正比。因此为了提高导通性,应该减小流长度。理想情况下,流长应为零,即其组分应立即出现在所需之处	长距离石油管道中间加压,减少火车车厢的节数
4	清除灰色区	工程系统具有从含有"灰色区域"的流向无"灰色区域"流进化的规律。灰色区域是指在该区域无法以足够高的精度预测流的行为。由于无法预测"灰色区域"内的流行为,因此通常根据经验选择参数。但足够数量的实验并不总能够实施,因此这些区域通常不能进行完全优化,从而导致损失和阻力增加。因此消除"灰色区域"可解决优化不足的问题,从而间接导致导通性的增加	在社区的死角加上摄像头,航空发动机上加传感器

序号	具体改进措施	概念定义	应用示例
5	消除瓶颈	工程系统具有从包含"瓶颈"的流向无"瓶颈"的流进化的规律。瓶颈是指该区域阻力远大于流通道阻力。瓶颈是流的一个区域,该区域阻力急剧增加,消除这些区域会显著提高导通性	清除堵住匝道的车辆,拓宽道路
6	利用旁路绕过	可以让流从系统外部的通道或超系统通道绕行而不使用系统内部通道	心脏搭桥、平面立交、不封闭的社区道路
7	增加流各组分(或其通道)的导通性	对于给定类型的导体,工程系统具有使流的各个分量的导通性增加到物理极限的进化规律。由于对流的阻力在很大程度上取决于导体的属性,后者的改进将导致导通性的增加。理想情况下,流导通性应该达到给定类型的导体所能达到的物理极限	流量大的收费站增加收费窗口和 ETC 通道,超市快速付款通道
8	增加流的密度	工程系统具有从低密度的大流过渡到高密度的小流的进化规律。通常对流的阻力不取决于其特定的特性。因此为增加导通性,可以减少流量同时增加流密度。由此,更大的流可以通过同一导体,或者相同的流通过,但导体的成本可以降低	将棉花包压实、空啤酒铝罐压扁运送,回程货车配载
9	把流的有用作用施加到其他流上	不同性质的流可以作用于其他流上,这样系统的导通性就随之上升	电热水器利用自来水管的冷水水压驱动热水
10	将一个流的有用作用施加到另一个流的通道上	流可以改善另一个流的导体的特性,从而导致系统导通性的整体增加	在石油管道中连续加入"PIG"活塞,可以清理管壁

续表

序号	具体改进措施	概念定义	应用示例
11	引入一个流作为另一个流的载体	工程系统具有从异质流的独立传输向一个流承载另一个流（共同）传输进化的规律。不同性质的流可以用来互相携带，如物质流可以携带不同类型的能量，能量流可以携带信息等	光纤承载通信信号，有线电视同轴电缆承载宽带、网络信号和电信号同轴传输
12	在一个通道上传输多个同质流	工程系统具有从通过独立通道传输的几个同质流向这些流共用一个通道进化的规律。在一个通道中组合几个同质流可以增加系统的整体导通性，并降低每个流的传输（传导）成本	一根同轴电缆可以承载上百个有线电视和电台信号
13	改进流以增加导通性	工程系统具有赋予流一系列特征，使其有助于在给定类型的通道上传递的进化规律。有时可以修改流，使得对该流的阻力变小。这些改进包括：降低液体黏度的不同方法，流的层流化/湍流化，"透明窗"的使用等	交通上对汽车采取每周限行一天等

下面我们通过案例详细介绍上述流优化措施。

措施 1：减少流的转换次数

工程系统具有将经过多次转换的流转变为同质流的进化规律。通常每次流的转换（物质状态的变化、能源类型的变化、信息呈现方法的变化）都伴随损失和延迟。因此，减少这样的转换会使导通性增加。在理想的情况下，应该根本没有转换，流的所有组成部分应该同时呈现使用情境所需的形式。

案例：

● 军舰从传统动力改进为全电船舶：传统军舰上具有柴油机、燃气轮机和发电机等多套能源系统，能量在不同子系统中的分配和控制较为困难，导通性较差。改为全电系统后，军舰的发电、输电、配电、储能、用电、保护及控制模块能够同时满足军舰各个系统对动力和能量的要求。

措施 2：转化为更易转换的流

工程系统具有从难以转换的流向容易转换的流进化的规律。如果在流转换过程中存在显著的流阻力和损失相对较低，可将流转变为更容易转换的形式。

案例:

● 无现金交易:无现金交易将现金流转化为更容易转化的信息流,让我们少排队、不用点钞,让资金流更易转换,加速了经贸资金流转,也使社会信用体系更加完善。

措施3:减少流的长度(把长流变成短流)

工程系统具有从长流过渡到短流的进化规律。通常许多类型的流损失和阻力与其长度成正比,因此,为了提高导通性,应该减小流长度。理想情况下,流长应为零,即其组分应立即出现在所需之处。

案例:

● 短视频兴起:短视频最显著的特点,就是相对以往长视频信息量更大,如抖音的15秒视频等。长视频可能更容易让观众感到厌倦,而短视频更好地适应了当代社会的快节奏,让信息的传播可以更多地利用碎片化的时间进行。

措施4:消除灰色区

工程系统具有从含有"灰色区"的流向无"灰色区"的流进化的规律。灰色区是指,在该区域无法以足够高的精度预测流的行为。由于无法预测"灰色区"内的流行为,通常根据经验选择参数。但足够数量的实验并不总能够实施,因此这些区域通常不能进行完全优化,从而导致损失和阻力增加。因此,消除"灰色区"可解决优化不足的问题,从而间接导致导通性的增加。

案例:

● 新型相控阵雷达:传统机械扫描雷达只会向一个方向发射信号波,也就只能探测一个方向的目标。为了增加探测范围,科学家们借助机械手段使雷达天线不停地旋转,让信号波周期性发射到不同方向,从而探测不同方向的目标。但机械雷达在旋转中总有无法覆盖的地方,也就导致雷达探测范围存在大量盲区。为了解决这个问题,又开发了相控阵雷达。相控阵雷达把雷达天线分成大大小小不同的阵列单元,每个单元都可以独立发射信号波,需要探测目标时合成在一起发射。通过改变发射频率和相位,最终可以探测各个方向的信号。如图7-12所示,在中国055大型驱逐舰的主桅杆上即配备了最新的相控阵雷达。

措施5:消除瓶颈

工程系统具有从包含"瓶颈"的流向无"瓶颈"的流进化的规律。瓶颈是指,该区域阻力急剧增加,远大于流通道阻力。很明显,消除这些区域会显著提高导通性。

案例:

● 故宫全网售票:以往我们去故宫旅游,都要排很长的队伍才能买到门票,低效的人工购票环节成为游玩的阻力。为了消除这一"瓶颈",故宫通过实施网

图 7-12　配备相控阵雷达的 055 大型驱逐舰

图片来源：https://www.sohu.com/a/344854251_100201981。

上售票、现场指导网上售票、设置现场票务服务咨询台等多种方式大大提高了购票速度，显著提升了票流的导通性，游客游玩体验得以改善。

措施 6：利用旁路绕过

可以让流从系统其他的通道绕行而不使用系统内部通道。

案例：

● 心脏搭桥手术：心脏搭桥手术又称冠状动脉旁路移植术，指当一条或多条冠状动脉由于动脉粥样硬化发生狭窄、阻塞导致供血不足时，在冠状动脉狭窄的近端和远端之间建立一条通道，使血液绕过狭窄部位到达远端的手术。手术通过搭建另一条人工通道的方式实现了血液的旁路绕过，可以改善心肌血液供应，达到缓解心绞痛症状、改善心功能的目的。

措施 7：增加流各组分（或其通道）的导通性

对于给定类型的导体，工程系统具有使流的各个分量的导通性增加至物理极限的进化规律。由于对流的阻力在很大程度上取决于导体的属性，后者的改进将导致导通性的增加。理想情况下，流导通性应该达到给定类型的导体所能达到的物理极限。

案例：

● 服务器水下散热：云存储设备对散热要求很高，而利用风扇进行空气散热效率低下，导致消耗大量电能。因此，阿里云开发了如图 7-13 所示的沉浸式液冷散热设备，利用液体更好的导热效果来增加热量的导通性。

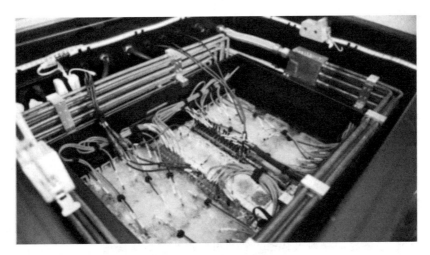

图 7-13 阿里云沉浸式液冷数据中心

图片来源:https://developer.aliyun.com/article/79094。

措施 8:增加流的密度

工程系统具有从低密度的大流过渡到高密度的小流的进化规律。通常对流的阻力不取决于其特定的特性,因此,为增加导通性,可以在减少流量的同时增加流密度。由此,更大的流可以通过同一导体或者相同的流通过,但导体的成本可以降低。

案例:

● 量化投资系统信息处理:人脑对于信息处理的能力在一定时间内远远弱于计算机。在信息不断更新的金融市场,如果不能对信息进行即时有效的处理,则会导致投资亏损。因此,量化投资系统将大量金融信息融合在一个平台,且使用算法和模型将多个信息变成综合的、可视化的、数字化的信息形式,能够在短时间内增加用户对信息流的处理密度,使单位时间内的信息流密度大大增加,从而提高投资的准确性。

措施 9:把流的有用作用施加到其他流上

不同性质的流可以作用于其他流上,由此系统的导通性随之上升。

案例:

● 港珠澳大桥:港珠澳大桥的通车改善了粤港澳大湾区的交通流,而交通流的有用作用促进了区域联系并提高了对外开放程度,吸引外国企业入驻和资金注入,提高了资金流和信息流的导通性。

措施 10:将一个流的有用作用施加到另一个流的通道上

流可以改善另一个流的导体的特性,从而导致系统导通性的整体增加。

案例:

● 巧克力味吸管:来自澳洲的 Sipahh 牛奶吸管在管内增加了调味珠和特制滤嘴,在喝水或喝淡牛奶时入口有巧克力味或其他果味。吸管内的调味珠由纯天然食材制成,当水经吸管时会溶解调味珠,使口味寡淡的饮品有特殊味道并增加营养。调味珠的有用作用加在了吸管上。

措施 11:引入一个流作为另一个流的载体

工程系统具有从异质流的独立传输向一个流承载另一个流(共同)传输进化的规律。不同性质的流可以用来互相携带,如物质流可以携带不同类型的能量,能量流可以携带信息等。

案例:

● 病人输液:病人输液时用生理盐水承载药物,实现了一种物质流携带另一种物质流,避免直接向人体输入药物引起严重的机体反应。

措施 12:在一个通道上传输多个同质流

工程系统具有从通过独立通道传输的几个同质流向这些流共享一个通道进化的规律。在一个通道中组合几个同质流可以增加系统的整体导通性并降低每个流的传输(传导)成本。

案例:

● QQ 聊天窗口的同质功能:QQ 聊天窗口整合了文字、语音、图像、视频、电话等多种同质的沟通信息流,提高了交流的便捷性。

措施 13:改进流以增加导通性

工程系统具有赋予流一系列特征,使其有助于在给定类型的通道上传递的进化规律。有时可以修改流,使得对该流的阻力变小。这些改进包括:降低液体黏度的不同方法,流的层流化/湍流化,"透明窗"的使用等。

案例:

● 黄河凌汛治理:凌汛,俗称冰排,是冰凌对水流产生阻力而引起的江河水位明显上涨的水文现象。冰凌有时可以聚集成冰塞或冰坝,造成水位大幅度抬高,最终漫滩或决堤,称为凌洪。凌汛治理通常是将冰块(冰流)进行破碎或融化(修改流),使得对该流的阻力变小,从而顺畅排往下游。例如,2016 年为使上游来凌顺利下泄,内蒙古黄河防凌前线指挥部组织协调空中部队,对黄河蒲圪卜河段弯道处的碓冰提前进行破除。

7.3.3 改善流利用性的 9 个措施

流操作缺陷中还有一类是利用性有缺陷的流,为了解决这类问题,本节将详细介绍用以改善利用性有缺陷的流的 9 个措施(见表 7-9)。

表 7-9　改善利用性有缺陷的流的 9 个措施

序号	具体改进措施	概念定义	应用示例
1	消除"停滞区"	工程系统具有从含有"停滞区"的流向不含有"停滞区"的流进化的规律。所谓"停滞区"是指,在区域该流的某一部分被长时间或永远地停止。因此流的有效率(吞吐量)减少,好像存在泄漏一样,即使整个流仍然存在于系统中。因此,消除"停滞区"可以提高有用流的利用效率,相当于增加了流利用的完备性而又不用提高流的总量	路口堵车时交警会给出四面红灯,先疏散路口滞留车辆
2	利用共振	工程系统具有从任意频率的脉冲(变化)流向与流源、流通道或流作用对象固有频率相同的流进化的规律。特别是,利用共振,可以提供选择性的高强度作用,且总流量很低	核磁共振仪断层扫描,收音机利用共振原理来调台
3	向脉冲动作转换	工程系统具有从常态流向脉冲流(即符号可变流,sign-variable flow)过渡的进化规律。通常,流效率主要取决于其振幅值。因此为提高流效率,切换到脉冲流是有益的。这种流总功率可能不是很高,因为它的实际价值很低,但效率却可能会很高,因为脉冲的幅度可能相当高。并且通过在脉冲期间累积能量,在脉冲模式下更容易提供高振幅暂停	变频空调、草坪自动洒水喷头
4	调制流(使其与对象更匹配)	工程系统具有根据其所作用对象的特性的变化而随时间变化的流进化的规律。以这样的方式调制流,使得它仅在那些对此类操作最敏感的瞬间作用于对象。在这种情况下,流的效率提高	港口船舶装卸调度,集成塔台指挥飞机的起飞与降落队列,核弹的引爆临界点、表白时间的选择

续表

序号	具体改进措施	概念定义	应用示例
5	（按梯度）重新分配流	工程系统具有从均匀或任意分布在空间中的流向其空间分布特性根据对象（对象的一部分、若干对象）的位置（变化而变化）的流进化的规律。通常仅有某个特定区域（操作区）需要高强度的流，而成本则由总体强度决定。因此为提高效率，采用具有梯度的流是有益的——即高强度的流在操作区，流在路径（通道）的其余区域较弱	物流按优先级重新配送（急的先送），仿真软件重新分配计算任务
6	组合同质流	工程系统具有从一个强流向在所需之处加在一起的几个弱流过渡的进化规律。为了确保流的局部集中，几个弱的同质流可以在操作区域中被添加在一起使用。对于有"波"性质的流，可以使用"干涉"现象。由于采用这种方法无法提高流的总功率，通常这种方法是在提供几个弱的流比提供一个强流更容易的时候使用	电脑主板 BUS 总线、旅行社拼团
7	流的多次（循环）利用	工程系统具有从强流过渡到多次通过操作区的弱流的进化规律。如果相对较弱的流可以多次通过操作区，则流的总功率可以被降低。通常在难以创建强流或无法在一次传递过程中完全使用强流的情况下，可以这样做。同时，可以累积来自强流的效果	将发动机尾气回馈燃烧室，增加缸压，提高输出功率
8	应用两种非同质流来获得协同效应	工程系统具有从一个强流向组合两个可产生协同效应的弱异质流进化的规律。有时两个弱的异质流（具有协同效应）可以组合使用以替代一个强流，即产生 $1+1>2$ 的效果。因此，弱流保证了系统的高效率，而损失微不足道	将洗衣机内的水电离、含 H^+ 的弱酸性水杀菌、含 OH^- 的弱碱性水洗涤

序号	具体改进措施	概念定义	应用示例
9	在操作区提前预设足够的物质,能量和物质信息	工程系统具有从一个强流向一个在对象上提前预设足够的(饱和的)包含该流成分的弱流进化的规律。理想情况下,系统根本不用包含流,因为任何流都会导致损失以及系统的额外负载。如果操作区提前预制了足够的(饱和的)物质以及能量和信息(无论类型和所需数量),那么可以把流完全裁剪掉。这种情况下,一个弱的启动信号通常就足以启动整个流程。如果操作区域不能完全饱和,则可以部分饱和。在这种情况下,有可能切换到使用弱流	在石油钻井的钻齿内部预先放置甲硫醇玻璃管,如果井口闻到甲硫醇味道,证明钻头断齿了

以下将结合案例对每个流优化措施进行详细介绍。

措施 1:消除"停滞区"

工程系统具有从含有"停滞区"的流向不含有"停滞区"的流进化的规律。所谓"停滞区"是指在该区域流的某一部分被长时间或永远地停止。因此流的有效率(吞吐量)减少,好像存在泄漏一样,即使整个流仍然存在于系统中。因此,消除"停滞区"可以提高有用流的利用效率,相当于增加了流利用的完备性而又不用提高流的总量。

案例:

● 海绵城市和路面排水井:通过海绵城市建设,提高城市地表吸收雨水的能力,同时在道路两旁增设大量排水井,消除道路雨水的停滞。

措施 2:利用共振

工程系统具有从任意频率的脉冲(变化)流向与流源、流通道或流作用对象固有频率相同的流进化的规律。特别是,利用共振,可以选择性地提供高强度作用,且总流量很低。

案例:

● 基于共振法的打桩机:在修建桥梁时需要把管桩插入江底作为基础,如果使打桩机打击管柱的频率跟管柱的固有频率一致,管柱就会发生共振而激烈振动,使周围的泥沙松动,管柱就更容易克服泥沙的阻力而插入江底。

措施3：向脉冲动作转换

工程系统具有从常态流向脉冲流（即符号可变流，sign-variable flow）过渡的进化规律。通常，流效率主要取决于其振幅值。因此为提高流效率，切换到脉冲流是有益的。这种流总功率可能不是很高，因为它的实际价值很低，但效率却可能会很高，因为脉冲的幅度可能相当高。并且通过在脉冲期间累积能量，在脉冲模式下更容易提供高振幅暂停。

案例：

● 无针注射器：无针注射技术使用高压射流原理，通过高速气流迫使药液形成较细的液流或液雾脉冲，瞬间穿透皮肤到达皮下，从而避免传统有针匀速注射过程中的疼痛、针头交叉感染隐患、个别患者晕针等弊端。

措施4：调制流（使其与对象更匹配）

工程系统具有向其特性根据其所作用对象的特性的变化而随时间变化的流进化的规律。以这样的方式调制流，使得它仅在那些对此类操作最敏感的瞬间作用于对象。在这种情况下，流的效率提高。

案例：

● LED声光控制照明灯：白天光线较强时，受光控自锁，有声响也不通电开灯。当傍晚环境光线变暗后，开关自动进入待机状态，遇有说话声、脚步声等声响时，会立即通电，延时半分钟后自动断电。这种设计能延长灯泡寿命6倍以上，节电率达90%以上。

措施5：（按梯度）重新分配流

工程系统具有从均匀或任意分布在空间中的流向其空间分布特性根据对象（对象的一部分、若干对象）的位置（变化而变化）的流进化的规律。通常仅在某个特定区域（操作区）需要高强度的流，而成本则由总体强度决定。因此为提高效率，采用具有梯度的流是有益的，即高强度的流在操作区，流在路径（通道）的其余区域较弱。

案例：

● SQL Server资源调节器：SQL Server资源调节器通过资源池、工作组负载、分类器等机制可以为不同的数据库、不同的请求、不同的用户分配彼此独立的CPU、内存、IO等资源，起到资源调节和隔离的作用。通过该技术，我们可以按照业务的优先级分配资源，确保每个数据库分配到合理的资源，避免某些SQL语句占用过多资源。

措施6：组合同质流

工程系统具有从一个强流向在需要的地方加在一起的几个弱流过渡的进化规律。为了确保流的局部集中，几个弱的同质流可以在操作区域中被添加在一起使用。对于有"波"性质的流,可以使用"干涉"现象。由于采用这种方法无法提高流的总功率,通常该方法是在提供几个弱的流比提供一个强流更容易的时候使用。

案例:

● 空分产品气汇总管:空分装置产品气能够将氧气、氮气汇总后输送至下游用气处,从而提升送气效率。

措施7:流的多次(循环)利用

工程系统具有从强流过渡到多次通过操作区的弱流的进化规律。如果相对较弱的流可以多次通过操作区,则流的总功率可以被降低。通常在难以创建强流或无法在一次传递过程中完全使用强流的情况下,可以这样做。同时,可以累积来自弱流的效果。

案例:

● 发动机废气再循环:在燃烧后将尾气的一部分导入吸气侧使其再度吸气,降低排出气体中的氮氧化物,提高燃料经济性,这就是涡轮增压发动机的工作原理。

措施8:应用两种非同质流来获得协同效应

工程系统具有从一个强流向组合两个可产生协同效应的弱异质流进化的规律。有时两个弱的异质流(具有协同效应)可以组合使用以替代一个强流,即产生1+1>2的效果。因此,弱流保证了系统的高效率,而损失微不足道。

案例:

● 阿卡贝拉:凭借一张嘴、一个麦克风,不用任何乐器,经过和声的巧妙编配以及演唱者之间的默契配合就能唱出有如乐器伴奏的美妙歌声。阿卡贝拉的一大特色在于,通过多样化声音元素的协同效应来实现整体音色的和谐与自然。此外,由于人声的多变性,阿卡贝拉也能够适用多种风格的合唱艺术。

措施9:在操作区提前预设足够的物质,能量和物质信息

工程系统具有从一个强流向一个在对象上提前预设足够的(饱和的)包含该流成分的弱流进化的规律。理想情况下,系统根本不用包含流,因为任何流都会导致损失以及系统的额外负载。如果操作区提前预制了足够的(饱和的)物质,以及能量和信息(无论类型和所需数量),那么可以把流完全裁剪掉。这种情况下,一个弱的启动信号通常就足以启动整个流程。如果操作区域不能完全饱和,则可以部分饱和。在这种情况下,有可能切换到使用弱流。

案例:

● 防爆检查:在飞机场等地方都有预设一些防爆安检措施,这些检查的原理是离子迁移谱技术,离子迁移谱检测的目标便是挥发到空气中的微量爆炸物分子,检测精度可达皮克级(1 皮克＝10 的－12 次方克),即使非常小的爆炸物分子都可由预设试纸捕获,从而进一步启动防爆措施,防范危险发生。

7.3.4　流优化措施小结

本章共总结了 39 个流优化措施,数量之多乍看上去让人望而却步,但是当我们把这 39 个措施如表 7-10 一样重新排列对比一下,就会发现其实很多措施是重复的。例如可以看到在"减少或消除有害/过度流的 17 个措施"与"改善利用性有缺陷的流的 9 个改进措施"中,就有"重新分配流"等多个措施重复。另外还可以发现在"减少或消除有害流的 17 个措施"及"改善流的导通性的 13 个改进措施"中,有多个措施是互为反向的操作。例如"减少或消除有害流的 17 个措施"中"增加流转换次数",到了"改善流的导通性的 13 个改进措施"就变成了"减少流的转换次数"。仔细梳理后就会发现,所谓 39 个流优化措施,去掉重复的措施后其实只有 24 个措施,这里面包括 10 对(也就是 20 个)相反操作的措施,5 个被多次使用的重复措施,以及 9 个独立措施。下面我们就分别对这三类措施进行总结,以便读者更好地理解和使用流优化措施。

表 7-10　流优化措施对比

序号	减少或消除有害/过度流的 17 个改进措施	改善利用性有缺陷的流的 9 个改进措施	改善流的导通性的 13 个改进措施
1	增加流转换次数	—	减少流的转换次数
2	在通道中引入停滞区	消除"停滞区"	—
3	流的转换(转换到低导通性的流)	—	流改进以增加导通性
4	减少通道部分的导通性	—	增加流各组分(或其通道)的导通性
5	增加(有害)流的长度	—	减少流的长度(把长流变成短流)
6	通过添加到自身(实现再循环)来减弱有害流	流的多次(循环)利用	
7	在通道中引入瓶颈	—	消除瓶颈
8	在通道中引入灰色区	—	消除灰色区
9	减小流的密度	—	增加流的密度
10	避免共振	利用共振	—

续表

序号	减少或消除有害/过度流的 17 个改进措施	改善利用性有缺陷的流的 9 个改进措施	改善流的导通性的 13 个改进措施
11	组合流和反流	组合同质流	—
12	利用旁路绕过	—	利用旁路绕过
13	对易受损害的对象提前预设足够的物质、能量和信息来中和有害流	在操作区提前预设足够的物质、能量和物质信息	—
14	(按梯度)重新分配流	(按梯度)重新分配流	—
15	改变流的属性以减少其有害行为	调制流(使其与对象更匹配)	—
16	寄生流的吸收	—	—
17	修改或修复被流损坏的对象以减少流的有害作用	—	—
18	—	应用两种非同质流来获得协同效应	—
19	—	向脉冲动作转换	—
20	—	—	转化为更易转换的流
21	—	—	将一个流的有用作用施加到另一个流的通道上
22	—	—	引入一个流作为另一个流的载体
23	—	—	在一个通道上传输多个同质流
24	—	—	把流的有用作用施加到其他流上

7.3.4.1 被重复使用的 5 个措施

如表 7-11 所示,5 个多次被重复使用的措施有一个被同时用于"消除有害流"和"改善导通性",即"利用旁路绕过"(简称旁路绕过)。这两个措施都体现了"绕过"的思想,操作虽然一致,但是其目的却是截然相反的。请注意,前者中的

"绕过",是让"有害流"从"旁路"/"超系统""绕过",从而达到使有害流不再发挥有害作用的目的。而后者中的"绕过",是让导通性不够高的"有用流"从"旁路"/"超系统""绕过",从而达到使有用流的导通性增加的目的。例如外地车流进入市区会造成拥堵,是有害流。要消除有害(车)流的作用(制造拥堵),让外地车流走绕城公路不进入市区,"绕过"市区(系统)的是有害(车)流,有害作用(制造拥堵)被消除了。同样是"绕过",心脏搭桥手术是为了让有用流(血流)的导通性提高——因为原通道已经不能满足身体的需要了。这里"绕过"的是有用流即血流。

表 7-11　被重复使用的 5 个措施

序号	减少或消除过度流的 17 个改进措施	改善利用性有缺陷的流的 9 个改进措施	改善流的导通性的 13 个改进措施
1	通过添加到自身(实现再循环)来减弱有害流	流的多次(循环)利用	—
2	利用旁路绕过	—	利用旁路绕过
3	对易受损害的对象提前预设足够的物质、能量和信息来中和有害流	在操作区提前预设足够的物质、能量和物质信息	
4	(按梯度)重新分配流	(按梯度)重新分配流	—
5	改变流的属性以减少其有害行为	调制流(使其与对象更匹配)	

5 个多次被重复使用的措施中有 4 个被同时用于"消除有害流"和"改善利用性",分别是"流的循环利用"(简称流循环)、"(对易受损害的对象)提前预设足够的物质、能量和信息(来中和有害流)"(简称提前预设)、"(按梯度)重新分配流"(简称重新分配流)和"改变流的属性/调制流"(简称改变流属性)。与上一段中讲到的一样,这 4 对措施操作虽然一致,但目的仍然是截然相反的。

"流循环"措施在"消除有害流"中的目的是通过将有害流加入系统实现再循环来减少有害流,而在"改善利用性"中的目的是通过让有用流多次重新流过操作区,使得有用流可以被多次重复利用从而提高利用性。例如同样是将废水引回系统再利用,核电站是让废水通过原系统将多余的废热吸收从而达到蒸发处理的效果(因含放射物废水不能直接排放),而热电厂则是让废水一次次通过冷却区来达到重复冷却的效果。二者的目的都是为了再循环,前者为了消除有害水流,后者为了多次重复利用废水的有用效应。

　　"消除有害流"中的"提前预设"是为"易受损害的对象"预设作为中和剂的物质、能量和信息,目的是通过预设上述资源来"中和"有害流的有害作用。"改善利用性"中的"提前预设"则是在流通道或系统中提前预设物质、能量和信息,目的是让有用的"弱流"可以得到不断强化从而用(相对于维持一个强流而言)较低的代价发挥有用功能。例如台北 101 大楼预设防风避震阻尼器,是为了防止对象 101 大楼被有害(风)流损害。而在石油钻井的钻齿内部(系统内部)预先放置甲硫醇玻璃管,如果井口闻到甲硫醇味道,则证明钻头断齿了。强度阻尼器是为"对象"不被损害预设,预设甲硫醇玻璃管是在系统或通道中为"增强"弱流的效果提前预设,从而达到不同目的。

　　"重新分配流"措施在"消除有害流"中的目的是通过流的重新分配,使得在系统最薄弱部分的有害流强度最低;而在"改善利用性"中的目的是通过流的重新分配,使得在操作区的有用流强度最大,其他部分强度弱,以提高利用性,避免浪费。例如在拥挤的人流中让妇女儿童先走,就是为了保护系统中最薄弱的部分(妇女儿童)重新分配有害(人)流。而依托信息技术合理安排物流配送计划,避免空载,就是提高物流效率。让妇女儿童先走分配有害流使其在系统最薄弱的部分变弱,物流配送计划分配有用流使其利用性更高不浪费。

　　"改变流属性"比较好理解,在"消除有害流"中的作用是使其不再对对象产生伤害,而在"提高利用性"中则是使其更好地与对象相匹配。前者指改变流本身使之不再有害,如同样是批评下属(信息流),如果把人身攻击的信息去掉,改成能激发人主动改进的信息流,这样既达到警告和改进的效果,又消除了使人际关系恶化的有害作用。而后者更强调与对象的匹配,例如表白时间的选择,可能比流(追求)的强度还重要,如果没很好地匹配(表白)对象的节奏,太早太晚都不容易成功。

7.3.4.2 "针锋相对"的 10 对措施

　　如表 7-12"针锋相对的 10 对措施"所示,可以清楚地看到其实流优化措施可以分为两个相对的阵营。一个阵营是"减少或消除有害流的 17 个措施"(简称消除有害流措施),如前文所述,"减少过度流"措施包含在"消除有害流"措施中,因为这个阵营中的措施都是消除有害/过度作用,因此我们可以称之为"除害"阵营。另一阵营包括两类措施,即"改善利用性有缺陷的流的 9 个改进措施"(简称改善利用性措施)和"改善流的导通性的 13 个改进措施"(简称改善导通性措施),其中"增强有益流措施"包含在"改善流的导通性措施"中,这个阵营主要是优化不足流和增加有益流的措施,因此可以称之为"补强"阵营。因为目的不同,所以两个阵营有 10 对互为反向的操作。

首先,"补强"阵营中有 3 个"改善利用性措施"与"除害"阵营相对。为了提高"利用性",需要消除"停滞区"、利用共振和组合同质流;而为了"除害",必须引入停滞区、消除共振和组合相反流(中和有害作用)。

其次,"补强"阵营中有 7 个"改善导通性措施"与"除害"阵营相对,分别是增加/减少流转换次数、流的转换(转换到低/高导通性的流)、减少/增加通道部分的导通性、增加/减少流的长度、在通道中引入/消除瓶颈、在通道中引入/消除灰色区、减小/增加流的密度。很明显,斜线前都是针对有害流的操作,斜线后相反的操作都是为了增强有益流。

表 7-12　针锋相对的 10 对措施

序号	减少或消除有害流的 17 个改进措施	改善利用性有缺陷的流的 9 个改进措施	改善流的导通性的 13 个改进措施
1	增加流转换次数	—	减少流的转换次数
2	在通道中引入停滞区	消除"停滞区"	—
3	流的转换(转换到低导通性的流)	—	流改进以增加导通性
4	减少通道部分的导通性		增加流各组分(或其通道)的导通性
5	增加(有害)流的长度		减少流的长度(把长流变成短流)
6	在通道中引入瓶颈	—	消除瓶颈
7	在通道中引入灰色区		消除灰色区
8	减小流的密度		增加流的密度
9	避免共振	利用共振	—
10	组合流和反流	组合同质流	

7.3.4.3　独立的 9 个措施

除了以上重复以及相对的 15 个流优化措施以外,还有 9 个独立的流优化措施,分别是"消除有害流措施"2 个:寄生流的吸收、修改或修复被流损坏的对象以减少流的有害作用。"改善利用性措施"2 个:应用两种非同质流来获得协同效应、向脉冲动作转换;"改善导通性措施"5 个:转化为更易转换的流、将一个流的有用作用施加到另一个流的通道上、引入一个流作为另一个流的载体、在一个通道上传输多个同质流、把流的有用作用施加到其他流上(见表 7-13)。

表 7-13　独立的流优化措施

序号	减少或消除有害流的17 个改进措施	改善利用性有缺陷的流的 9 个改进措施	改善流的导通性的 13 个改进措施
1	寄生流的吸收	—	—
2	修改或修复被流损坏的对象以减少流的有害作用	—	—
3	—	应用两种非同质流来获得协同效应	—
4	—	向脉冲动作转换	—
5	—	—	转化为更易转换的流
6	—	—	将一个流的有用作用施加到另一个流的通道上
7	—	—	引入一个流作为另一个流的载体
8	—	—	在一个通道上传输多个同质流
9	—	—	把流的有用作用施加到其他流上

7.3.4.4　易混淆的流优化措施

下面,我们来比较一下易混淆的几组流优化措施。

● "改变流的属性以减少其有害行为"(简称改变流措施)vs"修改或修复被流损坏的对象以减少流的有害作用"(简称改对象措施)

改变流措施如散热器领域常用的"热管"技术,电子器件的热量(有害流)基于热传导原理与相变介质的快速热传递通过"热管"迅速传递到热源外。有害(热)能量流从原来的辐射散热转为更加快速的对流及传导方式,从而不再有害。这个案例中流本身的性质(热传递方式)发生了改变,但对象不变。改对象措施如改变对象(水溶液)的性质,让其变为碱性,当酸性气体通过碱性溶液时就不再有害了。但这个过程中有害流(酸性气体)本身的性质没有改变,也依然存在,但不再产生有害作用。改变流措施强调改变流本身,中间存在一个对"流"的转换动作,对象不变。而改对象措施强调改变对象的性质,流不变。

● 增加流转换次数 vs 增加流的长度

流转换和流长度这两个概念有的时候容易混淆,流转换的过程中流的形式发生了转变,我们利用有害流在转换过程中的衰减[如光纤衰减器把多余的光能量转化为热量从而避免信号失真,有害(光)流转换为热流],或者有害流在转换过程中变成了有用流(例如将噪声转换为电能,有害噪声流转换为电流)来达到消除有害流或有害影响的目的。而"增加流的长度"则没有改变流的形式,只是通过增加流运动的距离来实现有害流的衰减,如高速公路上的隔声板造成噪声的多次反射从而实现降噪的目的。这里面噪声流还是噪声流没改变,只是传输的路程变长了。

以上比较对于反向的操作(减少流转换次数 vs 减少流的长度)也是一样的,不再赘述。

● 在通道中引入停滞区 vs 在通道中引入瓶颈 vs 在通道中引入灰色区 vs 减少通道部分的导通性

这4个措施都是对"流"的通道进行操作以尽量阻止有害流的流动,从而抑制其有害作用。其中,第4个措施"减少通道部分的导通性"是为减少导通性而对整个通道进行总体改造。虽然前3个措施都只是通过引入一个特殊区域对通道进行局部改造,但三个特殊区域的作用是各不相同的。我们还是以新冠疫情防控期间为减少游客聚集公园实施若干措施进行游客分流这样一个具体案例来比较4种流优化措施。这里把过于密集的游客流看作有害流。

如果采用强制分段入园的措施,即每次仅限100人入园,其他人在休息区等候,在这个休息区中,人流被暂时或永久地(如果过了每天入园的最晚时间)停止流动了,这个措施就是"在通道中引入停滞区"。

如果采用的是某种限制措施,例如8:00—11:00仅接待团队旅客,散客一律不允许入内,这就相当于为流的运动设置了"瓶颈",也可以理解为在局部增加了阻力或者提高了流动的成本。因此,这个措施是"在通道中引入瓶颈"。

如果采用的是预约制,就是"在通道中引入灰色区"。有读者会问,预约制为什么不是引入瓶颈或停滞区?因为根据"灰色区"的定义,灰色区是指在该区域无法以足够高的精度预测流的行为。假如公园把1天分为6个时间段,每个时间段都预约1000人,没有预约就无法入内。但公园管理者无法预测这6个时间段内游客是否履约。很可能发生预约到最早两个时间段的人都迟到而挤在后面的时间段,或者因为天气预约的游客很多都没来,而已经到大门口的游客不让进的情况,这都是因为我们无法预测预约游客的行为。所以这6个时间段就可以看作6个灰色区。设置这6个时间段只是为了分类集中管理,不是为了让流暂时/永久停止,严格来说也不能算增加了瓶颈,因为预约的机会对所有人都是平等开放的。如果我们用 3 个词来概括这 3 个措施,那么"迟滞"对应"引入停滞区","门槛"对应"引入瓶颈","缓冲"对应"引入灰色区"。

如果公园把原来可以同时并排走 3 人的入园通道改造成 1 次只能走 1 人,不许并排,且人与人之间间隔 1 米(地上画小脚印),这就是对整个通道进行改造,属于"减少流通道的导通性"。

以上比较对于反向的操作(在通道中消除停滞区 vs 在通道中消除瓶颈 vs 在通道中消除灰色区 vs 增加通道部分的导通性)也是一样的,不再赘述。

● 流的转换(转换到低导通性的流)vs 改变流的属性以减少其有害行为 vs 修改或修复被流损坏的对象以减少流的有害作用

这组措施中的前 2 个措施都涉及对流本身的改进,第 3 个措施是对对象的改进以使其不被有害流损害而流不改变,操作的对象是不同的。此外第一个措施(转化为低导通性的流)中必须实现一个流的转化过程,在转化过程中流的导通性极大降低,危害减少。而第二个措施(改变流的属性)只是对流进行微小改进,不一定要实现流的转化。

我们用政府遏制房价野蛮增长的系列措施来比较 3 种措施。这里把交易的二手房看作物质流,买家作为流作用的对象。那么采用系列限购政策,将炒房客手中的二手房变为刚需住户手中的(唯一)住宅用房,流(房子)的导通性大大降低,且流的形式发生根本转变(从资产变为住宅),因此应该属于"转化为低导通性的流"这一措施。现阶段采用的营业税政策,是不满两年需要交纳成交价格 5.5% 的营业税,两年以上符合条件者免征。这一微小改动也能有效抑制炒房动机,遏制房价,但流本身没有大的变化,因此属于"改变流的属性"措施。向全民不断灌输"房子是用来住的"等理念,降低买家进一步炒房的热情,属于"改变或修复被损害的对象"措施。

● 转化为更易转换的流 vs 流改进以增加导通性

这两个措施分别是改善流的导通性的措施 2 和措施 13,区别仍然在于前者有一个流的转换过程,后者仅增加流的导通性但不一定要转换流。例如 2020 年 4 月 17 日,数字人民币体系(DCEP)开始内测,中国有望成为世界上首个发行法定数字货币的国家之一。这就是将之前的物质(纸质现金)流转换为容易转换的信息流,流的本质完全发生了改变,因此属于前者"转化为更易转换的流"措施。而河道清淤改善了水流的导通性,但没有发生流的转换,因此是后者"流改进以增加导通性"。

● 把流的有用作用施加在其他流上 vs 将一个流的有用作用施加到另一个流的通道上

改善流的导通性的措施 9 和措施 10 都是为了更好地发挥流的有用作用,不同的是一个作用在其他流上,一个作用在另一个流的通道上。之前扶贫工作一直有个响亮的口号叫"要想富先修路",讲的就是有了路就会有物流,而物流兴起带动了资金流、信息流的流动,经济就发展起来了。目前互联网经济中谈得较多的"流量"也是同样的思路,"流量"的本质就是公众的关注也就是信息流,控制了信息流就可以通过变现而盈利。李子柒等"网红带货"就是典型的将信息流的有用作用施加在物流上。而异业联盟(Horizontal Alliances)则是作用在流通道上。所谓异业联盟是指不同行业不同层次的商业主体基于共同行销和互惠目的建立起来的水平式合作关系,旨在凭借彼此的品牌形象与名气集聚更多的客户,借此创造双赢的市场利益。这里是把品牌等信息流的有用作用施加在彼此的(销售)通道上,从而使系统导通性(即盈利)整体增加。

● 组合同质流 vs 在一个通道上传输多个同质流

改善利用性有缺陷的措施 6 组合同质流(简称组合流措施)以及改善流的导通性的措施 12(在一个通道上传输多个同质流,简称组合通道措施)都有"组合"的意思,字面上看更是相近。但前者更强调利用组合的"干涉""叠加"或"协同"效应,从而更好地利用流的有用作用;而后者仅仅是把之前传输同质"弱"流的其他通道削减而降低了传输成本来提高流的导通性。

例如酒吧一条街就是组合同质的客流产生了协同效应,而一站式服务则把同质的服务集中在一个窗口,一人受理、内部运作、方便办事、提高效率。推广普及容易,用户也可以少跑路,提高了信息流和物质(纸质材料)流的传输效率,降低了办事成本。前者是组合同质流,后者是在一个通道上传输多个同质流。

7.4 流程层次专利破解流程案例

7.4.1 案例一:专利"一种小口径管道内壁喷涂装置"的破解

本节以专利"一种小口径管道内壁喷涂装置"为例,说明如何运用流分析方法进行流程层次的专利破解。

1.1 专利背景描述

技术领域:本发明涉及一种小口径管道的内壁喷涂装置。

背景技术:

本专利内容来源于石油化工领域,主要针对小口径长管线焊缝连接处内壁防腐漆有效喷涂的问题。所谓"小口径长管线"是指截面外直径 60 mm,壁厚 0.5 mm,长度 9.6 m 的中空、周身无接缝的圆形钢管制品。这种钢管小口径钢管在石化行业被广泛应用,由于成本和工艺要求,目前主要采用焊接的方式连接钢管。小孔径长管焊缝对接处内壁防腐漆的喷涂工作至关重要,因焊芯自身不防腐,需要对圆柱形焊缝处进行防腐处理。通常采用涂抹防腐漆的方式来实现防腐,但如果涂覆的内壁防腐漆不能有效覆盖焊缝连接处,当有介质在管中流动时,酸性成分物质会腐蚀未涂防腐漆部分,进而引起管线内壁出现轻微腐蚀,甚至出现漏点,造成环境污染。

1.2 专利的具体实施方式[①]

现有专利主要通过以下方式实现油漆喷涂的目的。

首先,将刷子浸入防腐漆中,蘸取防腐漆,再将刷柄与木杆相连,通过管道的一端移动将刷头手工的移动焊缝连接处。

其次,通过手动旋转移动杆带动刷头旋转的方式,将防腐漆涂抹在管壁连接处,根据需要进行涂漆操作。

2.5 专利功能分析结论(负面流识别)

然而,当前的涂漆操作方法存在显著问题:首先,由于操作复杂,油漆常会洒落在管道内壁中不需要喷涂的地方;其次,油漆又会大量粘在刷子上,导致油漆浪费严重;最后,油漆常常不能充分刷在焊缝上,导致刷漆的保护效果不佳。流组件列表和流列表如表 7-14 和表 7-15 所示。

表 7-14　该喷涂装置的流组件分析表

超系统流组件	流组件
	刷子
	刷杆
油漆	管道
	焊缝

表 7-15　系统中流的列表

流的类型	流的发出者—受体
基本流	刷子—焊缝
辅助流	刷杆—刷子
	油漆桶—刷子
附加流	刷子—管道内壁

---

① 作者注:由于篇幅有限,就不逐一展示流分析和失效分析的步骤。

根据对专利的详细分析,绘制功能分析图(见图7-14)。总结了以下3个有缺陷的负面流(简称负面流),并对负面流进行识别。

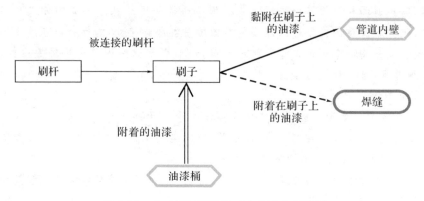

图7-14 小口径配图装置工作的流分析模型

负面流1:附着在焊缝上的油漆流——不足流;
负面流2:黏附在管子上的油漆流——有害流;
负面流3:残留在刷子上的油漆流——过度流。

根据上述分析过程确定的3个负面流,以负面流2为例,利用减少或消除有害/过度流的17个措施的提示,产生相应的解决方案如表7-16所示。

表7-16 利用流优化措施解决流分配缺陷

序号	改进措施	具体方案
1	增加流转换次数	方案1:针对负面流2——油漆黏附在管子上,采取以下措施,涂抹两层喷漆,第一层油漆经过摩擦后可以自动脱落,第二层喷漆为正常喷漆,达到焊缝附近时旋转刷子让第一层喷漆脱落,让第二层喷漆吸附
2	对易受损害的对象提前预设足够的物质、能量和信息来中和有害流	方案2:针对负面流2——油漆黏附在管子上,采取以下措施:在管子内放置硬质薄层,避免抛光和喷涂油漆过程中污染到管子内壁中无需喷涂油漆的部分
3	在通道中引入停滞区	方案4:针对负面流2——油漆黏附在管子上,避免流与管壁直接接触,刷头采用环形容器制作,用于存放管道中的油漆(流)

序号	改进措施	具体方案
4	增加流转换次数	方案5：针对负面流2——油漆黏附在管子上，涂抹两层喷漆，第一层喷漆经过摩擦后可以自动脱落，第二层喷漆为正常喷漆，达到焊缝附近时旋转刷子让第一层喷漆脱落，让第二层喷漆吸附
5	减小流的密度	方案6：针对负面流2——油漆黏附在管子上，将油漆液体流变为雾化流，即在刷头上面按一定距离放置孔隙将其改造为雾化装置，在管内除机械力推进外，启动空压机送气带动气动装置旋转，同时气体吹动涂料进入雾化装置，气动装置带动雾化装置旋转将涂料均匀地喷在管线的内壁上，待干燥后达到防腐效果。雾化油漆流密度比液体流密度小，因此残留会大大减少。负面流3也会得到改善
6	按梯度重新分配流	方案7：针对流分配缺陷1和缺陷2——油漆在焊缝上附着不足且黏附在管子上，加装延长杆，从而将自动喷枪或旋转喷漆装置送到焊缝附近，然后开启开关喷涂
7	对易受损害的对象提前预设足够的物质、能量和信息来中和有害流	方案9：针对负面流2——油漆黏附在管子上，在焊接前预置能够吸附喷漆的黏性剂；同时负面流1油漆在焊缝上附着不足也会得到改善

7.4.2 案例二："一种高效缝纫机"专利

下面以"一种高效缝纫机"专利为例，说明如何运用流分析方法进行流程层次的专利破解。

1.1 专利背景描述

技术领域：本发明涉及一种工业缝纫机系统。

背景技术：

缝纫机的送布系统是由电机主轴提供动力，由主牙架和辅助牙架沿一定的轨迹进行周期性运动，进而实现送布。

目前，送布系统可以实现有效送布。由于辅助牙架和主牙架要进行相对运动，进而产生摩擦，为了提高牙架的使用寿命，需要提供机油进行润滑。但机油容易漏油，漏油后污染缝布，造成严重的产品质量问题。为此，部分专利还设计了油封以解决漏油问题。

1.2 专利的具体实施方式①

现有专利主要包括以下流组件：主牙架、辅助牙架、油封、缝布、电机、油管等（见表 7-17）。

表 7-17　该缝纫机系统的流组件列表

超系统组件	组件
缝布	主动牙架
电机	辅助牙架
油管	油封

主牙架和辅助压脚交替运动，带动缝布向前运动，独立供油的机油为主副牙架供油，油封负责将机油封存在主副牙架之间，机壳用于保护机器运行空间（见图 7-15）。

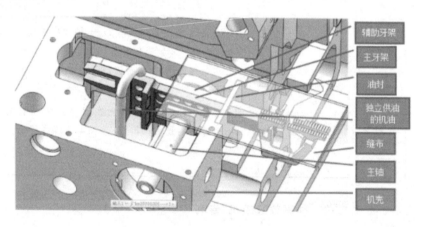

图 7-15　工业缝纫机剖面

2.5 专利功能分析结论（流分配缺陷识别）

根据机器实际运行情况，发现该产品存在以下严重问题：辅助牙架和主牙架的接触面对机油密封不足，导致机油从接触面中泄漏，污染缝布。流的列表如表 7-18 所示。

①　作者注：限于时间和精力，此处不再详细展示专利文本和失效内容。

表 7-18　系统中流的列表

流的类型	流的发出者—受体
基本流	主牙架/辅助牙架—缝布
辅助流	油管—主牙架/辅助牙架
	主牙架/辅助牙架—油封
	电机—主牙架
附加流	油封—缝布

根据对专利的详细分析，绘制流分析图如图 7-16 所示，并最终总结了以下 4 个负面流。

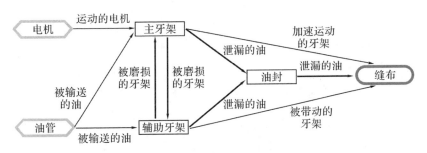

图 7-16　工业缝纫机运行的流分析图（初始版）

负面流 1：如主牙架和辅助牙架之间高速运动时或长时运动时油过多——有害流；

负面流 2：牙架上的机油从油封漏出——有害流；

负面流 3：机油从牙架上流到缝布——有害流；

负面流 4：如主牙架和辅助牙架之间高速运动时或长时运动时磨损——有害流。

点评：此图为学员绘制的流分析图初始版本，看上去比较复杂，且大家也发现了总结的负面流与图中绘制的有出入。下面就将图中存在的一些不合适之处一一指出，供大家参考。

1) 图中显示从油管发出的两个流分别指向主牙架和辅助牙架（流 1 和流 2），表明油管同时向主牙架和辅助牙架供油。但油管不可能给不断高速运动的主牙架供油，实际情况是油管给不动的辅助牙架供油，主牙架与辅助牙架不断相互运动，这样主牙架也得到润滑。因此，只需画一个油管给辅助牙架供油的流即可。

2) 负面流 1 的表述也应做调整。不是"主牙架和辅助牙架之间高速运动时或长时运动时油过多"，而是"油管向辅助牙架供应润滑油过多"，流的主体和对象错误。

3）图中主牙架和辅助牙架都发出两个指向油封的流（流 3 和流 4），意图表明两牙架间的油流向油封，油封没封住导致泄漏。主牙架在高速运动，从主牙架流向油封可以不考虑。因此画一个流就可以表达清楚，即油从不动的辅助牙架流向油封。此外负面流 2 的表述也做相应调整。

4）负面流 3 的表述不准确，机油是从油封里漏到缝布上的。

5）负面流 4 表述不准确，画得也不准确，应该分成两个流：一个高速运动的主牙架磨损辅助牙架，另一个是辅助牙架反过来磨损主牙架。

修改过的流分析图和流分析结论如下。

负面流 1：油管向辅助牙架供应润滑油过多——有害流；

负面流 2：主牙架和辅助牙架上的机油流向油封并漏出——有害流；

负面流 3：机油从油封漏出流到缝布——有害流；

负面流 4：高速运动的主牙架磨损辅助牙架——有害流；

负面流 5：辅助牙架磨损高速运动的主牙架——有害流（见图 7-17）。

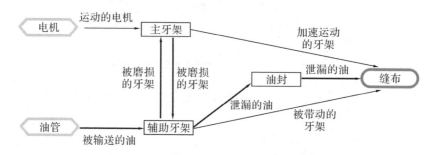

图 7-17　工业缝纫机运行的流分析（修正版）

根据上述分析过程确定的负面流，以负面流 2 为例，利用流优化措施的提示，产生相应的解决方案，如表 7-19 所示。

表 7-19　利用流优化措施解决负面流 2 油封漏油

序号	改进措施	具体方案
2	在通道中引入停滞区	方案 6：针对负面流 2——牙架上机油从油封漏出，将牙封设计成带凹槽结构，能收集漏出的油
7	流的多次（循环）利用	方案 7：针对流缺陷 2——牙架上机油从油封漏出，把牙封设计成倾角，将漏出的油阻拦并流回牙架中，再润滑牙架

序号	改进措施	具体方案
8	增加流的密度	方案 8：针对负面流 2——牙架上机油从油封漏出，提高机油浓度，使机油稠度更高不容易扩散，不会流到缝布上

7.5　本章小结

　　流程层次的专利破解方法主要针对非物理实体系统的专利，能够有效处理涉及工艺流程、生产过程、软件开发、信息系统等领域的专利和技术难题。本章首先介绍了流的概念和属性、分类及流分析的特点；其次介绍了流分析的应用流程、功能模型图的绘制和失效分析过程；最后针对负面流提供了 39 个流优化措施，包括减少或消除有害/过度流的 17 个措施，改善流的导通性的 13 个措施，改善流的利用性的 9 个措施。

　　相比于传统的功能分析，本章更关注组件之间的相互作用关系，只能通过优化系统的辅助功能来强化系统主要功能的应用特点，流分析能够围绕系统主要功能的指向对象展开分析和优化，从而最大程度地改善系统主要功能。

08 应用系统化创新方法的专利破解实战案例

8.1 案例一:"导引线引导器及其保持装置(Wire Guide Holder with Wire Guide Deflector)"的破解

1 专利背景及权利要求

1.1 专利的背景技术描述

随着 ERCP(Endoscopic Retrograde Cholangiopancreatography,经内镜逆行胰胆管造影手术)[①]技术的发展,ERCP 的手术越来越多样,涉及的器械也越来越多,如球囊导管、网篮、切开刀、细胞刷、支架、造影导管、圈套器等,这些器械通常要在导丝的引导下进行交换。

在目前的大多数 ERCP 手术过程中,器械之间交换主要依靠医生和助手之间的默契配合。因医生操作手术器械的同时无法操作导丝,因此导丝的操作通常由其助手通过医生的指令配合完成。目前存在的操作难点及弊端主要有:(1)在器械交换过程中导丝要保持在目标管腔中,这要求助手拉拽导丝的距离与医生推动器械的距离始终保持一致,以避免导丝滑脱出胰胆管系统;(2)导丝的控制主要由助手把握,医生只能靠对助手的口令来传达自己对导丝控制的意图;

---

① 作者注:ERCP 技术诞生于 20 世纪 60 年代后期,其具体操作方法是:将十二指肠镜插到十二指肠下部,找到十二指肠乳头,即胆管与胰管的开口位置,从十二指肠镜的活检管道内插入造影导管,到乳头开口部,通过导丝的引导,插入造影导管到胆管或者胰管,然后注入造影剂,再进行 X 光照射以显示胰胆管。该技术被广泛用于诊断胆总管结石、胆道良恶性的梗阻、胰腺占位等胰胆系统疾病。随着技术的进步,现在 ERCP 技术能够同时对胆道、胰管、胰腺以及肝脏的结石、肿瘤、炎性狭窄等病变进行诊断和治疗。

（3）器械和导丝的交换长度通常较长（超过 200 cm），增加了导丝脱出的风险；

（4）配合操作的复杂性通常会增加手术时长，增加手术风险。

为使器械交换过程中，导丝能够始终定位在目标位置，需在 ERCP 手术器械交换过程中设置导丝锁定装置或导丝控制装置，于是开发了如图 8-1 所示的导引线引导器及其保持装置（简称导丝保持器）。

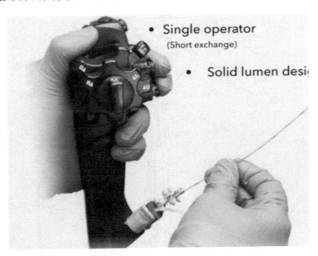

图 8-1 导丝保持器示意

1.2 专利的具体实施方式

如图 8-2 所示，导丝引导保持器 100，其具有保持器主体 102，线保持器 104 和封闭密封件 108、密封件保持器 106。线保持器 104 具有 3 个间隔开的柱 110、112、114，每个都大致垂直于中心脊 130 延伸。柱 110、112、114 各自分别包括一个或多个引导槽 116、118、120。具体而言，每个分别在中央脊柱 130 的每侧上包括引导槽 116、120，而柱 114 包括延伸超过中央脊柱 130 的侧面的单个相对大的引导槽 118。如上所述，引导槽 116、118、120 各自限定开口间隙，其宽度大于导丝 134 的宽度。

密封保持器 106 包括相对的手指按压器 122、124，其通过桥接构件 132 彼此柔性附接。手指按压器 122、124 在人体工程学上被配置为用于接收例如拇指和食指的手指按压用户。将手指按压 122 和 124 挤压在一起导致夹具 126 和 128 打开，即分开。相反，释放手指按压使夹具 126 和 128 闭合，即一起移动。导丝引导保持器 100 被夹在内窥镜或类似装置上。当 100 连接至内窥镜时，延伸通过内窥镜的工作通道的导丝 134 将延伸穿过密封件 108（参见图 8-2）。在该位置时，线引导件 134 可围绕固定柱 110、112、114 编织，并定位在引导槽

116、118、120 中。引导槽 116、118、120 防止线引导件 134 从固定柱 110、112 和 114 上滑落。

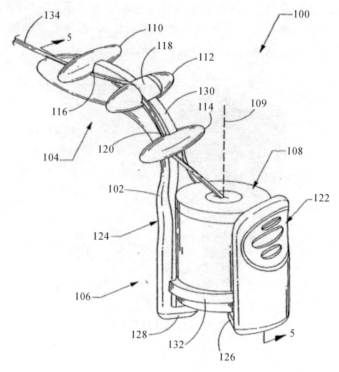

图 8-2　专利附图

当线引导件 134 围绕固定柱 110、112、114 编织时,线引导件 134 受到限制以防止其纵向移动。这是因为受到典型的线引导件的弯曲或弯曲阻力导致施加到柱 110、112、114 的侧面的横向力的影响。该横向力在线引导件 134 的侧面之间产生虚构力。110、112、114 的侧面足以抑制、限制或在一定程度上防止线引导件 134 的纵向移动。然而,线引导件 134 不会被线引导件保持器 100 损坏,因为线引导件 134 不夹在线引导件保持器 100 的相对表面之间,并且施加在线引导件 134 的横向力分布在若干位置。这种配置避免了对线引导件的损坏,如剥离(由于将其锁定在现有技术装置中的楔形或 V 形槽)。

1.3　专利权利声明分析

该技术方案的发明人在多国进行了专利申请,共有 9 件同族专利。目前,分别在日本、欧洲(授权后登记分别进入德国、英国、爱尔兰)、美国等都成功获得了专利授权。其国际申请专利号为 PCT/US2004/025303。

在各国获得授权的专利独立权利声明分别如下。

【欧洲】

A wire guide holder(100) having a body for securing an elongate medical wire or tube, such as a wire guide(134) or catheter. The body is adapted to be attached to a scope or a bite block. The body can be provided with protrusions (110,112,114) and/or grooves(116,118,120) for holding a wire guide. The wire guide holder may be affixed to the medical scope by clamping. The wire guide holder can also be provided with a seal.

一种导引线保持器(100),拥有一个主体以确保可以拉长和固定医用线或管子,如引导线或导尿管(134)。主体通过调整后附着在特定范围或咬合块上。主体有突出物(110、112、114)和/或凹槽(116、118、120),用于固定导引线。导引线保持器可以通过夹持固定到医疗器械上。线引导器保持器也可以设置有密封件。

【日本】

体内に導入される可撓性を有する細長い医療器具を、該細長い医療器具を体内に導入するための装置に対して固定するためのワイヤガイドホルダにおいて、背骨部と、該背骨部に結合された本体部であって、該装置に取り付けるように作られている取り付け部を有する本体部と、該背骨部から横方向に伸張している複数の突起部と、を備えており、該細長い医療器具は、該細長い医療器具の一部が該装置のルーメンを通って配置されている状態で、該複数の突起部を縫うように通されて該複数の突起部に摩擦係合され、それによって該細長い医療器具が該装置に対して固定可能とされる、ワイヤガイドホルダ。

一种线引导器支架,用于柔性细长医疗器械固定到医疗器械中以引入人体内,装置包括脊柱部、脊柱部连接主体部,所述主体部具有适于连接到设备的连接部;以及从脊柱部横向延伸的多个突起,所述细长医疗装置具有多个细长的医疗器械,所述细长医疗装置的一部分穿过所述装置的内腔。其中,内腔与多个突起摩擦接合,使得细长的医疗器械可固定在装置。

【美国】

1. A wire guide holder for securing an elongate medical device relative to a second medical device, the wire guide holder comprising: a spine; and a plurality of projections extending outwardly from the spine, wherein the elongate medical device is woven through the plurality of projections to thereby secure the elongate medical device against axial movement relative to the second medical device, the plurality of projections configured to frictionally engage oppo-

sing sides of the elongate medical device at spaced apart locations and guide the elongate medical device along a non-linear pathway, wherein the second medical device is an elongate medical tube, and wherein the wire guide holder further comprises: a body connected to the spine, the body having an attachment portion configured for attachment to the elongate medical tube; and a seal supported by the body, wherein the seal comprises a rubber housing and a foam disk disposed within the rubber housing, the seal having a passageway therethrough, wherein the passageway is configured to sealingly receive the elongate medical device.

一种导引线保持器,用于相对于第二医疗装置(即内镜)固定细长医疗装置(134 即导丝),所述导引线保持器包括:脊柱(130)、多个突出部(110、112、114)从脊柱(130)向外延伸,其中所述细长医疗装置(134 导丝)编织穿过多个突出部,从而固定所述细长医疗装置以防止其相对于第二医疗装置(内镜软管)的轴向运动,所述多个突出部被配置成在间隔开的位置处与所述细长医疗装置的相对侧摩擦地接合,并沿着非线性路径引导所述细长医疗装置(134 导丝),其中所述第二医疗装置是细长医疗管,所述导引线保持器还包括:连接到脊柱的主体,所述主体具有连接部分(126,128),该连接部分(126,128)构造成用于连接细长医疗管;所述导引线保持器还包括:具有由主体支撑的密封件(108),所述密封件包括橡胶壳体(1710,1810)和设置在橡胶壳体内的泡沫盘(152),该密封件具有穿过其中的通道,其中所述通道构造成密封地容纳细长医疗装置。

经验与点评:接下来我们将按照前文所介绍的流程,分别从组件、功能和进化层次对该专利的美国版本进行破解。本章中,加框部分中的仿宋字体都是学员在学习过程中依照本书提供的 PPT 模板运用系统化创新方法破解专利的最初版本。我们将使用楷体对其中的不合适部分进行修改和点评,以帮助读者更好地学习和掌握系统化创新方法专利破解流程。

2.1 专利文本分析

一种导引线保持器,用于相对于第二医疗装置(即内镜软管)固定细长医疗装置(134 即导丝),所述导引线保持器包括:脊柱(130);多个突出部(110,112,114)从脊柱(130)向外延伸,其中所述细长医疗装置(134 导丝)编织穿过多个突出部,从而固定所述细长医疗装置以防止其相对于第二医疗装置(内镜软管)的轴向运动,所述多个突出部被配置成在间隔开的位置处与所述细长医疗装置的相对侧摩擦地接合,并沿着非线性路径引导所述细长医疗装置(134 导丝),其中所述第二医疗装置是细长医疗管,所述导引线保持器还包括:连接到脊柱的主体,所述主体具有**连接部分(126,128)**,该连接部分(126,128)构造成用于连接细长医疗管;所述导引线保持器还包括:具有由主体支撑的**密封件(108)**,所述密封件包括**橡胶壳体(1710,1810)**和设置在橡胶壳体内的**泡沫盘(152)**,该密封件**具有穿过其中的**通道,其中所述通道构造成**密封地**容纳细长医疗装置

　　点评:此处的文本分析针对美国授权专利独立权利声明的中文翻译版本展开。文中用加粗字体标出了11个名词:第二医疗装置(即内镜软管)、导丝、脊柱、突出部(算3个)、连接部分、密封件、橡胶壳体、泡沫盒、通道;用斜体标出了7个动词:固定、穿过、接合、引导、连接、支撑、容纳;用下划线标出了7个形容词/副词:从(脊柱)向外延伸,编织(穿过),防止(第二医疗装置)轴向运动,在间隔开的位置处与(导丝)的相对侧摩擦的结合,沿着非线性路径引导(导丝),具有穿过其中的(通道),密封地容纳(导丝)。根据文本分析结果,确定系统组件列表。

　　需要着重说明的是形容词/副词的标注非常重要,它们细致地刻画了功能的实施细节,这才是专利的精髓和点睛之笔。例如本专利乍一看图其实没有什么难的,就是把"导丝"缠到突出部上固定住,似乎没有什么技术含量。但是通过专利语言的有效组织,尤其是那句"在间隔开的位置处与(导丝)的相对侧摩擦地结合",外加"编织"穿过,这两句话把导丝固定领域所有试图用编织(或缠绕)加摩擦的办法全部纳入保护了,大家可仔细品味。这两句是本专利的精华所在,也是导致后进者难以对本专利进行破解的重要原因。

　　<u>2.2　专利系统组件列表</u>
　　本系统的作用对象是:导丝(即细长医疗器械);本系统的主要功能是:导引线保持器锁定导丝位置。

　　该系统组件列表如表8-1所示。

表8-1　专利系统组件列表

超系统组件	组件	子组件
导丝(即细长医疗器械)内镜软管(即细长的导引装置)	脊柱	
	突出部1	正导向槽1,第一摩擦部
	突出部2	负导向槽,第二摩擦部
	突出部3	正导向槽2,第三摩擦部
	连接部分	
	密封件	

点评：按照PPT模板2.2部分，文本分析后需要根据分析结果填写组件列表。本系统作用对象肯定是"导丝"，这个没有问题。此外，要明确系统的主要功能，学员最初填写的版本是"<u>导引线保持器锁定导丝位置</u>"，这个描述基本是业内约定俗成的描述，但是恰恰是这个描述导致了思维定式的陷阱——难道导引线保持器（简称导引器）就只锁定导丝，没有其他功能了吗？答案是否定的。导引器除了要固定导丝，还得在需要的时候"引导"（见上文独立权利声明）导丝，换句话说就是让它进就进，让它退就退，且让进多少就进多少，用一个准确的动词来概括——"控制"。所以系统主要功能的正确定义应该是"<u>导引线保持器控制导丝的位置</u>"。"控制"属于规范动词，系统化创新方法进行功能定义时一再强调要使用规范动词，尽量避免使用领域内专业动词，就是要大家思考功能（动作）的本质，从而打破思维定式。从这个例子中，就可以看到使用规范动词而不是专业动词定义功能的重要性。接下来根据系统分析结果填写专利系统组件列表（见表8-1），最初的版本共包含2个超系统组件：导丝、内镜软管；6个系统组件：脊柱（这里脊柱指的是除突出部外与连接部分连接的部分）、突出部、连接部分、密封件。系统文本分析中本来还有3个系统组件分别是橡胶壳体、泡沫盒、通道，但经分析认为没有进一步拆分和分析的必要，于是将其与"密封件"组件合并。同时，学员结合经验和专利文本其他部分的内容认为，突出部具体还包括导向槽及摩擦部。接下来将根据专利系统组件列表和功能结构关系，绘制本专利的第一版功能模型图（见图8-3）。

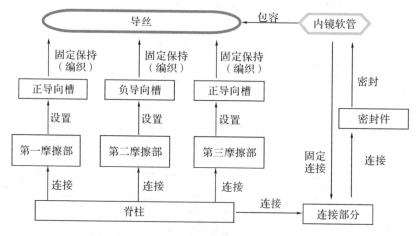

图8-3　专利系统功能模型（第一版）

点评：绘制专利功能模型图时，确实建议把功能不同的相同组件逐个画出。但在本案例中，经过分析，发现3个突出部的功能没有什么不同。同时，我们还发现把突出部拆成导向槽及摩擦部也没有必要,所以在第二版功能模型图中就把 3 个突出部合并为 1 个突出部来简化模型图。另外通常情况下,我们都不研究超系统组件间的作用,因为我们无法对超系统组件进行删除和重新设计,所以本例中内镜软管和对象导丝两个超系统组件可以简化为一个对象——软管容纳的导丝。精简后的功能模型如图 8-4 所示。

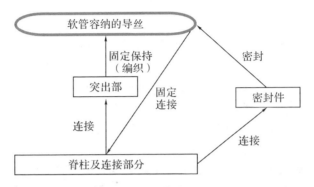

图 8-4　精简后的功能模型

点评:通过比较两版功能模型图可以发现,第二版保留了第一版的全部信息,同时组件数量精简了近 2/3。当然功能模型图的画法不是唯一的,但无论怎么画,都是为了提高分析问题的便捷性,既要把重要的功能和组件全包含进去,又要做到重点突出。下一步是专利系统失效分析。根据专利系统失效分析结果,最终绘制本专利负面功能模型图(见图 8-5)。

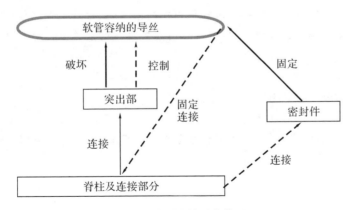

图 8-5　专利失效功能模型

点评:根据专利失效分析结果,从负面功能模型图中提取了 5 个负面功能,其中 3 个不足作用,2 个有害作用。下面给出专利功能分析结论。

2.5 专利功能分析结论

根据专利失效分析结果,从负面功能模型图中提取了 5 个负面功能。

负面功能 1:具有多个交叉的(正负方向)的突出部(具体是导向槽),将导丝在多个延伸方向上(至少 3 个)摩擦固定,使导丝纵向无法移动,导向槽一定程度上也限制了导丝的横向移动(不足作用);

负面功能 2:突出部(导向)槽摩擦接触导丝(多个方向),造成导丝表面包覆的亲水涂层破损或脱落(有害作用);

负面功能 3:密封件连接内镜导向管(内镜软管)口端,使导丝及软管固定在入口方向(有害作用);

负面功能 4:密封连接部通过卡合连接到内镜软管口,造成卡合不紧,容易松掉,导致固定不稳(不足作用);

负面功能 5:密封盖和密封连接部分开装配,装配及安装操作繁琐(不足作用)。

经验与点评:专利失效功能模型图中的所有负面功能,无论有害、不足还是过度都要汇总到本 PPT 模板"专利功能分析结论"这一页中,通常我们会在所有负面功能中选取 3~5 个重要的负面功能作为专利破解的突破点在后续做重点分析,专利破解突破点可加粗显示。后续所有的破解工具,无论组件层面、功能层面还是进化层面都是围绕突破点展开的。本案例中负面功能 1 和负面功能 2 作为专利破解的突破点。

此外对于负面功能 1,突出部限制了导丝的横向和纵向移动,有读者会说这不是过度作用吗?实际上,通过深入分析可以发现,突出部依靠摩擦力一方面限制了导丝的移动,另一方面也无法保证固定的效果,也就是说仅靠摩擦力既不能让导丝"不动",也无法保证导丝"移动",所以更准确的表达应该是对导丝位置的"控制不足"。

后面将围绕问题突破点进行破解,首先是组件层面的破解。

3 组件破解以及功能破解

3.2 组件破解产生方案

根据相应操作步骤,具体破解结果如表 8-2 所示,共产生 6 个解决方案。

表 8-2 组件层次专利破解

操作方法	操作维度	具体操作	形成概念方案(idea)
减组件 (R-7)	5 材料维度	利用虚无 物质	方案 1:针对负面功能 1,去掉脊柱及其对应的突出部结构,将密封部结构外周设置为具有锁定导丝的装置,外周设置多个挂钩,相邻的挂钩方向不同,且第一个挂钩方向朝向下方(利用方向不同,摩擦受力不同,多个交叉受力方向,实现导丝锁定)
换组件 (S-10)	3 功能维度	反向作用	方案 2:针对负面功能 1,将其向上延伸摩擦锁定改为向下延伸摩擦锁定,即导丝绕到内镜端口下方进行摩擦固定,向下的设计可以防止在密封时由于向一侧外突出方向受力,容易导致松动的问题(实现紧固密封,防止松动、不稳定,且增加了医生操作的视野和空间)
换组件 (S-28)	6 形态维度	状态和参 数变化	方案 3:针对负面功能 1 和负面功能 2,改变脊柱的结构,采用大圆弧或圆柱形结构,设置导引槽,导引槽采用摩擦力大的橡胶材质,在末端设置摩擦卡扣(由于已经是大圆弧方向的导引,且属橡胶材质,方向已经改变,只需要在末端设置一个限位即可实现锁定),且能够防止导丝包覆亲水涂层被损坏
加组件 (A-26)	4 能量或场 维度	构造场	方案 4:针对负面功能 1,固定导丝分别设置一个容纳部(限定部)和卡紧部(换方向),将脊柱及突起和导引槽变为一个可旋转的旋转阀把手(双层),中间空作为连接内镜管口,伸出的空腔其中有一个与孔具有通道,导丝固定时,旋转上一层旋钮,将导丝的轴向力转化为横向力,实现锁定
加组件 (A-30)	4 能量与场 维度	引入磁性 物质	方案 5:针对负面功能 1,加入电磁场,通电使导向槽内部具有磁性,将导丝电磁力吸紧
加组件 (A-41)	5 材料维度	间接方法 引入物质	方案 6:针对负面功能 2,导向槽内添加橡胶等弹性材质表面,防止磨损导丝表面

点评:根据专利功能分析结论,运用末端补救进行专利破解,并填写 PPT 模

板中4.1部分的表格。

4.专利效应破解

4.1 运用效应库进行末端补救

运用效应库进行末端补救，见表8-3。

表8-3　运用"末端补救"进行专利破解

A 序号	B 负面功能	C 如何消除负面功能	D 属性表达
1	负面功能1：保持器使导丝多个方向受力，造成导丝压弯，破坏其移动的顺滑性	弯曲固体	增加力 减少摩擦力
2	负面功能2：保持器正负导引槽损害导丝表面，亲水涂层破坏	保护固体	减少力 减少硬度

点评：进行事后补救时，清除负面功能1为什么是"弯曲固体"呢？因为编织的导丝与突出部的导引槽贴得太紧，如果导丝能够产生一定的弯曲，移动起来就会更顺滑。从属性角度分析，如果拉的力再大一些，受到的摩擦力再小一些，移动起来也会更顺滑。查找功能和属性库不要只局限于一个思路，尤其是末端补救时。以上都是在不改变工作原理的前提下，通过加入之前没有的新功能/操作（弯曲、加大力或润滑即减小摩擦力）来消除问题，所以属于末端补救措施。对于负面功能2，导引槽会磨坏导丝表面，那么很自然能够想到用"保护固体"来消除"磨坏"这个负面功能。从属性角度分析，就是减少摩擦力和硬度，更好地"保护固体"。

4.2　查询功能库并产生方案

方案7：针对负面功能1查询"弯曲固体"，可运用科学效应"H36双曲面：如图8-6所示，由双曲线绕其对称轴旋转而生成的曲面"形成概念方案，即采用双曲面结构，中间为通道口，两边为开阔的卡槽式设计，改善原有导向槽的形状。

方案8：针对负面功能1查询"弯曲固体"，可运用科学效应"I12膨胀性材料"形成概念方案，即导丝材质为膨胀性材料/热收缩性材料，在需要卡紧导丝时，加热该部分，该位置变粗，可以直接利用直径变化卡住导丝。

方案9：针对负面功能1和2，查询"弯曲固体"，可运用科学效应"K7打结，E10弹性"形成概念方案，即将保持器设置成可以打结固定在内镜管口的弹性材质，其上面设有多个导丝容纳台阶（类似皮带或是橡胶手环）。

方案10：针对负面功能2，查询"保护固体"，可运用科学效应"A20吸附＋A43阳极氧化、N15氮化、P48等离子喷涂、P56聚四氟乙烯、P64沉淀硬化"一

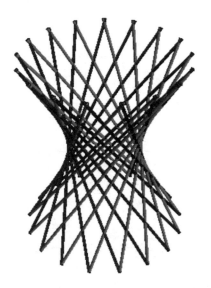

图 8-6　双曲线旋转形成双曲面示意

系列涉及表面处理的效应形成概念方案,即在<u>导丝表面镀一层亲水氧化膜</u>。

方案 11:针对负面功能 2,查询"<u>保护固体</u>",可运用科学效应"<u>G10 玻璃碳</u>"等一系列涉及表面处理的效应形成概念方案,即将<u>导丝材料改为玻璃碳,玻璃碳耐高温,耐腐蚀,常被用作电极材料或假肢器官的部件</u>。

方案 12:针对负面功能 2,查询"<u>保护固体</u>",可运用科学效应"<u>M10 磁性形状记忆合金</u>、<u>S19 形状记忆合金</u>、<u>S20 形状记忆聚合物</u>"等一系列涉及记忆合金的效应形成概念方案,即在<u>外加磁场或温度等其他条件的作用下,控制导丝的形变</u>,以适应对其灵活移动的要求。

方案 13:针对负面功能 2,查询"<u>保护固体</u>",可运用科学效应"<u>A54 拉胀材料</u>"形成概念方案,即<u>用拉胀材料做导丝,瞬间用力越大,材料横向膨胀就越厉害,就越不容易移动,既保护了导丝,对负面功能 1</u> 也有改善。

点评:效应库中提供了大量的知识,可以形成大量新颖性极强的方案,本案例只列举了其中一小部分。请大家务必耐心查询和尝试每一个效应,尤其是专业知识之外的效应,因为跨界的创意往往就隐藏其中。

4.2　查询属性库并产生方案

方案 14:针对负面功能 1 查询"<u>增加力</u>",可运用科学效应"<u>B20 滑轮,C20 凸轮</u>"形成概念方案,即将突出部设计为滑轮或凸轮结构,可以增加导丝移动的顺滑性。

方案 15:针对负面功能 1 查询"<u>增加力</u>",可运用科学效应"<u>E53 电致伸缩或</u>

M20 磁致收缩"形成概念方案,即将导丝用电致伸缩或磁致伸缩材料,在电场或磁场的作用下体积会变化,从而改善移动的顺滑性。

方案16:针对负面功能1查询"增加力",可运用科学效应"T13 热膨胀"形成概念方案,即导丝材质为膨胀性材料/热收缩性材料,在需要卡紧导丝时,加热该部分,该位置变粗,可以直接利用直径变化,卡住导丝。本方案同方案8。

方案17:针对负面功能1查询"减少摩擦力",可运用科学效应"R11 棘轮"形成概念方案,即将突出部设计为棘轮结构,既可以增加导丝移动的顺滑性,又使导丝不会反向移动,增加了导丝的稳定性。

方案18:针对负面功能2,查询"减小力",可运用科学效应"C65 逆压电效应、D6 形变、P66 压降"形成概念方案,即将保持器设定为压板(且为具有逆压电效应的材料),当将导丝放入时,压板通电,产生变形直接将导丝挤压紧,从而固定,需要移动时断电,导丝可以灵活移动,不会受损伤,这样同时改善了负面功能1和2。

方案19:针对负面功能2,查询"减小力",可运用科学效应"A54 拉胀材料或A55 拉胀结构"形成概念方案,即将导丝用拉胀材料制作,移动时拉动导丝,开始产生膨胀卡紧,从而固定,也是既保证导丝可以灵活移动,又不会受损伤,同时改善了负面功能1和2。

方案20:针对负面功能2,查询"减少硬度",可运用科学效应"E10 弹性"形成概念方案,即将保持器多个突出部设置为弹性材料(无须设置导向槽),突出部受力发生形变,产生黏性和弹性,从而固定锁紧,且不会损坏导丝。

方案21:针对负面功能2,查询"减少硬度",可运用科学效应"G6 凝胶"形成概念方案,即将保持器多个突出部设置为凝胶材料(无须设置导向槽),突出部受力发生形变,产生黏性和弹性,从而固定锁紧,且不会损坏导丝。

4.4 运用效应库进行源头治理

运用效应库进行源头治理,如表8-4所示。

表 8-4　运用"源头治理"进行专利破解

A 序号	B 负面功能	C 对应的正常功能	D 属性表达
1	负面功能1:保持器使导丝多个方向受力,造成导丝压弯,破坏其移动的顺滑性	保持固体	稳定位置
2	负面功能2:保持器正负导引槽损害导丝表面,亲水涂层破坏	保持固体	稳定位置

点评：源头治理的主要思路就是通过查询效应库改变有用功能的执行方式。如前分析，对负面功能1和负面功能2，想要执行的有用功能其实就是控制导丝的移动，查功能库后发现具体可以分为两个功能：一是移动，二是保持（即固定）。因目标专利的重点在于保护固定导丝的方式，经分析确定事先预防策略的重点在"固定导丝"，相应的属性表达是稳定位置。也就是说我们希望在不引入新功能/操作的情况下，寻找一种新的固定导丝的方式。在新的方式中，既可以固定导丝，又可以在导丝灵活移动时完全不会损害导丝。查询效应率，引到方案22～26。

方案22：针对负面功能1和负面功能2，查询"保持固体"，可运用科学效应"A17 黏合剂F13 铁磁性"形成概念方案，即将保持器导向槽设置成有黏合剂/具有铁磁性，可以粘住或吸住导丝。

方案23：针对负面功能1和负面功能2，查询"保持固体"，可运用科学效应"M29 机械紧固件"形成概念方案，即一对卡紧板，上设有引导台阶及对应导丝的卡槽（直径等于或小于导丝直径），卡紧位置对应颜色对应。

方案24：针对负面功能1和负面功能2，查询"保持固体"，可运用科学效应"M29 机械紧固件"形成概念方案，即导丝通道口内设有密封卡钩，即只允许进不允许出的结构。

方案25：针对负面功能1和负面功能2，查询"保持固体"，可运用科学效应"G5 壁虎脚刚毛阵列"形成概念方案，即在保持器接触导丝的面上设置防壁虎脚刚毛阵列的磁性材质，进行吸附锁定。

方案26：针对负面功能1和负面功能2，查询"稳定位置"，可运用科学效应"F54 漏斗"形成概念方案，即如所示，可设定大口径漏斗或大口径偏心漏斗（防止阻挡医生视线），漏斗口上设置几个卡槽，一边或圆周上，将导丝定位。可以防止受力不稳，以及与内镜软管口连接不稳的问题。

点评：通过比较末端干预和源头治理两种不同策略产生的方案可以发现，源头治理策略产生的方案突破性往往更强一些，在某种程度上完全颠覆了系统的原有形态，这是因为源头治理策略从根本上改变了系统的工作原理，因此是产生四级甚至五级专利的重要来源之一。

5.2 专利进化产生方案

在上文对专利系统分析的基础上，根据专利进化问答表格的提示，填写表8-5。

图 8-7 大口径偏心漏斗示意

表 8-5 专利进化问答表格

序号	技术系统进化路线	专利产品现在所处的发展阶段	概念方案
3	执行子系统完备	导丝锁定方式不完善,需要增加辅助锁定设备	方案27:导丝锁定保持器增加器械锁定功能或固定功能,即设置一个专门卡定器械手柄的大卡槽,或挂钩
4	控制子系统完备	锁定方式不完善,控制子系统完备性不足	方案28:内镜管口上直接设置锁定方式,不以附件的形式存在,即内镜管口上具有专门卡槽锁定导丝
9	结构协调	结构不合理,导丝保持器受力不均匀	方案29:内镜管口上安装的导丝保持器均匀分布在圆周,不会造成受力不均
12	子系统之间协调	系统之间缺乏联系,反馈不足,无法协同工作	方案30:增加导丝是否锁紧的反馈,即如果锁紧,会有颜色位置对应或是某个机构成为第二个动作表现

6 方案汇总与评价

6.1 产生的概念方案汇总

根据解题过程,可以将产生的全部概念方案汇总(见表 8-6),并对具体方案的实用性、新颖性和创造性进行评估。

表 8-6 概念方案汇总表

序号	方案简要描述	所用工具	新颖	创造	实用
1	去掉脊柱及其对应的突出部结构,将密封部结构外周设置为具有锁定导丝的装置	减组件	中	中	中
2	将其向上延伸摩擦锁定改为向下延伸摩擦锁定,防止在密封时突出方向受力导致松动的问题	换组件	中	中	高
3	改变脊柱的结构,采用大圆弧或圆柱形结构	换组件	中	中	高
4	将导丝分为容纳部和卡紧部	加组件	中	中	中
5	加入电磁场,通电使导向槽内部具有磁性,将导丝电磁力吸紧	加组件	高	高	中
6	导向槽内添加橡胶等弹性材质表面,防止磨损导丝表面	加组件	中	中	高
7	采用双曲面结构,中间为通道口,两边为开阔的卡槽式设计	功能库	中	中	高
8	运用膨胀性材料或热收缩性材料作为导丝,在加热时可以卡住导丝	功能库	高	高	中
9	将保持器设置成可以打结固定在内镜管口的弹性材质,其上设有多个导丝容纳台阶	功能库	中	中	高
10	导丝表面镀一层亲水氧化膜	功能库	中	中	高
11	引入玻璃碳	功能库	中	中	高
12	引入记忆合金和温度场、磁场控制	功能库	中	中	高
13	用拉胀材料作为导丝	功能库	中	中	高
14	突出部设计为滑轮或凸轮结构	属性库	中	中	中
15	将导丝用电致伸缩或磁致伸缩材料	属性库	中	中	高
16	导丝材质为膨胀性材料/热收缩性材料	属性库	高	高	中
17	将突出部设计为棘轮结构	属性库	高	高	高
18	将保持器设置为压板(且为具有逆压电效应的材料)	属性库	高	中	中
19	将导丝用拉胀材料制作	属性库	中	中	中
20	将保持器多个突出部设置为弹性材料	属性库	中	中	中
21	将保持器多个突出部设置为凝胶材料	属性库	中	中	中

续表

序号	方案简要描述	所用工具	新颖	创造	实用
22	将保持器导向槽设置成有黏合剂/具有铁磁性	功能库	高	中	高
23	一对卡紧板,上设有引导台阶及对应导丝的卡槽	功能库	中	中	高
24	导丝通道口内设有密封卡钩,即只允许进不允许出的结构	功能库	中	中	高
25	在保持器接触导丝的面上设置防壁虎脚刚毛阵列的磁性材质	功能库	中	中	高
26	设定大口径漏斗或大口径偏心漏斗	属性库	高	高	高
27	导丝锁定保持器增加器械锁定功能或固定功能	专利进化	中	中	高
28	内镜管口上直接设置锁定方式,不以附件的形式存在,即内镜管口上具有专门卡槽锁定导丝	专利进化	中	中	高
29	增加导丝是否锁紧的反馈,即如果锁紧,会有颜色位置对应或某机构成为第二个动作表现	专利进化	中	中	高
30	内镜管口上安装的导丝保持器均匀分布在圆周,不会造成受力不均	专利进化	中	中	高

6.2 拟申请专利情况

根据上述 30 个概念方案,选择 5 个新颖性高、创造性强且具有显著实用性的方案作为主要保护特征,并将其他方案作为从属特征或附加创新点纳入对应的创意保护方案。因涉及企业机密,具体专利细节不在此展开,我们将在下一个案例中具体讲解如何把概念方案转化为专利方案。最终,本案例综合专利查新结果共申请了 5 个发明专利(见表 8-7)。

表 8-7　拟申请专利情况列表

序号	拟申请专利名称	拟申请类型
一	一种向上设定内镜软管口的漏斗形导丝保持器	发明专利
二	一种带导丝腔的双向螺旋盘形可锁定的导丝保持器	发明专利
三	一种具有导引突起的弹性材质导丝保持器	实用新型
四	一种通电或磁性环境下自锁紧的导丝保持器	发明专利
五	一种内窥镜软管通道口用于锁定导丝的卡定槽	发明专利

8.2　案例二:"浓缩污泥的二次浓缩釜及其污泥处理方法"的破解

本节以"浓缩污泥的二次浓缩釜及其污泥处理方法"为例,旨在重点说明如何将概念解转化为专利申请方案。

1.专利背景分析

1.1　专利的背景技术描述

技术领域:本申请涉及一种浓缩污泥的二次浓缩釜及其污泥处理方法,用于污泥处理。

背景技术:污水处理厂的浓缩污泥含水率都很高,含水率一般为95%～98%,浓缩污泥为近似糊状,且体积仍然很大,给其后续处理及处理过程中的输送都带来一定的不利。为了便于进一步减量化处理和综合利用,需对其进行二次浓缩处理,本申请涉及对浓缩污泥的二次浓缩处理设备。

所要解决的技术问题:本发明能有效降低浓缩污泥的含水率,便于污泥的进一步减量化处理和综合利用,具有结构简单、设计合理、连接紧密、稳定性高、投资小、建设期短、运行成本低、能耗低等优点。

1.2　专利的具体实施方式

一种浓缩污泥的二次浓缩釜包括釜体以及固定在釜体上的搅拌系统,其特征在于:所述釜体由顶板、侧板、底板、侧滤板和下滤板组成;釜体包括固定在釜体顶部的顶板与固定在釜体两侧的侧板,以及固定在釜体下部的底板,釜体的内侧中竖向固定有侧滤板,釜体的下侧横向上固定安装有下滤板;所述搅拌系统由搅拌电机、减速机和框式搅拌桨组成;减速机固定在釜体顶部的顶板上,搅拌电机固定安装在减速机上,减速机下部的转轴上固定安装有框式搅拌桨。所述釜体的顶板上部的右侧设有浓缩污泥入口,顶板上部的左侧设有药剂入口。所述釜体上部固定安装有用于检测釜体内部污泥位置的液位计。所述釜体的侧板左侧下部设有清液出口。所述釜体内部设有环绕有侧滤板,釜体的底部固定安装有下滤板,所述下滤板的右端上设有二次浓缩污泥出口。

如图8-8所示,所述釜体的顶板上部的右侧设有浓缩污泥入口,顶板上部的左侧设有药剂入口。所述釜体上部固定安装有用于检测釜体内部污泥位置的液位计。所述釜体的侧板左侧下部设有清液出口。所述釜体内部设有环绕有侧滤板,釜体的底部固定安装有下滤板,所述下滤板的右端上设有二次浓缩污泥出口。所述侧滤板 1j 和下滤板 1h 均为双层滤板结构,双层滤板之间设有一层网式滤布,滤布孔径为 2～100 目。所述的下滤板与底板之间设有多条竖向支撑的加强板,下滤板与底板的夹角之间固定设有加固块。所述框式搅拌桨伸入至釜体的内部中。

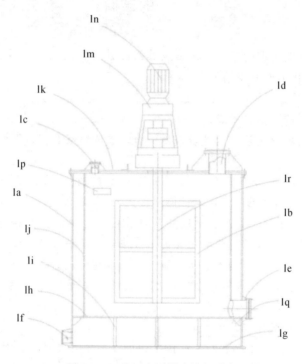

图 8-8　一种二次污泥浓缩釜示意

通过对目标专利进行文本分析,得到如下结果。

1.3　专利的权利要求

一种浓缩污泥的二次浓缩釜包括**釜体**以及**固定**在釜体上的**搅拌系统**,其特征在于:所述釜体由**顶板**、**侧板**、**底板**、**侧滤板**和**下滤板组成**;釜体包括**固定**在釜体**顶部的**顶板与固定在釜体**两侧的**侧板,以及**固定在釜体下部的底板**,釜体的内侧中**竖向**固定有侧滤板,釜体的**下侧横向上**固定安装有**下滤板**;

所述搅拌系统由**搅拌电机**、**减速机**和**框式搅拌桨**组成;

减速机固定在釜体顶部的顶板上,搅拌电机固定安装在减速机上,减速机**下部的**转轴上固定**安装**有框式搅拌桨。

2.2　专利系统组件列表

本系统的作用对象是:浓缩污泥;

本系统的主要目标是:浓缩釜减低污泥含水量。

根据系统分析结果填写专利系统组件列表(见表8-8),列表包含5个超系统组件:浓缩污泥、操作人员、浓缩污泥输送系统、二次浓缩污泥接收系统、清液接收系统,系统组件包括浓缩釜釜体、搅拌系统、液位计等。

表8-8 专利系统组件列表

超系统组件	组件	子组件
浓缩污泥、操作人员、浓缩污泥输送系统、二次浓缩污泥接收系统、清液接收系统	釜体	顶板、侧板、底板、侧滤板和下滤板
	搅拌系统	搅拌电机、减速机和搅拌桨
	液位计	

根据专利系统组件列表和功能结构关系,绘制本专利的功能模型图初稿(见图8-9)。

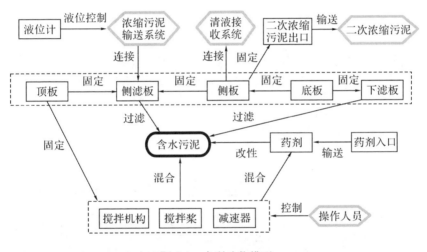

图 8-9 专利功能模型

根据专利系统失效分析结果,绘制本专利负面功能模型图初稿(见图8-10)。

点评:如图8-10可知,系统共存在16个负面功能,但通过进一步分析,无论从专利产出还是成本考虑,釜体及搅拌机构都难以进一步改进,因此考虑精简模型图,得到负面功能模型图终稿(见图8-11)。

2.5 专利功能分析结论

根据专利负面功能分析结果,提取出以下12个负面功能,分别如下。

负面功能1:液位计控制不足,致使因浓缩污泥进料过量而溢料(不足作用);

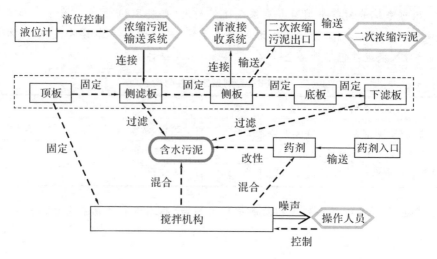

图 8-10 专利系统负面功能模型图初稿

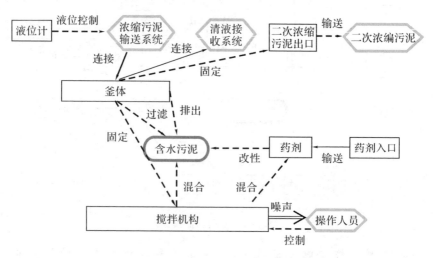

图 8-11 专利系统负面功能模型图终稿

负面功能 2：浓缩污泥中含有硬物，导致进料输送时釜体（主要是侧滤板）被硬物磨损（有害作用）；

负面功能 3：釜体（主要是侧滤板）孔径小、孔数少，致使二次浓缩污泥出料助力大，出料不畅（不足作用）；

负面功能 4：搅拌系统动力过大、重量过大，致使顶板对搅拌系统固定不牢（不足作用）；

负面功能 5：搅拌系统噪声过大，影响操作人员健康（有害作用）；

负面功能 6：搅拌系统扰动效果不佳，影响釜体（侧滤板、下滤板）脱水效果（不足作用）；

负面功能 7：搅拌系统搅拌效果不佳，致使釜体（主要是下滤板）结垢并影响过滤效果（不足作用）；

负面功能 8：搅拌系统混合效果不佳，药剂分散不均匀，导致因局部药剂浓度过大而使二次浓缩污泥结团、粒径过大（不足作用）；

负面功能 9：搅拌系统混合效果不佳，药剂分散不均匀，影响浓缩污泥脱水效果（不足作用）；

负面功能 10：二次浓缩污泥出口出料不畅（不足作用）；

负面功能 11：操作人员对搅拌系统控制不当，使搅拌强度过大或过小，影响脱水效果（不足作用）；

负面功能 12：介于侧滤板与侧板之间的二次浓缩污泥出料通道为水平通道，易致出料不畅（不足作用）。

点评：本专利通过失效分析得到的负面功能较多，且比较零散，经过进一步分析，可以将所有负面功能分为以下 5 组。

（1）溢料问题

负面功能 1：液位计控制不足，致使因浓缩污泥进料过量而溢料。

（2）出料不畅问题

负面功能 3：釜体侧滤板孔径小、孔数少，致使二次浓缩污泥出料助力大，出料不畅。

负面功能 10：二次浓缩污泥出口出料不畅。

负面功能 12：介于侧滤板与侧板之间的二次浓缩污泥出料通道为水平通道，易致出料不畅。

（3）搅拌问题

负面功能 7：搅拌系统搅拌效果不佳，致使釜体的下滤板结垢并影响过滤效果。

负面功能 8：搅拌系统混合效果不佳，药剂分散不均匀，导致因局部药剂浓度过大而使二次浓缩污泥结团、粒径过大。

（4）侧滤板磨损

负面功能 2：浓缩污泥中含有硬物，导致进料输送时侧滤板被硬物磨损。

（5）其他问题（相对不重要）

负面功能 4：搅拌系统动力过大、重量过大，致使顶板对搅拌系统固定不牢（不足作用）。

负面功能 5：搅拌系统噪声过大，影响操作人员健康（有害作用）。

负面功能6：搅拌系统扰动效果不佳，影响釜体（侧滤板、下滤板）脱水效果（不足作用）。

负面功能9：搅拌系统混合效果不佳，药剂分散不均匀，影响浓缩污泥脱水效果（不足作用）。

负面功能11：操作人员对搅拌系统控制不当，使搅拌强度过大或过小，影响脱水效果（不足作用）。

本着有限目标的原则，我们在前4组相对重要的问题中每组各选取1个主要的负面功能，作为专利破解的突破点。

突破点1：液位计控制不足，致使因浓缩污泥进料过量而溢料（原负面功能1），简称溢料问题；

突破点2：当浓缩污泥中含有硬物时，会导致进料输送时侧滤板被硬物磨损（原负面功能2），简称磨损问题；

突破点3：搅拌系统混合效果不佳，药剂分散不均匀，导致因局部药剂浓度过大而使二次浓缩污泥结团结块、粒径过大（原负面功能8），简称结块问题；

突破点4：介于侧滤板与侧板之间的二次浓缩污泥出料通道为水平通道，易致出料不畅（原负面功能15），简称出料问题。

在功能模型图上圈出所选问题的突破点（见图8-12）。通常我们选择问题突破点的顺序是：对于负面功能，先选主要功能，次选附加功能，最后选重要的辅助功能。由图8-12可以看出，本案例所选问题的突破点都是系统主要功能和附加功能。

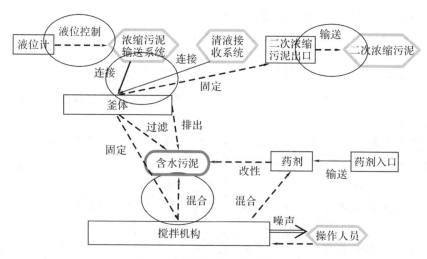

图8-12 问题突破点选择的示意

然后围绕问题突破点分别开展组件、功能和专利层面的破解。

3.2 组件破解产生方案

针对突破点2"磨损"问题产生的破解方案如下。

方案1：运用组件破解模式<u>换组件</u>，将浓缩污泥入口由原来的<u>直通式入口换为末端装有滤板的入口（滤板式）</u>。

方案2：运用组件破解模式<u>加组件</u>，在浓缩污泥入口管内新加内衬滤网。

针对突破点3"结块"问题产生的破解方案如下。

方案3：运用组件破解模式<u>加组件</u>，在框式搅拌桨下框下边缘处设置活动型刮板。

方案4：运用组件破解模式<u>换组件</u>，把双层框式搅拌桨换成双层涡轮搅拌桨（上层弯叶、下层折叶），使上层弯叶涡轮搅拌桨产生径向混合效果，下层折叶涡轮搅拌桨产生轴向混合效果，防止底部结垢。

针对突破点4"出料"问题产生的破解方案如下。

方案5：运用功能破解模式<u>加组件</u>，在浓缩污泥进泥管路上设置供压系统，通过对物料的加压作用（功能），不仅提高了出料效果，而且可使整个二次浓缩釜釜体系统处于微正压环境下，从而改善脱水效果。

方案6：运用功能破解模式<u>加组件</u>，在二次浓缩污泥出料管路上设置抽真空系统对物料进行抽吸，不仅提高出料效果，而且可使整个二次浓缩釜釜体系统处于微负压环境下，从而改善脱水效果，防止无组织废气排放。

点评：除问题突破点1溢料问题组件层面设有特别创新的方案外，分别针对另外3个突破点产生了6个破解概念方案。

随后，针对上述4个突破点，运用效应库进行功能层面的破解。

4.1 运用效应库进行末端补救

运用末端补救的思路，将上述4个突破点分别转化予以破解（见表8-8）。

表8-8 运用效应库进行末端补救

A序号	B负面功能	C如何消除负面功能	D属性表达
1	液位计控制不足（溢料）	检测液体	测量位置
2	侧滤板被硬物磨损	保护固体	增加强度
3	二次浓缩污泥结团结块	破坏/去除固体	减少黏度
4	出料不畅	移动液体	改变位置

点评：

突破点1溢料问题是液位计组件的主要功能"测量"出了问题，同样突破点

4 出料不畅问题也是出料通道组件的主要功能"出料"出了问题,因此针对这两个突破点,事中事后干预与事先预防的思路是一致的,所以事中事后干预与事先预防这前后两个表的内容是一致的。所得方案详见下一节。

针对突破点 2"磨损"问题,事中事后补救的思路应该是通过效应库构建方案保护侧滤板使其不再被磨损,侧滤板是固体,因此"消除负面功能"应该在功能效应库中查询"保护固体"。但同时学员起初将使侧滤板不被磨损用属性表述为"增加强度",这个乍看上去似乎也没问题,但在实际查询属性效应库时却没查到合适的效应。这是因为"属性"选择得不准确,正确的"属性"应该选"硬度",所以正确的属性表述应该是"增加硬度"。"硬度"和"强度"是有区别的(见表 5-4)。强度是指材料在外力作用下抵抗永久变形和断裂的能力,是衡量材料本身承载能力(即抵抗失效能力)的重要指标,强调的是可靠性即不能失效。而硬度是材料局部抵抗硬物压入其表面的能力。在本例中,应该选择"硬度"而不是可靠性即"强度"。

针对突破点 3"结块"问题,事中事后补救的思路应该是通过效应库构建方案减少结块的影响,结块是固体,但学员起初所写的"消除负面功能"在功能效应库中查询"破坏/去除固体"是有问题的,即便也找到了几个有用的效应。因为本例中重点不在破坏或去除,事实上也去除不掉,更客观的操作应该是"分离",即把结块"变小",所以"消除负面功能"应该在功能效应中查询"分离固体"。类似的还有学员把减少结块用属性表述为"减少黏度",黏度是指流体对流动所表现的阻力,这与减少结块没有太大关系。不如选择"增加力",通过查询属性库查找能够增加力把结块打碎打小的方案。

经与学员沟通后,修改后的表格如表 8-9 所示。

表 8-9 修改后的末端补救表格

A 序号	B 负面功能	C 如何消除负面功能	D 属性表达
1	液位计控制不足(溢料)	检测液体	测量位置
2	侧滤板被硬物磨损	保护固体	增加硬度
3	二次浓缩污泥结团结块	分离固体	增加力
4	出料不畅	移动液体	改变位置

按修改后的表格查询效应库,得到末端补救方案 7~8。

方案 7:查询"分离固体",可运用科学效应"C91 旋风式离心机"形成概念方案,即把过滤筒体由原来的静止式改为逆向离心旋转式,下沉的固体物料受到离心力作用而向外运动,防止固体物质在下滤板中心部位的沉积、结垢(需要对出料口位置进行重新布局:把出料口位置改为设置于下滤板中心位置)。

方案8：查询"分离固体"，可运用科学效应"S10分割"形成概念方案，即将原单一进料口改为多布点、多方向、多角度、分区域，使药剂投加时药剂流量分散，以利于药剂均匀分布，避免药剂浓度局部过大。

点评：突破点1和突破点4采用事中事后干预和事先预防两个思路得到的方案是一致的，都放在下一节。因此本节重点解决突破点2和突破点3。但学员对效应库的应用还是不够充分，仅利用功能库对突破点3产生了2个方案。实际上对突破点2，查询功能库"保护固体"得到A48拱形，可将侧滤板设计为拱形的曲面结构，与后面的方案11思路类似。查询"增加硬度"可得到对侧滤板材料进行硬化处理的一系列效应，如C11碳氢共渗、C12渗碳、C14表面硬化、C44镀膜、C48冷加工、E46电镀、H9热处理等。同时针对突破点3，也可查询"分离固体"得到U2超声波振动、W9楔、B30巴西果效应等可用来构建方案的有用效应，读者可以自行尝试。

4.4 运用效应库进行源头治理

运用源头治理的思路，将上述4个突破点分别转化为最初的表格（见表8-10）。

表8-10 运用效应库进行源头治理

A 序号	B 负面功能	C 对应的正常功能	D 属性表达
1	液位计控制不足	检测液体	测量位置
2	侧滤板被硬物磨损	保持液体	稳定位置
3	二次浓缩污泥结团结块	混合液体	增加同质性
4	出料不畅	移动液体	改变位置

点评：如前所述，突破点1和突破点4两种思路是一样的，不再赘述，重点比较突破点2和突破点3两种思路的不同。对于突破点2"磨损"，不同于末端补救中"保护侧滤板不被磨损"的思路，源头治理思路所考虑的是：侧滤板的正常功能是什么？如何在查找效应库产生新的方案执行侧滤板正常功能的同时又不会发生"磨损"？侧滤板的正常功能当然是盛放待浓缩污泥，待浓缩污泥是液体，学员最初选择"保持液体"，事实上更准确的应该是"约束液体"。两者的区别在于"保持"是指维持状态使不消失不减弱，"约束"是指对物体的限制。本例中当然是"约束"更准确些。因此属性表达为"稳定位置"是正确的，与"约束液体"是协调的。

对于突破点3"结块"，不同于事中事后干预中"打碎或减小结块"的思路，事先预防思路所考虑的是如何让污泥与药剂正常反应从而从根本上不产生结块。操作对象待浓缩污泥是液体，学员最初认为正常功能是"混合液体"，但这明显是不对的,把固体药剂或药剂粉末加入液态的待浓缩污泥肯定不应该是"混合液体"。"改变液体"明显要更准确,因为加药剂就是要改变液态的待浓缩污泥状态使其不结块。属性表达"增加同质性"是非常准确的,就是希望都是液体,少点固体结块。因此查找效应时千万不能望文生义,要认真对照动词和属性的定义,确保查找到正确有效的效应。

经与学员沟通,表格最终修改如表 8-11 所示。

表 8-11 修改后的事先预防表格

A 序号	B 负面功能	C 对应的正常功能	D 属性表达
1	液位计控制不足	检测液体	测量位置
2	侧滤板被硬物磨损	约束液体	稳定位置
3	二次浓缩污泥结团结块	改变液体	增加同质性
4	出料不畅	移动液体	改变位置

针对突破点 3 下滤板中心结垢,查询效应库,得到如下方案。

方案 9:查询"改变液体",可运用科学效应"F24 流体喷雾"形成概念方案,即在药剂进料口末端设置喷嘴,使药剂分散均匀,增加药剂与污泥接触表面积,有效避免药剂浓度局部过大的问题。

针对突破点 4 出料不畅,查询效应库,得到如下方案。

方案 10:查询"移动液体",可运用科学效应"15 斜面"形成概念方案,即把原来水平的出料通道改为向下倾斜的斜面出料通道,使待出之泥以非垂直的方式移动,减小污泥移动过程所需的力,提升出料效率,解决出料不畅的问题。

方案 11:查询"改变位置",可运用科学效应"S53 球状体"形成概念方案,即把下滤板由原来的平板式改为中心部位凸起的曲面式结构,使下沉的固体物料受到重力作用而向四周扩散,避免固体物质在下滤板中心部位的沉积、结垢。

方案 12:查询"改变位置",可运用科学效应"P80 泵"形成概念方案,即在出料口处设置泵,利用泵的输送动力提升出料效率,解决出料不畅问题。

点评:学员虽然运用事先预防思路得到了 4 个解决方案,但对效应库的应用还是不够充分。实际上对突破点 1"溢料",查询功能库"检测液体"得到 P26 摄影,查询"测量位置"可得到 P2 视差、S16 阴影、S93 虹吸,以上效应都可能产生与现有检测装置工作原理完全不一致的新的检测装置。针对突破点 2"磨损",也可查询"稳定位置"得到 G5 壁虎刚毛阵列、G18 槽、N8 绒毛等可用来构建方案的有用效应。针对突破点 3,可查询"改变液体"得到 S43 声化学、S56 喷雾、U2 超声波等可用来构建方案的有用效应。针对突破点 4,查询"移动液体"得到 A50 阿基米德螺旋,查询"改变位置"得到 I10 注射器。以上效应如何构建概念方案,读者可以自行尝试。此外针对突破点 3,查询"增加同质性"除了可得到 A9 声空化、S18 振动等当前未用到的效应外,同时也能查到 F16 过滤、F19 絮凝、S63 搅拌等当前已经使用的效应,这说明效应库还是很强大的。

5.2 专利进化方案

在上文专利系统分析的基础上,根据专利进化问答表格的提示,填写表 8-12。

表 8-12 专利进化问答表格

序号	技术系统进化路线	专利产品现在所处的发展阶段	概念方案
3	执行子系统完备	现有装备的执行子系统完成率不足	方案 13:在现有仅接收处理含水率 99% 以上浓缩污泥的单釜系统中,增加一个可接收处理含水率 95% 左右浓缩污泥釜,进化为双釜串联系统;再增加一个可接收处理 90% 含水率浓缩釜,进化为三釜串联系统
4	控制子系统完备	现有系统的控制能力和监测能力不足	方案 14:将现有专利系统的无含水率在线检测改为有含水率在线检测,增加控制等级,提高生产效率
6	能量传输路径缩短,减少能量损耗	出料口较多,能量损耗较大	方案 15:将现有专利系统的单一出料口分割为多布点出料口,有利于降低出料阻力,提高出料效率,提高生产效率
9	结构协调	缺乏结构变化,未能充分利用系统的内部空间和形状构造	方案 16:将现有专利系统的平面式下滤板改为中间凸起的曲面式下滤板,实现几何结构的进化
10	性能参数协调	当前系统使用的材料性质较为接近,不利于进一步提升系统效能	方案 17:将现有专利系统釜体板材单一 PVC 材料改为侧滤板和下滤板为 PP 材料、其他釜体板材为 PVC 材料,以增强过滤系统材料的耐磨性、耐化学侵蚀性

续表

序号	技术系统进化路线	专利产品现在所处的发展阶段	概念方案
14	动态协调与蓄意反协调	子系统和组件的协调程度较高,性能发展受到制约	方案18:将现有专利系统的单一圆形筒壁改为在筒壁三分区域的每个边缘处设置成凸起曲边,增加系统的非对称性,提高对物料的扰动性,提高物料混合效果
16	向超系统进化,利用超系统已有资源	系统自动化程度低,缺乏对超系统的利用	方案19:将现有专利系统的手工检测含水率改为在线自动检测,设置含水率目标值,在线自动检测系统将含水率合格指令自动反馈给中控系统,中控系统接到反馈信息后向出料执行系统下达出料指令,出料执行系统自动启动出料操作程序,提升对系统的控制度,实现自动出料
20	提高动态性,增强系统可控性	动态性和可控性较差	方案20:将现有专利系统的无目标含水率提醒功能改为有目标含水率提醒功能,减少人为参与,提高对含水率检测结果的及时响应度

点评:在进化法则产生的方案中,方案13和方案18具有较高的新颖性和创造性,方案15、方案16和方案17具有一定的新颖性但创造性不足,方案14、方案19和方案20还需要提供具体方案才能进行评估。如果围绕上述方案申请专利,学员还需要在此基础上进行详细设计,收集实验数据,提供具体的实施方案,才有可能获得发明专利授权。

6 方案汇总及评价

6.1 产生的概念方案汇总

对产生的概念方案汇总如表8-13所示,并对方案的实用性、新颖性和创造性分别进行了评价。

表8-13　概念方案汇总

序号	方案简要描述	所用工具	实用	新颖	创造
1	直通式入口改为滤板式入口	换组件	高	中	中
2	直通式入口改为内衬滤网式入口	加组件	高	中	中
3	在框式搅拌桨下框下边缘处设置活动型刮板	加组件	高	高	高
4	双层框式搅拌桨换成双层涡轮搅拌桨	换组件	高	中	中

续表

序号	方案简要描述	所用工具	实用	新颖	创造
5	在进泥管路上设置供压系统	加功能	高	中	中
6	在出料管路上设置抽真空系统	加功能	高	高	中
7	过滤筒体由静止式改为逆向离心旋转式	效应库	高	高	高
8	将单一进料口改为多布点、多方向、多角度、分区域进料口	效应库	高	中	高
9	在药剂进料口末端设置喷嘴	效应库	高	中	中
10	水平出料通道改为向下倾斜的斜面出料通道	效应库	高	中	高
11	下滤板由平板式改为中心凸起曲面式	效应库	高	中	高
12	在出料口处设置泵	效应库	高	中	高
13	单釜系统改为三釜串联系统	进化	高	中	中
14	无含水率在线检测改为有含水率在线检测	进化	高	中	中
15	无目标含水率提醒功能改为有目标含水率提醒功能	进化	高	中	高
16	单一出料口分割为多布点出料口	进化	高	中	中
17	单一圆形筒壁改为在筒壁三分区域的每个边缘处设置成凸起曲边	进化	高	高	高
18	手工检测含水率改为在线自动检测、反馈、出料	进化	高	高	高
19	单一 PVC 材料改为侧滤板和下滤板为 PP 材料、其他釜体板材为 PVC 材料	进化	高	中	中
20	下滤板由平面式改为中间凸起的曲面式	进化	高	高	高

6.2 拟申请专利情况

本案例综合运用组件、功能和进化层面的破解工具得到了 20 个概念方案，把每一个方案都申请为专利不现实也不经济。那么，该如何组合概念方案，从而形成有效的专利申请创意呢？本书推荐一个方法供大家尝试。

针对问题突破点列表格，将所有概念方案进行分类（见表 8-14）。

表8-14　拟申请专利分类

序号	方案简要描述	溢料	磨损	结块	出料
1	直通式入口改为滤板式入口		√		
2	直通式入口改为内衬滤网式入口		√		
3	在框式搅拌桨下框下边缘处设置活动型刮板				√
4	双层框式搅拌桨换成双层涡轮搅拌桨			√	
5	在进泥管路上设置供压系统				√
6	在出料管路上设置抽真空系统				√
7	过滤筒体由静止式改为逆向离心旋转式	√			
8	将单一进料口改为多布点、多方向、多角度、分区域进料口			√	
9	在药剂进料口末端设置喷嘴			√	
10	水平出料通道改为向下倾斜的斜面出料通道				√
11	下滤板由平板式改为中心凸起曲面式		√		
12	在出料口处设置泵				√
13	单釜系统改为三釜串联系统				√
14	无含水率在线检测改为有含水率在线检测	√			
15	无目标含水率提醒功能改为有目标含水率提醒功能	√			
16	单一出料口分割为多布点出料口			√	
17	单一圆形筒壁改为在筒壁三分区域的每个边缘处设置成凸起曲边			√	
18	手工检测含水率改为在线自动检测、反馈、出料	√			
19	单一PVC材料改为侧滤板和下滤板为PP材料、其他釜体板材为PVC材料		√		
20	下滤板由平面式改为中间凸起的曲面式		√		

　　分类完毕后，可按两个思路组合专利创意：一是全面开花，即对每个突破点都选择一个概念方案，这样新专利中原来的若干痛点问题都得到了解决，这是最常用的一个选择方案的思路；二是一枝独秀，即只围绕一个突破点选择方案，专门解决原专利的某一痛点问题。本案例选择了第一种常用的思路。专利方案与所选的概念方案的对应关系如表8-15所示（数字为概念方案编号）。

表 8-15　专利方案与概念方案的对应关系

序号	综合方案描述	拟申请专利	溢料	磨损	结块	出料
1	智能回馈型浓缩污泥的二次浓缩系统	发明	18 智能回馈		4 涡轮搅拌桨	12 出料口设置泵,13 三釜串联系统
2	浓缩污泥的二次浓缩装置	发明		2 过滤式入口	9 喷雾进料	6 微负压系统,3 刮板
3	浓缩污泥的二次浓缩器	发明		19PP 材料,7 滤筒逆向离心旋转	8 多布点进料	5 供压
4	浓缩污泥的二次浓缩釜	发明	15 在线测含水率并提醒	11 曲面板	17 筒壁三分区凸起曲边	10 斜面出料

点评: 从表 8-14 中可以看到,本案例的 4 个专利方案都采用了 4 个概念方案,分配比较均衡。前 3 个方案解决 3 个突破点,但每个专利方案都有侧重,例如专利方案 1 和专利方案 2 侧重解决出料问题,所以选了两个与出料问题有关的概念方案,专利方案 3 则专攻磨损问题,选了两个与磨损问题有关的概念方案。最后一个专利方案比较均衡,4 个突破点都有涉及。

实际上,学员在课程结束 3 天后真的就正式申请了上述 4 个发明专利(见图 8-13)。

图 8-13　学员专利申请文件

09 专利侵权与技术交底书撰写

9.1 专利文本的结构

9.1.1 专利申请文本的内容

专利申请文本通常包含请求书、权利要求书、说明书摘要、说明书等几个部分。图 9-1 展示的是专利请求书的基本信息、专利摘要、摘要附图和权利要求书部分。

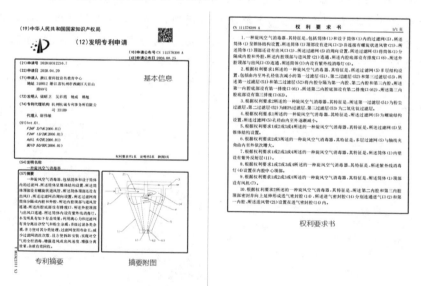

图 9-1　专利的摘要和权利要求书

图 9-2 展示的是专利的技术领域、背景技术和发明内容部分。

<table>
<tr><td>CN 111578398 A</td><td style="text-align:center">说　明　书</td><td style="text-align:right">1/5 页</td></tr>
</table>

一种旋风空气消毒器

技术领域

[0001]　本发明涉及空气净化技术领域,尤其涉及一种旋风空气消毒器。

背景技术

[0002]　随着生活节奏加快和人口迁徙速度提升,流行性呼吸疾病更容易借助空气和飞沫在人群中传播。现有中央空调设备、送风气道无法对空气进行消毒,导致含有粉尘、有害细菌、病毒的空气被空调送入房间内。在高传染性流行性呼吸疾病如 SARS、新冠病毒等等爆发时,被污染的空气极易随空调送风装置在不同区域内循环,造成交叉感染甚至大规模感染。现有的空气消毒设备大都采用滤网消毒,但传统滤网过滤导致空气流通效率不高、污染物难以处理、设备更换复杂等问题。空气中的污染物中灰尘粒度大小为 100μm 以上、粉尘为 30-50μm、霉菌和汽车尾气为 1-3μm、细菌和烟雾为 0.1-5μm、病毒为 1-20nm。由于这些污染源的粒径大小不一,一般过滤很难将其全部筛除。如果滤网孔径太大则导致大量污染物通过,过滤网孔径太小则导致大量污染物堆积在筛网表面,这两种情况都会影响了空气过滤效果。此外筛网过滤还存在空气流动快而导致消毒不彻底的结果。

[0003]　例如,一种在中国专利文献上公开的"一种紫外线消毒和 HEPA 过滤联用的新风消毒净化设备",其申请号为 CN201910927425.X,包括被风机支撑板分隔成进风腔和出风腔的并设有门板的壳体、设置在进风腔内的过滤组件和设置在出风腔内的离心风机;所述壳体的进风腔一侧设置进风口;所述壳体的出风腔一侧设置出风口;所述风机支撑板开设用于连通进风腔和出风腔的圆孔;所述壳体内还设有用于进行消毒的紫外线灯管。其不足之处是,此发明在空气流速较快时消毒不彻底,滤网不易发挥作用,污染物颗粒易堆积在滤筒表面,影响滤筒寿命。

发明内容

[0004]　本发明是为了克服现有技术的过滤效果不佳,污染物易堆积在滤网表面,空气流速较快时消毒不彻底的问题,提供一种旋风空气消毒器,有效分离污染物和洁净空气,滤网使用寿命长,空气处理效率高。

[0005]　为了实现上述目的,本发明采用以下技术方案:

一种旋风空气消毒器,包括筒体和设于筒体内的过滤网。所述筒体呈锥体结构设置,所述筒体顶部设有进风口并连接有螺旋状进风管。所述筒体顶部还设有出风口,所述过滤网沿周向设置。所述过滤网将筒体分隔成内腔和外腔,所述内腔顶部与进风管连通,所述内腔底部设有排废口,所述外腔顶部与出风口连通,所述筒体内设有紫外线消毒灯。

[0006]　本发明的特点在于通过设置锥体结构的筒体和过滤网,空气进入进风口通过螺旋状进风管后进入内腔形成旋转气流,旋转气流贴近并穿过过滤网到达外腔。其中一部分气流直接通过出风口排出,另一部分气流继续沿收缩锥体筒壁旋转下降且向消毒器中心靠拢。根据角动量守恒定律,其切向速度不断提高,当气流到达锥体下端某一位置时,即以同样的旋转方向由下反转向上继续做螺旋形运动,构成内旋气流上升,上升后受到新进入内

3

图 9-2　专利的说明书:技术领域、背景技术和发明内容

图 9-3 展示的是专利附图说明和具体实施方式部分,在文末还另附有具体示意图。

[0017]　作为优选,所述简体内壁设有紫外反射层。

[0018]　简体内壁设置紫外线反射薄膜,借助简体内的紫外线消毒灯,反射薄膜将全部紫外线灯光反射到整个空气消毒器内部,从而实现全过程紫外线消毒。

[0019]　作为优选,所述紫外线消毒灯设置在内腔中心顶部。

[0020]　位于内腔中心顶部的紫外线消毒灯能阻挡内旋气流上升,使其继续在顶部旋转并从出风口排出,且此位置消毒效果好,也能更好地被紫外反射层反射。

[0021]　作为优选,所述简体顶部设有风机。

[0022]　由于气流受过滤网阻挡会出现风速下降,影响出风的问题,为了增强风速,使更多进气部分进入外腔,并直接从出风口排出,风机可安装于进风口中或者出风口处。

[0023]　作为优选,所述第二内腔和第三内腔顶部密封并向上延伸形成进气密封腔,所述进气密封腔分别连通进风口和第一内腔,所述进风管设置在进气密封腔内。

[0024]　通过将第二内腔和第三内腔顶部密封,第一内腔上方也被进气密封腔密封,使得气流只能流向外腔并从出风口出风,分离效果好。

[0025]　因此,本发明具有如下有益效果:(1)通过设置锥体简体和螺旋式进风管,在简体内形成旋风,利用离心力和过滤网有效分离洁净空气和粉尘杂质;(2)通过设置多层过滤网多级过滤各类杂质,并方便对其分类处理;(3)通过设置锥体结构过滤网延长过滤网使用寿命;(4)通过设置螺旋式过滤网,增强分离效果;(5)通过设置不同斜率的过滤网,减少过滤网清洗次数,且方便拆卸安装;(6)通过设置紫外线消毒灯,配合紫外反射层,实现对空气的全程消毒;(7)通过设置风机增强进风或出风速度,增强分离效果;(8)通过设置进气密封腔,进一步增强分离效果。

附图说明

[0026]　图1是本发明的一种结构示意图。

[0027]　图2是本发明实施例1的内部结构示意图。

[0028]　图3是本发明实施例1的横向剖面图。

[0029]　图4是本发明实施例2的横向剖面图。

[0030]　图中:1、简体,11、紫外反射层,12、上简,13、下简,14、进气密封腔,2、进风口,21、进风管,3、出风口,4、紫外线消毒灯,5、过滤网,51、第一过滤层,52、第二过滤层,53、第三过滤层,54、第一过滤段,55、第二过滤段,56、第三过滤段,6、排废口,61、第一排废口,62、第二排废口,63、第三排废口,7、风机,8、回收盒。

具体实施方式

[0031]　下面结合附图与具体实施方式对本发明做进一步的描述。

[0032]　实施例1

　　如图1、图2所示的实施例1中,一种旋风空气消毒器,包括简体1和设于简体1内的过滤网5,简体1包括连通的上简12和下简13,上简12为圆柱简体,下简13呈锥体结构设置,上简直径与下简顶部直径一致,上简12一侧设有进风口2,进风口2内设有风机7,并连接有螺旋状进风管21,上简12另一侧设有出风口3。如图2所示,上简12内设有圆筒形进气密封腔14,进风管21设在进气密封腔14内,进气密封腔14一侧与进风口2连通。如图3所示,过滤网5沿

图 9-3　专利的附图说明和具体实施方式

9.1.2　专利申请文本的结构分析

　　如上文所述,正式的专利申请书文本一般包括题目、摘要、权利要求书、说明书、技术领域、背景技术、发明内容、附图说明、具体实施方式 9 个部分,每个部分

的内容都有明确定义和具体的写作方法,归纳总结如下。

(1)题目

一种××功能的××

(通过标题概括基本技术思路,根据技术领域简要反映该专利的技术内容是产品、装置或方法,不能使用宣传用语。)

(2)摘要

本部分简单介绍功能,实现手段和主要特征,突出价值。

(摘要是对专利公开内容的概述,仅用于提高后人检索与交流学习的效率,而不具备法律效力,通常在300字以内。)

(3)权利要求书

权利要求书通常包含独立权利声明和附属权利声明,其格式大致如下:

①权利要求的第一条:简单介绍产品方案的总体情况,包括那些重要且必不可少的子功能、子组件、特征组件;

②根据权利要求1,重点阐述第一条(个)子功能、子组件。

③根据权利要求1,依次阐述下一个……

……

独立权利声明(independent claims)是指:从整体上反映专利的技术方案,记载解决其技术问题所需的必要技术特征。其中,必要技术特征是指:专利为解决其技术问题所不可缺少的技术特征,其总和足以构成发明或者实用新型的保护客体,使之区别于其他技术方案。

附属权利声明(dependent claims)是指:如果一项权利声明包含了另一项权利声明中的所有技术特征,且对另一项权利要求的技术方案作进一步限定,则该权利要求为另一项权利要求的从属权利要求。

以专利申请“一种空气净化微波消毒器和空气净化微波消毒的方法”为例,该专利申请共包含了1条独立权利声明和9条附属权利声明,具体如下。

①一种空气净化微波消毒器,包括消毒柜,所述消毒柜的两侧分别设有进气口和出气口,所述消毒柜内安装有用于发射微波的微波发生器和用于将空气从进气口吸入并从出气口排出的风机,其特征是,所述消毒柜内还安装有若干个间隔设置的、用于吸附病菌的吸附层,所述微波发生器朝向所述吸附层。(独立权利声明)

②根据权利要求1所述的一种空气净化微波消毒器,其特征是所述消毒柜的壳体材料为不锈钢,所述微波发生器上安装有用于控制微波发射方向的波导管,所述进气口和出气口的内侧均安装有微波屏蔽网,所述进气口和出气口上还安装有活性炭滤网。(附属权利声明一)

③根据权利要求1所述的一种空气净化微波消毒器,其特征是所述吸附层为纳米聚丙烯层,所述纳米聚丙烯层的厚度为2~4mm,纳米聚丙烯层上设有孔径为1~20nm的吸附孔。(附属权利声明二)

④根据权利要求2所述……(附属权利声明三)

⑤根据权利要求4所述……(附属权利声明四)

……

⑩一种空气微波消毒方法,其特征是……

点评与解释:在本段中,共包含1条独立权利声明和多条附属权利声明。其中独立权利声明展示了产品的必要技术特征(缺一不可),如本例中"一种空气净化微波消毒器,包括消毒柜,所述消毒柜的两侧分别设有进气口和出气口,所述消毒柜内安装有用于发射微波的微波发生器和用于将空气从进气口吸入并从出气口排出的风机,其特征是……所述微波发生器朝向所述吸附层"。附属权利声明主要是对独立权利声明进行解释和限定,展示了需要保护的具体技术特征(需要具体保护的、带来新颖性和创造性的具体方案),如本例中"根据权利要求1所述的一种空气净化微波消毒器,其特征是……所述进气口和出气口上还安装有活性炭滤网"。

(4)说明书

专利说明书用于介绍专利的结构、技术要点、使用方法,一般包含技术领域、背景技术、发明内容、附图说明、具体实施方法等模块。说明书有助于充分公开申请的发明,使所属领域的技术人员能够顺利实施专利中的技术方案,还可以作为审查中的修改依据和侵权诉讼时解释权利要求的辅助材料,也可作为可检索的信息源,提供技术信息。

(5)技术领域

本技术发明所直接应用的技术领域。

(6)背景技术

简单介绍现有技术特征,重点说明该技术存在的问题与不足。

(通过专利检索、查新、查阅论文资料,充分了解现有技术后填写,体现本专利的创新点。一般约200字以内,通常至少要引证一篇相关的技术文件如专利、论文等。)

(7)发明内容

对权利要求书中具体内容的详细解释如下:

①发明目的。发明目的一定要直接解决技术问题;

②技术方案。技术方案基本跟权利要求书的内容一致;

③有益效果。所谓效果主要强调技术、经济和社会效益上的创造性效果,比如"由于采取××部件,使×机构得以顺畅运行,消除了××现象""产量提高、效

率提高、社会福利"等。

常见的有益效果包括如下内容：

① 新的有价值的性能的出现和参数的提升；

② 产量、质量、效率、精度、寿命的提高等；

③ 能耗、成本的降低；对环境的污染、对生产和使用者的安全威胁的降低；

④ 加工、操作、制造和使用便利性的提升；

⑤ 体现出以往专利或产品未曾有过的价值和效果。

通常，有效益效果要结合结构特征、作用方式、实验数据、统计结果、实验结果予以充分解释。（类似于将组件关系用文字描述，字数不限）

(8)附图说明

以图片的形式反映发明创造的要点，附图有设计图、零件图、装配图、电路图、线路图、流程图、示意图等，可根据具体需求附图。同时，要对附图进行说明，指出零部件的位置、方向、含义，保证文字和图片匹配，以加强读者对技术方案的理解。

(9)具体实施方式

具体再现技术方案的技术手段，详细描述解决技术问题的技术方案的实施过程。说明每个功能、组件、技术特征是如何实现的，包括采用什么零件、参数设置、何种材料、工具要求、设备工况等信息。

通常会给出一个具体的实例加以说明，从而让他人和审查员更清楚该专利设计的方式是如何实现的。可将系统的功能和组件分析用文字描述，字数不限。

9.2 专利审查流程和标准①

9.2.1 初步审查

专利审查的具体流程比较复杂，本书只关注和专利技术审查相关的内容，其余步骤和细节请查阅相关资料。专利局在收到专利申请后，首先对其进行初步审查。依据《中华人民共和国专利法实施细则》（简称《实施细则》）第四十四条，以发明专利的初步审查为例（其他类型专利申请略有不同），专利初步审查的内容如下。

(1)申请文件是否齐备、是否符合格式要求《中华人民共和国专利法》（简称

---

① 本节部分内容参考了国家知识产权局的《专利审查指南(2010)》。

《专利法》)第二十六、二十七条,实施细则第二条、第三条第一款、第十六、十七—二十一条;

(2)发明主题是否明显属于违法或违反公德发明(《专利法》第五条)和法定排除的客体(《专利法》第二十五条),或者是否明显不属于专利法意义上的发明(《专利法》第二条第二款);

(3)外国的申请人的主体资格或其委托代理人的资格是否存在问题(《专利法》第十八条、第十九条第一款);

(4)申请人向境外申请专利是否履行了保密审查的手续(《专利法》第二十条第一款);

(5)涉及遗传资源的专利申请是否履行了披露手续(《专利法》第二十六条第五款、《实施细则》第二十六条第二款);

(6)专利申请是否违反单一性原则①(《专利法》第三十一条第一款);

(7)修改申请文件是否超出原申请文件公布的范围(《专利法》第三十三条)等。

点评:初步审查的内容众多,绝大部分为形式方面的要求,但也的确包含部分实体方面的要求。比如,上述(2)(7)两项内容的审查,直接涉及专利申请中的实体内容。对于发明专利申请,经过初步审查,如果专利局认为它符合专利法要求,则自申请日起满18个月后,专利局将公布该申请。对于实用新型和外观设计专利,通过初步审查后专利局就会做出授予专利权的决定。专利权自授权公告之日生效。

9.2.2 实质审查

实质审查主要是检查该专利申请是否符合专利法上实体性的规定,如是否具有实用性、新颖性、创造性(《专利法》第二十二条)等。这一环节实际上也会对一些形式性的内容进行审查,如是否遵守了保密审查的规定(《专利法》第二十条第一款)、是否履行了遗传资源来源披露义务(《专利法》第二十六条第五款)、是否具有单一(《专利法》第三十一条第一款)、是否重复授权(《专利法》第九条)等。

实质审查中的新颖性、创造性、实用性是决定一项专利申请能否获得授权的关键,也是评估专利申请文本质量的参考。一般来讲,对新颖性、创造性、实用性的考察主要遵循以下步骤。

首先,是否具有新颖性? 没有新颖性则不通过实质审查。

其次,在具有新颖性的前提下,再考察是否具有创造性。没有创造性则不通

---

① 单一性原则是指一项专利申请只能包含一项发明创造,或一项发明创造只能申请一次专利。

过实质审查。

最后，在具有新颖性和创造性的前提下，再考察是否具有实用性。如具备实用性且满足其他条件（如单一性等）则通过专利实质考察。下文将重点介绍实用性、新颖性、创造性的概念。

（1）新颖性

专利审查的"新颖性"是指该专利申请方案不属于任何现有技术，也没有采用同样技术的专利正在申请中。审查"新颖性"有两个原则。

第一，同样的发明或实用新型专利，按照"发明领域—解决的技术问题—达到的效果"进行对比，如果领域、问题、效果都一样，则认为是没有新颖性的。

第二，单独对比。即"新颖性"审查中的对比是与选定的文件单独比较，而不比较文件的内容、技术方案的组合（与创造性正好相反）。

除了以上两个原则，"新颖性"的审查还有几个具体基准，有助于我们直接判断自己的专利发明是否具备"新颖性"：

① 相同内容的发明或实用新型（文字规避完全无效），不具备新颖性。如对比文件中提出使用"锰—锌系铁氧体"，申请文件中使用"Mn-Zn 铁氧体"则不具有新颖性。

② 具体概念（下位）影响一般（上位）概念的新颖性，但一般概念不会影响具体概念的新颖性。如公开产品中使用的是"铁"，则申请文件中提出使用"金属材料"不具有新颖性；反之，若公开产品中使用"金属材料"，申请中使用"铁"，或公开产品中提出使用"铁"，但申请中使用"铜"，仍然具有新颖性。

点评与解释：通常有专利申请会采用上位概念扩大保护范围，但根据该原则，过宽的保护范围很容易丧失"新颖性"。而选择具体的从属产品往往更有针对性，又会提高方案的创造性，有可能会获得通过。因此，本要求体现的专利的目的是通过提供保护而鼓励大家采取不同的技术路径提升创造性的，如果轻易扩大新颖性保护范围，势必堵死其他潜在的具有创造性和实用性的思路。

③ 惯用手段直接置换（公知知识），不具备新颖性。如对比文件中提出用"螺栓固定"，申请文件中使用"螺钉固定"不具备新颖性。

④ 数值和数值范围（缩小范围可行，同基准2），可能具有新颖性。如某对比文件提出可以在 100℃～300℃ 烧制成功陶瓷产品；申请文件提出在"120℃～180℃"可以烧制成功，则具有新颖性；但是，申请文件提出在"280℃～350℃"可以烧制成功，却不具有新颖性。

⑤ 包含性能、参数、用途或制备方法等特征的产品权利要求（是否有新的特性/结构/组成隐含在内），要根据创造性结果来判断。如玻璃 A 和玻璃 B 的外观完全相同，但 B 在生产过程中采用了新工艺，使得内部结构有变化，玻璃强度

增加,则 B 产品具有新颖性。

思考与讨论:如图 9-4 所示,在周星驰的电影《国产凌凌漆》中,达闻西发明的特工专用武器"要你命三千",由 10 多种武器混合制作而成,威力巨大。达闻西在剧中解释道"要你命三千,西瓜刀,铁链,火药,硫酸,毒药,手枪,手榴弹,杀虫剂,每样都能独当一面,现在集中在一起,看你怕不怕?"结果,话音未落就被一枪撂倒。请读者思考,如果达闻西将该产品申请国家发明专利,那么能否通过"新颖性"审查?

图 9-4　周星驰著名电影《国产凌凌漆》中达闻西展示的"要你命三千"

(2)创造性

专利审查的"创造性"是指对本领域的技术人员来说,要求保护的发明相对于现有技术是否显而易见,如果不是则具有创造性。"创造性"的审查不仅要考虑发明的技术方案本身,而且还要考虑发明所属技术领域、所解决的技术问题和所产生的技术效果,将发明作为一个整体看待。"创造性"的审查可以遵循以下步骤。

第一,确定最接近的现有技术。根据"领域—问题—效果"的检索方法,确定相近技术,或找到不同领域中能实现该功能的技术;

第二,确定本发明做了哪些改进。找出本发明的区别特征,实际解决的技术问题,是否对现有技术做出了改进;

第三,判断技术发明的进步程度。判断要求保护的发明对本领域的技术人员来说是否显而易见。

在上述步骤的基础上,审查员会灵活判断发明的创造性,以下几种类型的

"创造性"通常会获得审查员认可。

① 开拓性发明（以前从未有过）——五级或四级发明。如白炽灯、汉字输入法、收音机等之前从未有过的发明。

② 组合发明（构成能解决客观问题的新的技术方案，比原有的单个特征效果都更优越）——三至四级发明。组合发明如果大大超出原产品的性能参数，属于非显而易见的组合，则具备创造性。如一种化学镀工艺和电镀工艺结合后，使金属产品的耐磨性和耐腐蚀性提高，则该处理方法具有创造性。

③ 选择发明（技术方案、尺寸、范围、推导等方式，必须产生预料不到的技术效果，克服原有问题）——三至四级。如在某压力罐壳体生产中，原来的冶炼温度为 500℃～800℃，额定工作压力为 0.8MPa，而发明人发现在 503℃～513℃冶炼时，该类型压力罐工作压力可达到 1.6MPa，则认为具有创造性。

④ 发明转用发明（一个领域的技术应用到另一个领域，必须产生预料不到的技术效果，克服原领域存在的技术问题）——四级发明。麻省理工学院（MIT）教授斯宾塞在雷达测试试验时，意外发现微波辐射能够融化巧克力，因此制成了微波炉。潜水艇的副翼是借鉴飞机相关技术，结果能够显著改善潜水艇下潜和上升性能。但上述技术从一个领域移植到另一个领域的过程并非显而易见，但最终效果显著，因此认为具有创造性。

⑤ 已知产品的新用途发明（已知产品新发现的性质，意料之外的技术效果）——二至三级发明。如英国医生在心脏病药物测试期间，意外发现该药物能够促进男性生殖器官勃起，最终将这款"不太成功的心脏病药物"改名为"伟哥"，给辉瑞制药带来了滚滚财源。

⑥ 要素变更的发明（要素关系改变、要素替代、要素省略是否存在意料之外的技术启示）——二至三级，以三级发明为主。要素变更的发明，有以下几类。

第一类，要素关系改变：指发明与现有技术相比，其形状、尺寸、比例、位置及作用关系等发生了变化。

第二类，要素替代的发明：已知产品或方法的某一要素由其他已知要素替代的发明。

第三类，要素省略的发明：省去已知技术中一个或多个要素的发明。

此外，市场和社会因素也可以影响专利审查中对"创造性"的判断，如以下几种情况下，审查员会认为发明具有更高的"创造性"：

① 发明解决了人们一直渴望解决但始终未能获得成功的技术难题；

② 发明克服了技术偏见，如通常认为换向器和电刷之间的接触界面越光滑，能量损耗越低，但发明申请中采用了粗糙界面也能降低能量损耗，显然克服了技术偏见；

③ 发明取得了预料不到的技术效果；

④ 发明在商业上获得成功（因为技术和产品本身），某产品虽然在技术上体现的创造性不足，但在市场上反馈很好，也可认为具有创造性。

思考与讨论：传统汽车的车头大灯是卤素大灯，后来大量汽车逐渐升级为氙气大灯。氙气大灯也叫高压气体放电灯，其原理是把氙气等惰性气体通过增压器把车载 12 伏电源瞬间增至 23000 伏，高电压下的氙气会被电离产生光源。氙气大灯比卤素大灯的光通量高两倍以上，并且光能效率提高了 70%。请问从专利审查的"创造性"标准来看，氙气大灯是否比卤素大灯具有创造性？为什么？

（3）实用性

专利审查的"实用性"是指该发明或者实用新型能够制造或者使用，并且能够产生积极效果。判断"实用性"主要依据以下几条标准。

① 有无再现性；

② 有无违背自然规律；

③ 有无利用独一无二的自然产品（无法移动、必须具备特定自然条件，缺乏普遍的可利用的条件等）；

④ 人体或者动物体的非治疗目的的外科手术方法（以生命为实施对象，不具备大规模产业应用条件）；

⑤ 测量人体或动物体在极限条件下生理参数的方法；

⑥ 对生产和社会需要有无积极效果。

思考与讨论：在影视剧《天龙八部》中，乔峰为了给阿紫治病，前往长白山寻找千年人参为药引子，最终成功治好了阿紫的疾病。那么假如乔峰要以该配方申请药物发明专利，是否能够通过"实用性"审查？

9.2.3 专利复审

如果申请人不服专利局在初步审查或实审查过程中所作的驳回申请的决定，可以在收到通知后 3 个月内向专利复审委员会请求复审。专利复审委员会由专利局设立。它由专利局指定的技术专家和法律专家组成主任委员由专利局负责人兼任。职责主要有两部分，其一，依申请人的请求，对专利局的驳回申请的决定进行复审；其二，对社会公众的专利无效宣告请求进行审查。专利局设立专利复审委员会，旨在利用专利局内的专家资源，通过行政程序快捷地消除争议，减少诉讼成本。

在受理专利复审请求之后，专利复审委员会首先将复审请求书转交专利局原审查部门进行审查。原审查部门如果同意撤销原决定，专利复审委员会应当据此作出复审。

9.3 专利规避效果判定

9.3.1 专利侵权的定义

专利侵权是指未经专利权人许可,以生产经营为目的,实施依法受保护的有效专利的违法行为。一般来讲,专利直接侵权可以分成两种类型:字面侵权(literal infringement)和等同侵权。所谓字面侵权,也被称作相同侵权,是指被控侵权的产品或方法直接落入该专利权利要求字面描述的范围。所谓等同侵权是指被控侵权的产品或方法并没有落入该专利权利要求字面描述的范围,但是该产品或方法权利要求所描述的技术方案实质等同。即某一特征与权利要求中的相应技术特征相比,是否"以基本相同的手段,实现基本相同的功能,达到基本相同的效果"(简记为三要素判定法),在此范围之内的都视为侵权。

中国专利法接受字面侵权,但在等同侵权的接受程度上存在一定的讨论空间。因为等同侵权实际上是在一定程度上扩大了专利权的保护范围同时也给专利权保护范围带来较大的不确定性。在中国司法实践中,法院已经判决了大量的等同侵权的案例,个别案例判决结果在学术界仍存在一定的争议。

对专利侵权行为的判定结果取决于专利权利范围的判断,在等同侵权中尤其如此。对专利权利保护范围的解读,有3条典型的界定原则,即:周边限定、中心限定和折中原则。

(1)周边限定原则

周边限定原则是指专利权的保护范围完全由权利要求的文字内容决定,权利要求书所记载的范围是确定专利权保护范围的最大限度,任何扩大解释都是不允许的。根据这一原则,被控侵权行为必须重复再现了权利要求书中所记载的每一项技术特征,才被认为是落入权利要求书的保护范围之内。如有任何不同,侵权指控便不成立。优点在于清晰明确,但容易变成文字游戏。

(2)中心限定原则

中心限定原则指通过说明书及其附图的内容全面揭示发明创造的整体构思,将保护范围扩大到一定范围。只要满足授予专利权的专利性条件即可,不必进行高度的抽象和概括。相比周边限定,中心限定原则可以做出进一步解释,其优点在于可以规避专利申请中的漏洞追究法律责任,但缺点是容易无限扩大解释范围且难以判定是否公平。

（3）折中原则

两种原则的折中效果，既不局限于"周边限定"中完全机械地拘泥于文字游戏，又巧妙地避开了"中心限定"将专利权保护范围扩大到无限制的不公与尴尬。我国在界定专利权的保护范围上基本采用折中原则。

9.3.2　专利侵权的判定

在界定专利保护范围的基础上，根据实际实施情况，可以依据专利侵权的判定原则来评价侵权行为。通常，专利侵权的判定依据以下 4 个原则。

（1）全面覆盖原则

全面覆盖原则是指：应当审查权利人主张权利要求所记载的全部技术特征，从而判断是否落入专利权保护范围。通常适用于以下 3 种情况。

第一种是字面侵权，即仅从字面上就可以判断被控侵权方案的技术特征与专利必要技术特征相同，从文字上即可判断；

第二种是上位概念侵权，即被控侵权方案中出现的技术特征是专利必要技术特征的下位概念或具体概念，从而构成侵权；

第三种是增加特征侵权，即与专利必要技术特征相比，被控侵权方案的技术特征不仅包含了专利权利要求书中的全部必要技术特征，而且还增加了新的技术特征。

点评与答疑：读者在此可能会产生疑问，为何增加特征仍然侵权，而减少特征却不侵权？

在回答这个问题前，首先要明白什么叫作技术特征。技术特征并没有一个清晰且一致的概念，在专利审查过程中主要是指构成解决发明创造技术问题最终方案的要素如子组件、组件、子系统或结构、形状、位置、物理属性等条件。根据技术特征的重要性，还可以进行如下分类。

> 必要技术特征：解决发明问题的技术方案中必不可少的特征称为必要技术特征。当缺乏任一必要技术特征时，技术问题都不能解决。通常专利权利声明中均为必要技术特征。

> 非必要技术特征：解决发明问题的技术方案中可有可无的特征称为必要技术特征。缺乏非必要技术特征，技术问题仍旧可以解决。通常在专利文本中体现为说明书中的相关内容。

> 区别技术特征：与对比文件中的技术方案存在明显区别的技术特征。

> 特定技术特征：指每一项专利作为整体，对现有技术作出贡献的技术特征。一般指独立权利声明的部分。

　　在了解上述概念的基础上,我们要牢牢掌握专利保护的主要目的,即推动技术创新,以更简单、更高效的方式实现最好的技术效果。因此"增加(无论必要还是非必要)技术特征"解决相同的技术问题通常会被认定为"改劣设计",因为在增加要素投入(物质、时间和设计等)的前提下并未改善产品的功能效果。而"减少技术特征"则是以更少的要素投入,实现了相同的功能效果。

　　根据上述几种情况,假定 A、B、C、D、E 分别是某一技术特征(其中 D 是 C 的上位概念),那么可以将全面覆盖原则的判断过程总结如下(见表 9-1)。其中,前 3 种情况是典型的侵权行为,而最后一种情况不侵权。

表 9-1　全面覆盖原则的判断

类型	被控侵权方案的技术特征	原专利的必要技术特征	判断依据	是否覆盖	结果
1	A+B+C	A+B+C	技术特征完全相同	√	侵权
2	A+B+C	A+B+D	D 是 C 的上位概念	√	侵权
3	A+B+C+E	A+B+C	被控侵权方案比原专利必要技术特征多一项或以上技术特征	√	侵权
4	A+B	A+B+C	被控侵权方案比原专利必要技术特征少一项或以上技术特征	×	未侵权

资料来源:请参考陈祥[1]和成思源等[2]以及国家知识产权局出版的《专利审查指南》等相关内容。

　　点评与解释:可以简单记为"相同特征侵权""增加特征侵权""减少特征不侵权"。很多学员无法理解为什么增加特征反而侵权呢?对此,北京市高级人民法院在 2017 年出台的《专利侵权判定指南(2017)》在"相同侵权"类型中专门指出"后获得的方案如果是在原有专利基础上的改进,且增加了新的技术特征则形成从属专利侵权",具体包括以下 3 种情况:

　　第一种,在包含了在先产品专利权利要求的全部技术特征的基础上,增加了新的技术特征;

　　第二种,在原有产品专利权利要求的基础上,发现了原来未曾发现的新的用途;

　　第三种,在原有方法专利权利要求的基础上,增加了新的技术特征。

　　可见,在已有技术方案的基础上不改变或增加技术特征的情况几乎都属于

　① 陈祥.浅谈专利规避设计[J].法制与社会,2018(24):217-218.
　② 成思源,米晶晶,杨雪荣,张海燕.面向创新的专利规避设计研究[J].包装工程,2016,37(14):1-6.

侵权行为,无论原专利是否执行既有功能(类型1、2、3)。回到专利审查和专利制度的初衷,其目的是保护"创造性劳动",何谓创造性劳动?必然是以更简单的设计、更少的资源消耗产生相同甚至更高的功能效果(即全面覆盖原则类型4代表的方向)。而在已有方案的基础上增加技术特征必然导致系统更复杂、资源消耗更高,明显与专利制度的理念背道而驰(类型1、2、3)。反之同理,减少技术特征则往往不会判定为侵权(类型4)。

要注意,这里只是总体上的判断原则,现实情况往往十分复杂,因此还要具体问题具体分析。

(2)等同原则

2001年,最高人民法院颁布的《关于审理专利纠纷案件适用法律问题的若干规定》中明确指出,我国等同原则的判定方式有以下两种。

第一种是"手段—功能—效果"判断法,即被控侵权方案采用了与专利必要技术特征基本相同的手段,实现了基本相同的功能,达到了基本相同的效果。

第二种是被控侵权方案相比于专利必要技术特征的改进对本领域的普通技术人员而言是显而易见的,无须经过创造性劳动就能够联想到的。如专利中是链条传动,被控侵权是皮带传动,则属于轻易能够想到的侵权行为。

(3)禁止反悔原则

在专利授权或无效程序中,对权利要求、说明书修改而放弃的技术方案,不纳入保护范围。

(4)捐献原则

对于仅在说明书或附图中描述而在权利要求中未记载的技术方案,不纳入专利权保护范围。

9.4 侵权案例解析

9.4.1 案例一:"镶嵌硬质合金块的高耐磨叶片"侵权案例[①]

本案件是国家知识产权局给出的经典侵权和判决案例。原专利为实用新型专利(申请号ZL200620113956.3),于2007年6月27日授权,专利申请背景如下。

---

① 作者注:该案例引用改编自专利复审委员会机械申诉处于2014年制作的课件"机械领域专利侵权案例分析"。

螺旋输送器又称搅龙,广泛用于煤炭、食品、化工、农产品、砂石料等行业。螺旋输送器可以应用在螺旋给料设备、螺旋搅拌设备、螺旋加湿设备、生石灰消化设备等诸多设备上,使用螺旋输送器,可防止粉尘飞扬,有利于改善生产环境。

螺旋输送器是由主轴、绕在主轴上叶片筒形壳体及动力驱动机构等部分组成,叶片为扇形,在主轴的每一导程上装有一组叶片,每组叶片可以是四个或六个,各叶片沿螺旋线轨迹布置。主轴在驱动机构的带动下旋转,叶片随之转动进行物料输送。

叶片在输送过程中与物料进行摩擦,会产生磨损,其磨损最严重的部位是外边缘,这是由于物料在输送过程中受叶片螺旋升角的挤压会渐渐地沉积贴附在壳体的内壁上,密度增大,阻力也相应增大,叶片的外边缘与这部分物料进行摩擦时,会被逐渐地磨损掉,造成叶片的外边缘轮廓越来越小,沉积的物料越来越厚,输送能力下降,不仅影响工作效率,而且可能导致整台输送器抖动,部件报废。由于叶片是钢板制成,其使用寿命极短,只有几周的时间,即使采用高铬钢材质的叶片,并进行热处理工艺加工,也最多只能使用3至4个月,这就会导致检修工作量大,生产成本居高不下。

为了解决上述问题,发明人开发了一套镶嵌硬质合金块的高耐磨叶片,其专利权利声明如下所示:

一种镶嵌硬质合金块的高耐磨叶片,包括叶片本体,该叶片本体的外边缘上嵌装有至少一个硬质合金块,硬质合金块的顶部凸出于叶片本体的外边缘。叶片本体为扇形,硬质合金块为3至16块,各硬质合金块沿叶片本体的弧形外边缘周向均布;叶片本体的外边缘上开有凹槽或圆孔,凹槽或圆孔的数量与硬质合金块的数量相同,硬质合金块可以是与凹槽形状对应的条形或与圆孔形状对应的圆柱形,各硬质合金块的下部分别嵌入一个凹槽或一个圆孔内,各硬质合金块与叶片本体焊接固定;本实用新型的镶嵌硬质合金块的高耐磨叶片,使用寿命长,可广泛安装在各种螺旋输送器中。

点评:本专利的范围十分清晰,根据专利独立权利声明,本专利的必要技术特征有3点:A.叶片本体;B.叶片本体的外边缘镶嵌硬质合金块;C.硬质合金块的顶部突出于叶片本体的外边缘。

专利的附图如图9-5所示,3幅图分别为专利产品的正视图、侧视图和俯视图,图中数字代表的含义如下:1、2、3分别代表"硬质合金",7、8、9分别代表"焊接材料",10代表"叶片本体"。

法院工作人员对被控侵权产品进行调查后,将其主要技术特征总结陈述如下:高耐磨叶片,包括以下特征:(1)叶片本体;(2)本体外部边缘镶嵌有金刚石;(3)金刚石与叶片边缘是平的。

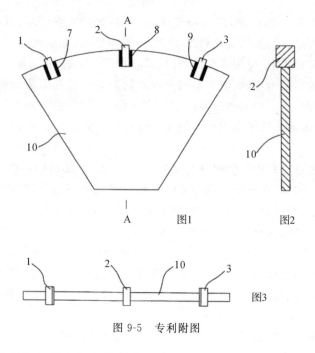

图 9-5　专利附图

现依据专利侵权判定方法判断被控产品是否侵权,具体过程如表 9-2 所示。法院最终判决结果如下。

区别特征 1:金刚石是公认的高耐磨材料,因此对于本特征侵权产品无需经过创造性劳动即可实现。手段不同,功能相同,效果基本相同。

区别特征 2:叶片在使用中会不断磨损,随着叶片损耗,金刚石就会凸出叶片边缘,从而防止叶片进一步磨损。因此两方案手段接近,功能相同,效果相同。

表 9-2　侵权判定过程

专利必要技术特征	被控侵权产品特征	适用原则
A. 叶片本体	A. 叶片本体	全面覆盖(字面侵权)
B. 叶片本体的外边缘镶嵌硬质合金块	B＊本体外部边缘镶嵌有金刚石	全面覆盖(下位概念替换)
C. 硬质合金块的顶部突出于叶片本体的外边缘	C＊金刚石与叶片边缘是平的	等同原则(手段基本相同,功能和效果相同)

案例点评: 从本案例的分析过程和法院判决结果来看,"手段—功能—效果"的判定方法适用性很广泛。实际上,专利侵权判定中所说的"被控侵权方案相比于专利必要技术特征的改进对本领域的普通技术人员而言是显而易见的"就是

在同样"功能"与"效果"的前提下比较"手段"的差异大小。在本案例中，两项改进措施 B＊和 C＊都十分简单，在 B 和 C 的提示之下，均无须创造性思考即可获得，因此被认定为侵权。

9.4.2 案例二：宁波市东方机芯总厂诉江阴金铃五金制品有限公司案例

1998 年，宁波市东方机芯总厂和江阴金铃五金制品有限公司的诉讼案堪称经典案例，在多个教材和研究中反复出现，具有较高的代表性，在国家知识产权局 2008 年出版的教材中被列为改革开放后"影响中国的 100 个知识产权案例"第一名。原告宁波市东方机芯总厂主张江阴五金厂未经允许，擅自采用他人专利中的技术方案，索赔 100 万，赔礼道歉并承担诉讼费用。

（1）原告（原厂名宁波东方机芯厂）所申请产品的专利信息

专利号：CN92102458.4-CN1077154A：机械奏鸣装置音板的成键方法及其设备。申请日期：1992.04.05。公开日期 1993.10.13。

原专利的权利要求书如下。

①一种机械奏鸣装置音板成键加工设备，它包含有在平板型金属盲板上切割出梳状缝隙的割刀和将被加工的金属盲板夹持的固定装置，其特征在于：

a. 所述的割刀是由多片圆形薄片状磨轮按半径自小到大的顺序平行同心地组成一塔状的割刀组；

b. 所述的盲板固定装置是一个开有梳缝的导向板，它是一块厚实而耐磨的块板，其作为导向槽的每条梳缝相互平行、均布、等宽；

c. 所述的塔状割刀组，其相邻刀片之间的间隔距离与所述导向板相邻梳缝之间的间隔距离大体相等；

d. 所述的塔状割刀组的磨轮按其半径排列的梯度等于音板的音键按其长短排列的梯度。

②如权利要求 1 所述的机械奏鸣装置音板成键加工设备，其特征在于：所述的塔状割刀组其相邻的圆形薄片状磨轮之间夹有等厚的隔圈。

③如权利要求 2 所述的机械奏鸣装置音板成键加工设备，其特征在于：所述的塔状割刀组的每片磨轮和隔圈是被套在一个芯套上，该芯套一端有法兰，芯套自身套在作为动力轴的芯轴上。

④如权利要求 1 所述的机械奏鸣装置音板成键加工设备，其特征在于：所述的导向板由高硬度材料加工而成。

⑤如权利要求 1 所述的机械奏鸣装置音板成键加工设备，其特征在于：所述导向板的每一条梳缝的二侧面上镀有金属钛耐磨层。

⑥如权利要求 1 所述的机械奏鸣装置音板成键加工设备，其特征在于：所述

带梳状导向缝的导向板块其前端的厚度小于后部。

⑦如权利要求5所述的机械奏鸣装置音板成键加工设备,其特征在于:所述的导向板块板是带梳状导向缝的楔状块板。

⑧一种机械奏鸣装置音板的成键方法,它是采用由片状磨轮对盲板相对运动进行磨割、加工出规定割深的音键,其特征在于:在整个磨割过程中塔状割刀组的每片磨轮始终嵌入所述导向板的相应梳缝内并在其内往复运动,盲板被准确定位并夹固在所述的导向板上。

⑨如权利要求7所述的机械奏鸣装置音板的成键方法,其特征在于:在磨割加工时,所述的载有盲板的导向板其先端朝上被抬起,在磨割自始至终的全过程中它与磨轮的根部不发生干涉,所述的盲板其带有凹平面的一面向上,而平的一面朝下与导向板的上平面相贴被固定于导向板上。

原专利的附图说明如图9-6所示。

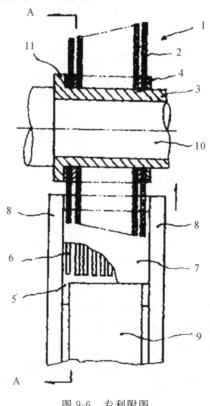

图 9-6　专利附图

1——塔状割刀组;

2——按半径自小到大的顺序呈一定的梯度排列,各片磨轮相互之间是平行

同心布置,每片相邻的磨轮(简称刀片);

　　3——芯套;

　　4——隔圈;

　　5——厚实金属板,作为导向板用;

　　6——梳缝;

　　7——盲板,作为被加工物;

　　8——定位板;

　　9——定位板,和8一起,一共三块板子对盲板起到定位作用。

　　(2)被控侵权产品特征

　　图9-7是法院提供的被控侵权产品的示意图。在该图中,被控侵权产品通过移动音片5完成切割。

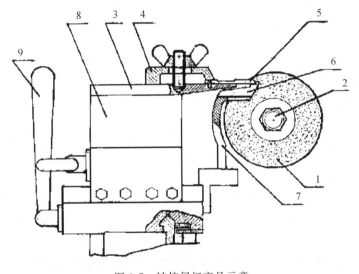

图 9-7　被控侵权产品示意

　　1——砂轮片,由主轴固定;

　　2——砂轮主轴,与电机相连,不移动;

　　3——托板,和4共同完成音片夹持;

　　4——压板,和3共同完成音片夹持;

　　5——音片,待加工产品;

　　6——梳状防震限位块;

　　7——支架,固定机身;

　　8——托板,连接托板3;

　　9——手柄,拖动手柄可以使8靠近砂轮,从而完成切割。

（3）判决过程

第一次诉讼，南京市中级人民(1998)宁民初字第 101 号民事判决：认定不侵权。第二次诉讼：江苏省高级人民法院(1999)苏知终字第 9 号民事判决：维持一审。第三次诉讼：最高人民法院(2001)民三提字第 1 号民事判决：撤销二审结果，并判处赔偿 100 万，支付三次诉讼费用，停止侵权。

其中，一审和二审的判决结果和理由如下。

① 判决结果：南京市中级人民法院认为，某五金制品公司生产音板的设备上没有导向板装置，缺少专利保护范围中的必要技术特征，不构成侵权。

② 判决理由：被控侵权产品也是生产机械奏鸣装置的设备，与专利技术相比，缺少金属盲板被夹持在开有梳缝的导向板上的技术特征，它的盲板没有被夹持在开有梳缝的与专利技术中形式结构相同的限位装置上，换言之，其限位装置不是在盲板下，而是位于磨轮一侧。由于缺少这一技术特征，导致限位装置与导向板在分别与其他部件的结合使用过程中产生不同的结果。

第一，作用不同。专利技术中导向板的作用一是固定音板，使其在切割过程中不发生振动，二是给磨轮限位，防止其在运转时发生晃动飘移。被控侵权产品中的限位装置只给磨轮限位，没有固定盲板的作用。

第二，切割方法不同。专利技术在切割时，每片磨轮始终嵌入导向板的相应梳缝内并在其内往复运动，盲板被准确定位并夹固在导向板上。被控侵权产品在切割时，盲板呈悬臂状腾空接受旋转刀片的割入加工，没有被准确定位并夹固在其限位装置上。

第三，效果不同。专利技术在切割过程中由于导向板将盲板固定住，不发生振动，而被控侵权产品切割时盲板易产生振动，达不到该专利在效果上的目的。

最高人民法院（下简称高法）终审判决结果和理由如下。

① 判决结果：高法否定了前两次的审判结果，进行了改判，判定构成侵权。

② 判决理由：功能结构从总体上看大致相同，只是变换了形式将"导向和固定盲板"进行分解变换成"防震限位板导向、工件拖板固定盲板"，而两者结合仍然起到了固定和导向两种作用，这种做法属于常见替换。此外，高法否认了原审说明书中的限定，虽然分解后加工效果更差但是总体效果仍然相同，只是削弱了减震效果，是一种较为典型的"改劣实施"，其符合"用基本相同的手段，实现基本相同的功能，达到基本相同的效果，对本领域的普通技术人员无需经过创造性的劳动就能实现"。原审法院忽略了改劣实施这一情况，过于强调被控侵权产品和方法与专利在效果方面的相等性，也与等同判断原则相悖。因此，高法认为被控侵权产品中的防震限位板与专利中的导向板不属于等同技术的替代，没有落入专利权的保护范围，并据此判定某五金制品公司未侵犯某机芯总厂的专利权不

当,判决撤销江苏省高级人民法院(1999)苏知终字第 9 号民事判决,立即停止侵权和赔偿损失。

案例点评:一审中,若将原专利必要技术特征总结为 A(导向板)+B(切割机)+C(盲板),则侵权产品则可以认为是 A(导向板)+B(切割机),根据全面覆盖原则中的"减少特征不侵权"则可被认为不侵权。在二审和三审中经过反复论证最后被认定为侵权,又将侵权产品的技术特征判定为 A(导向板)+B(切割机)+C*(功能弱化的盲板结构),并判定为侵权。

本案具有十分广泛的影响力,对我国后续知识产权立法产生了举足轻重的影响,其曾在 2008 年国家知识产权局出版教材中被评为"改革开放后影响中国的 100 个知识产权案例"的第一名。回到案例当时的社会和法治环境:一方面,当时我国的知识产权法律法规尚不完善,专利侵权案例中缺乏明确的判决依据;另一方面,在当时法律环境下,知识产权诉讼并不常见,法院和法官在处理知识产权案例方面的能力和经验也存在不足,诉讼结果可能也受到了诉讼所在地的干扰。因此,本案中才出现了判决结果多次反复的情况。这一案例也告诫我们,无论专利破解设计还是日常产品设计,都要以提升产品质量、改善产品的功能效果为出发点,而不能心存侥幸侵犯他人创造成果。

9.5 专利方案及技术交底书撰写

9.5.1 专利创意方案汇总和评估

通过本书前 8 章的介绍,相信读者都已经运用创新方法得到了很多创意方案,准备申请新的专利了。而在撰写专利申请书之前,首先要将所有的创意方案进行汇总评估,了解每个方案的价值。具体步骤如下。

第一步,将专利破解过程中产生的全部创意方案汇总至如表 9-3 所示表格中。

第二步,提炼创意方案的标志性特征,进行专利查新,并对每个方案的新颖性、创造性和实用性进行评估。

第三步,根据评估结果确定最终计划申请的专利数量、保护范围和最终专利方案。

表 9-3 专利创意方案汇总评估表

序号	方案名称	新颖性	创造性	实用性
1				
2				
3				
4				

专利查新是最实用的评价概念方案新颖性和创造性的方法，专利查新检索可以借助于专业查新软件或常用的专利检索网站如国家知识产权局官网、万方中外专利（见图 9-8）等。

图 9-8 万方专利首页

根据创意方案的特点，可以将其抽象为若干个关键词或关键技术特征，然后进行检索。假设某方案可以抽象出"A、B、C"3 项必要技术特征，那么检索过程通常要遍历以下 3 种方式：

(1)第一步，检索"A＋B＋C"的技术方案；

(2)第二步，检索"A＋B""A＋C""B＋C"的分组组合方案；

(3)第三步，检索 A、B、C 的单个要素方案。

最后，根据上述检索结果，逐步对比现有专利中的技术方案与创意方案，从而对其新颖性、创造性做出比较准确的评估。

以新冠疫情防控期间热度极高的医疗器械"呼吸机"的关键组件"呼吸阀"为例,假定产生的创意方案为"可拆卸呼吸阀,内部能够消毒,从而重复利用",其检索和评估程序如下。

(1)确定该方案的必要技术特征为"可拆卸""内部消毒""重复使用",因此首先检索"可拆卸、内部消毒、重复使用、呼吸阀";

(2)根据必要技术特征继续检索"可拆卸、内部消毒、呼吸阀""可拆卸、重复使用、呼吸阀""重复使用、内部消毒、呼吸阀"三种组合方案;

(3)根据必要技术特征继续检索"可拆卸、呼吸阀""内部消毒、呼吸阀""重复使用、呼吸阀"。此外,还可以检索"循环、呼吸阀(与重复使用对应)""消毒、呼吸阀"等类似或接近的技术特征关键词;

(4)根据检索结果可知,当前家用和医用呼吸阀专利数量并不多,大量呼吸阀为工业用、机械用或口罩用呼吸阀,其结构和概念与呼吸机用呼吸阀差距较大。在现有专利和产品中尚未出现可拆卸、内部消毒、可重复使用的呼吸阀,因此本方案的新颖性和创造性较高。

9.5.2 撰写专利交底书

在明确具体要申请的专利概念方案的必要技术特征后,就可以着手撰写专利技术交底书。所谓"专利(技术)交底书"通常是指:发明人提交给专利代理人有关该发明创造的相关技术资料,以确保专利代理人和发明人之间实现初步的、准确的书面沟通,使专利代理人在短时间内准确掌握该发明创造基本方案。在某些情况下,专利(技术)交底书也指:参与企业内部评审程序的有关该发明创造的相关技术资料,以帮助公司在内部评审中充分论证发明的价值、亮点和申请专利的必要性。国内部分企业即采取类似程序。本文所说的"专利交底书"是以与专利代理人沟通的文本材料为主。

专利交底书在发明人和专利代理人之间起到至关重要的沟通作用。相信申请过专利的发明人及写过申请书的专利代理人都深有感触。发明人和代理人由于思维和工作方式差异,导致沟通存在诸多难点,大大降低了沟通效率和专利申请的进度。归根到底,二者在以下四方面存在"不对等"。

首先,发明人是技术专家,而代理人是非技术专家,这导致了专业技术信息和知识的"不对等"。

其次,发明人通常是非法务专家,而代理人是法务专家,导致二者在专利申请法律法规知识方面存在"不对等"。

再次,代理人是专利文本写作专家,表达比较偏重法律语言,采用专业术语和专门表达方式;而发明人是非文本专家,表达上通常采用技术语言,本领域的常规表达,缺乏准确性与规范性,导致了二者在文字表达和书面表达上"不对等"。

第四,代理人是专利思维,强调技术方案的逻辑性、保护范围,能否获得专利授权;而发明人是技术思维,强调最优技术方案,但不能平衡公开与保护间的平衡程度,导致了二者在思维方式和关注点上的"不对等"。

正是由于上述"不对等",才让专利交底书显得更加重要。总结下来,专利交底书对于发明人和代理人的价值可总结为以下三个方面。

第一,有助于提高代理人写作效率,减少重复劳动,提高专利文本撰写的速度和申请速度;

第二,有助于提高沟通效率,尤其可避免代理人对发明人意图的理解偏差及发明人自身的表达偏差(如表达不够精确、不够完整等),导致工作出现失误;

第三,既有助于发明人整理思路,避免出现常见错误,也有助于代理人快速敲定专利技术细节,确定保护范围,同时对专利质量做有针对性的改进和提升。

一般来讲,撰写专利交底书需要经过以下步骤。

第一步,确定保护范围。对创意方案进行详细评估,根据检索评估结果和实际需要,确定要优先保护的技术特征。

第二步,形成专利概念方案。根据保护范围,对创意方案和确定要优先保护的技术特征进行针对性整合,形成若干专利概念方案,并确定计划申请专利的数量。

第三步,形成详细方案。将专利概念方案逐一转变为详细方案,明确每项技术的细节,介绍发明内容和具体实施方案。绘制专利附图,用图示化方法来展现专利方案,对绘图进行标示。

第四步,补充交底书具体内容。依次指出专利背景、创新点等内容,并描述专利实施案例,确定本专利的保护范围是否可以从零件的数量和位置、方法的步骤、工艺的顺序、原料的多少进行拓展。

在此过程中,还可以提前与专利代理人联系,或与有经验的同事交流,确定哪些最终方案有价值,围绕一两个最有潜力的专利概念方案进行优化、细化,为撰写专利交底书打好基础。

专利交底书撰写完毕后,发明人可以从问题—方案—效果 3 个方面评估交底书材料的完备性。

(1)问题:本专利要解决的问题是什么?

(2)方案:本专利采用何种技术解决该问题?

(3)效果:本专利解决该问题的效果如何?

如果认为交底书材料能够清晰反映上述问题,则说明发明人已经完成相应的工作。后续只需和代理人保持沟通联络，就技术细节达成一致即可提交审查。

关于技术交底书的撰写案例与经验，详见第十章。

9.6 本章小结

为了帮助读者判断专利破解是否成功，本章对专利文本的书写、专利审查标准和专利方案的形成进行了详尽解析。从专利申请文本的构成来看，权利要求书是全文的核心部分，说明书通常对权利要求书形成进一步的解释。因此，读者务必高度关注权利要求书：一方面，务必牢记专利破解过程围绕权利要求书展开的要求，根据权利要求书判断规避效果；另一方面，在专利交底书和专利申请文本的撰写过程中，都要重视权利要求书的细节，避免遗漏重要创新点。

为了帮助读者判断创意方案、交底书、申请文本的质量，本章进一步解析了专利审查流程和标准。其中，专利审查主要关注新颖性、创造性和实用性三个方面：新颖性主要考察"是否与现有技术有所不同"，强调技术方案与现有方案的差异最大化；创造性则主要考察"是否在现有技术上提升了效率、质量、效益等"，强调技术方案的经济社会效益最大化；实用性主要考察"是否有大规模生产后的市场价值"，强调能够真正投入使用。在实际判断方案和专利交底书质量的过程中，还要将三个标准统一起来分析，综合考察某一方案或交底书的新颖性、创造性和实用性。

此外，本章还就侵权判定进行了介绍，并提供了两个经典案例作为参考。然而，这两个案例判决所面临的一波三折，显示出专利侵权的结果判定较为困难，判定程序也十分复杂，判定的经济社会成本较高。因此，无论企业还是个人都要重视创新，并加强对创新成果的保护。

技术交底书是发明人与专利代理机构沟通的重要桥梁，一份完整且准确的技术交底书能够帮助代理机构更快地形成专利申请文本，并提升获得授权的可能性。在撰写交底书之前，发明人一定要对现有专利和产品进行充分检索和比较，从而对方案质量进行合理评估。在撰写交底书时，要重点关注方案的创造性，在选定基本方案的基础上，可以通过调整具体设计和有价值方案的叠加提高产品的效率和性能；其次是要提供较为完整的技术细节，保证产品具备一定的实用性和技术可行性。

10 技术交底书撰写实战

——以系统化创新方法"抗疫"实战为例

2020 年 1 月，新冠疫情肆虐中华大地。及至 3 月份，全球各主要国家均遭受新冠疫情的影响。面对来势汹汹的新冠疫情，全国各地的工业生产和生活秩序受到极大冲击，医疗资源严重短缺，全球供应链断裂。浙江省创新方法师资团队以实际行动支援抗疫，在 2020 年 2 月底浙江省委省政府"打赢疫情保卫战，促进企业复工复产"的号召下，师资团队围绕防疫物资生产和抗疫关键技术难题开展问题诊断、难题解决、专利破解和知识产权保护等工作。到 2020 年 3 月底，已累计解决企业相关技术难题 30 余项，其间仅师资团队就申请国家发明专利 13 项，共获得 9 项国家发明专利授权（截至 2023 年 11 月）。考虑到前文已重点介绍如何运用创新方法工具破解专利并产生概念方案，因此本章选择若干"抗疫"案例，重点展示在获得概念方案后，如何将其转化为技术交底书。

10.1 案例一："呼吸机用呼吸阀专利 (Patient Valve for Ventilating a Patient with a Ventilator)"破解

1 专利背景及权利要求

1.1 专利的背景技术描述

2020 年 3 月初，新冠疫情袭击全球，导致各类防疫物资高度短缺。除了口罩和防护服之外，当时疫情严重的地区也都急需一种医疗器械——呼吸机。作为最重要的"抗疫"医疗设备之一，常见的呼吸机可以分为三类：第一类为普通家用呼吸机，主要针对睡眠和呼吸困难的患者使用；第二类是临床中一般病人使用的无创伤呼吸机，直接佩戴使用,能够一定程度上加强呼吸效果;第三类是临床中危重病人使用的有创呼吸机,呼吸机管道在呼吸道部分开口后直接通入体内,实现较高质量的辅助呼吸。在新冠疫情防控期间,大量病人的肺部受到严重损伤,需要使用有创呼吸机。

相比于无创呼吸机,有创呼吸机由于监测设备完善,通过气管等方式直接辅助病人呼吸,因此对病人的帮助更加明显:肺炎导致肺功能下降,痰液聚集导致呼吸道部位通气不畅,二氧化碳大量聚集在肺部,容易导致病人缺氧窒息,有创呼吸机直接将富氧空气输送至肺部,避免呼吸功能太弱而导致窒息。

由于有创呼吸机主要在临床中供危重病人使用,因此其设计标准和技术指标要求很高,技术系统也较无创呼吸机复杂很多。从构成来看,有创呼吸机通常包括 3 个子系统:子系统一是气源动力部分,通常直接将空气当作气源,或将呼吸瓶中的压缩空气当作气源;子系统二是连接部分,包括各类通气管道、液体管道、专门的管道转接口、线路、管道上的传感器(呼吸参数和温度参数感受器)、控制管道中气体流向的呼吸阀等;子系统三为主机,包含呼吸模式调节装置、具体参数调节装置、监测装置、报警装置等。有创呼吸机的结构十分复杂,其中的子系统和组件通常由专门的供应商独立生产,这些供应商往往持有相关产品的专利和设计方案,以该领域的"隐形冠军"的形式存在。而呼吸阀作为呼吸机中的重要组件,主要负责控制或改变气体流向,属于技术含量较高的零部件之一,设计和生产难度较大。

当时,呼吸机是最重要的抗疫物资之一,疫情的袭击使多家医院的呼吸机供应告急。2020 年 3 月 13 日,意大利一家地方医院就陷入了呼吸机消耗殆尽的困境,多位患者的生命面临威胁。在呼吸机严重不足的背后,无法及时生产呼吸阀和提供备货是关键原因之一。呼吸阀作为医用耗材,每个售价高达 11000 美元(约合 77000 元人民币)。意大利当地创业公司 Isinnova 的两名年轻工程师克里斯蒂安和亚历山德罗主动提供帮助,经公司老板同意后,通过 3D 打印生产出了替代品,成本只要 1 美元左右(约合 7 元人民币),拯救了多位患者生命。

然而这场"及时雨"很可能面临被原厂起诉的风险,拥有该呼吸阀专利权的公司认为其行为侵犯了自己专利,威胁起诉他们。3D 打印阀门事件引起了大家的高度关注,被报道后,Isinnova 创始人克里斯蒂安·弗拉卡西(Cristian Fracassi)收到了上百份供货请求。拿不到专利就不能生产呼吸阀,Cristian Fracassi 没有放弃,他开始另辟蹊径。3 月 21 日,Isinnova 团队成功开发并测试了一种 3D 打印适配器,可以将通气面罩变成无创呼吸机,避开了呼吸阀专利,直接用于患者(见图 10-1)。

本文所涉及的专利即是一项呼吸阀专利。呼吸阀是呼吸机核心部件,常用

图 10-1　一种 3D 打印的呼吸阀

来对呼气通路进行阻断或开启,从而实现吸气相与呼气相的相互切换,能够保证气流单一,将呼出的二氧化碳和吸入的空气分开。呼吸机用呼吸阀专利(Patient Valve for Ventilating a Patient with a Ventilator)主要涉及呼吸机和病人的连接系统,用于给病人通气的呼吸阀,是德国魏斯曼医疗器械公司在美国申请的专利,2020 年 2 月 6 日通过申请。本专利的首位申请人克里斯蒂安(Cristian)是该公司有名的心肺功能器械方面的专家。

用呼吸机为患者通气的呼吸阀,包括具有至少一个连接的第一阀元件,其中所述至少一个连接与所述阀定向。其中心轴与垂直方向成一定角度,相当于缩短了呼吸阀中心轴的位置,从而减少了死区体积[1](如图 10-2 所示)。

1.3　专利权利声明分析

22[2].一种用于通过**呼吸机**使患者**通气的**患者呼吸阀,包括具有**至少一个**端口的有中心轴的第一阀元件。其中至少一个端口方向固定使中心轴与垂直方向**成一定角度**,使得呼吸阀的长度**减小**,进而**减少**死区体积(见图 10-3)。

23.根据权利要求 22 所述的呼吸阀,其中,端口中心轴和呼吸阀中心轴之间的角度在**大约 25°到 75°**。

---

①　作者注:在该专利中,死区是指由于连接间隙的存在,导致浑浊空气无法排除而停留在此的部位。

②　作者注:据了解,美国专利是从修改后的权利声明开始顺序编号的,如本专利中的权利声明 22 与中国专利中的权利声明 1 等同,后续编号也是如此,均为独立权利声明。

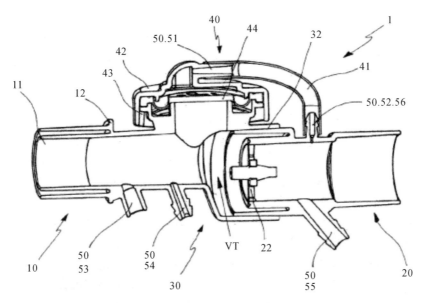

图 10-2　呼吸阀专利产品剖面

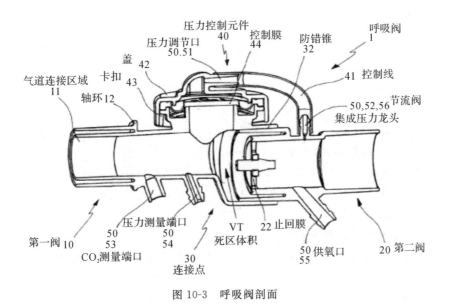

图 10-3　呼吸阀剖面

24.根据权利要求 23 所述的呼吸阀,其中,端口中心轴和呼吸阀中心轴之间的角度在**大约30°到50°**。

25.根据权利要求 22 所述的呼吸阀,其中,至少一个端口包括第一端口和其他端口,沿呼吸阀的**纵向对齐**或在圆周上彼此成一定角度。

26. 根据权利要求 22 所述的呼吸阀,其中,**至少一个**端口有**二氧化碳测量**。

27. 根据权利要求 22 所述的呼吸阀,其中,**至少一个**端口有气道压力测量。

28. 根据权利要求 22 所述的呼吸阀,其中,**至少一个**端口是氧气供应端口。

29. 根据权利要求 22 所述的呼吸阀,其中第一阀元件具有压力控制元件。

30. 根据权利要求 29 所述的呼吸阀,其中压力控制元件具有一个盖,该盖通过一个卡扣**配合连接**,并且配置为**牢固回转**。

31. 根据权利要求 29 所述的呼吸阀,其中压力控制元件具有控制膜。

32. 根据权利要求 31 所述的呼吸阀,其中控制膜是 PEEP 控制膜。

33. 根据权利要求 31 所述的呼吸阀,其特征在于:包括控制入口,该控制入口施加压力到控制膜。

34. 根据权利要求 33 所述的呼吸阀,其特征在于:包括至少一个第二阀元件,其中第一阀元件可连接至至少一个第二阀元件连接部位的阀芯。

35. 根据权利要求 34 所述的呼吸阀,其中连接站点具有分区平面。

36. 根据权利要求 34 所述的呼吸阀,其中连接站点*配置为***圆锥形**。

37. 根据权利要求 34 所述的呼吸阀,其中至少一个第二阀元件具有至少一个控制装置端口,压力控制元件的控制入口可操作地连接到控制端口,以便压力适用于控制膜。

38. 根据权利要求 37 所述的呼吸阀,其特征在于:包括提供**操作连接**的控制线。

39. 根据权利要求 34 所述的呼吸阀,其中:第二阀芯具有至少一个氧气供应端口,因此可以**以任何所需的浓缩形式**引入氧气进入第二个阀芯。

40. 根据权利要求 34 所述的呼吸阀,其中:第二阀芯具有**至少一个**止回膜位于第二阀芯的**轴向前端**,因此至少减少了形成的死区体积。

41. 根据权利要求 22 所述的呼吸阀,其中呼吸阀为一次性使用。

42. 根据权利要求 22 所述的呼吸阀,其中呼吸阀是呼出阀。

<u>2 专利功能分析</u>

<u>2.2 专利系统组件列表</u>

本系统的作用对象是:<u>病人</u>;本系统的主要功能是:<u>呼吸阀改变病人呼吸状态</u>。

根据系统分析结果填写专利系统组件列表(见表 10-1),列表共包含 2 个超系统组件:病人、氧气,系统组件包括第一阀、第二阀、连接点、压力控制元件、压力调节扣等以及附带的多个子组件。

表 10-1 专利系统组件列表

超系统	组件	子组件
病人氧气	第一阀(10)	气道连接区(11)
	第二阀(20)	安装附件(21)、止回膜(22)
	连接点(30)	分区平面(31)、防错锥(32)
	压力控制元件(40)	控制线(41)、盖子(42)、卡扣(43)、控制膜(44)
	压力调节口(50、51)	集成压力龙头(50、52),
	二氧化碳测量端口(50、53)	气道提供压力测量端口(50、54)
	氧气供应断口(50、55)	

根据专利系统组件列表和功能结构关系,绘制本专利的功能模型图(见图 10-4)。

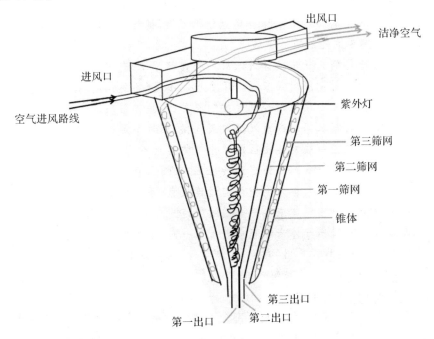

图 10-4 专利系统功能模型

根据专利系统失效分析结果,绘制本专利负面功能模型图(见图 10-5)。

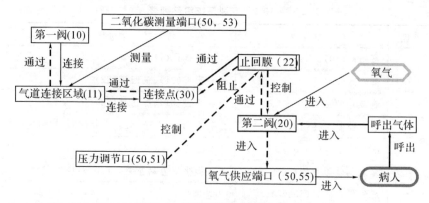

图 10-5 专利系统负面功能模型

2.5 专利功能分析结论

根据专利失效分析结果,从负面功能模型图中提取 10 个负面功能,其中 7 个不足作用,3 个有害作用。综合其他分析工具,将负面功能 5、负面功能 6 和负面功能 7 认定为问题解决的突破点。

负面功能 1:病人呼出气体进入第一阀内部腔体(有害作用);

负面功能 2:控制膜对第二阀内压力控制不足(不足作用);

负面功能 3:压力调节对控制膜控制不足(不足作用);

负面功能 4:第二阀中的氧气进入氧气供应端(不足作用);

负面功能 5:控制膜对连接区的呼出气体阻止不足(不足作用);

负面功能 6:呼出气体残留在连接区形成死区(有害作用);

负面功能 7:呼出气体未能完全通过连接点(不足作用);

负面功能 8:呼出气体未能完全通过气道连接区(不足作用);

负面功能 9:呼出气体未能完全进入第一阀(不足作用);

负面功能 10:病人呼出(有害)气体对气体(有害作用)。

3 组件破解以及功能破解

3.2 组件破解产生方案

根据相应操作步骤,组件破解部分主要针对突破点 5 和突破点 6 展开破解,兼顾突破点 7 和其他负面功能。具体破解结果如表 10-2 所示,共产生 6 个解决方案。

表 10-2　组件层次专利破解

序号	操作维度	具体操作	形成概念方案（idea）
R-3	3 功能维度	抛弃与再生	通过将呼吸阀设置成可拆卸结构，使内部便于消毒，从而实现多次重复使用
R-6	4 能量与场维度	引入场来代替物质	删除控制膜，直接引入场来控制呼气阀和吸气阀的打开和关闭
S-23	5 材料维度	变换颜色	设置透明呼吸阀，同时在二氧化碳检测部位设置化学物品，可根据二氧化碳的浓度变色，让医务人员可以直接发现呼出气体情况
A-6	2 时间维度	预先防范	呼气通道内有呼气单向阀，病人不可能重复吸入呼出气，特别是有通过呼吸传染的病人使用呼吸机
A-9	2 时间维度	有效持续作用	吸气相同步雾化吸入药物以提高药液的利用性、提高雾化效果
A-20	3 功能维度	物理效应或现象	在患者口端或呼吸机呼气端口加装微生物级过滤器，可有效降低空气的污染指数。这种过滤器可过滤空气中的尘埃、微生物及其附着物，对几十到几百 nm 的病毒可起到一定的过滤效果
A-22	3 功能维度	引入活性附加物	引入活性炭、氢氧化钠、氢氧化钙等成分，加强对二氧化碳、水分等呼出气体的吸附和吸收
A-30	4 能量与场维度	引入磁性物质	将呼吸阀的接口处采用弱磁性物质制作，提高产品的贴合度，在呼吸阀调整或移动时，死区的体积会因为接口处吸附更牢固而减少

4. 专利效应破解

4.1 运用效应库进行末端补救

根据专利功能分析结论，分别针对突破点 5、突破点 6 和突破点 7，运用末端补救进行专利破解，并填写表 10-3。

表 10-3　运用末端补救进行专利破解

A 序号	B 现存的负面功能	C 如何消除负面功能	D 属性表达
1	止回膜对连接区的呼出物阻止不足（内含痰液）	去除液体	改变位置
2	呼出气体残留在连接区形成死区（气体管道回路被致病微生物污染）	去除粉末	改变位置
3	呼出气体未能完全通过气道连接区	去除气体	改变位置

4.2 查询功能库并产生方案

方案 9：通过查询"去除液体"，得到 95 个科学效应，使用"V10 振动"，产生方案，即在呼吸机和出气阀之间增加一个喇叭状的振荡发生器，呼气阀在压力调节器的控制下打开和关闭的过程中，出现呼气相的压力同步震荡，产生的震荡波通过大气道传递至外周肺的小气道，可震荡气道的痰，起到清除气道痰的作用。

方案 10：通过查询"去除粉末"，得到 98 个科学效应，使用"H29 过氧化氢、H10 加热"，设计一个呼吸机配件微波消毒设备，其工作原理为：利用过氧化器和高温可杀死病毒和细菌的特性，对病人经呼吸机排出的含高密度病毒的气体，先经过过氧化氢消毒液过滤，再经加热高温灭毒，从而快速彻底杀灭呼吸机配件内外致病微生物的目的。

4.3 查询属性库并产生方案

方案 11：通过查询"改变位置"，得到 107 个科学效应，使用"J12 膨胀型材料"产生方案，即根据微生物呼吸作用产生热量的特点，采用膨胀材料制作管道，当微生物数量达到阈值时，管道口会自动扩大，避免微生物影响通气。同时管道膨胀也可以提醒医务人员更换设备或及时对设备进行消毒。

4.4 运用效应库进行源头治理

根据专利功能分析结论，运用源头治理进行专利破解，并填写表 10-4。

表 10-4　运用"源头治理"进行专利破解

A 序号	B 现存的负面功能	C 系统的有用功能	D 属性表达
1	呼出气体未能完全通过气道连接区（气体排出不足）	移动气体	改变压力
2	止回膜对连接区的呼出物阻止不足（内含痰液）	约束液体	稳定位置

续表

A 序号	B 现存的负面功能	C 系统的有用功能	D 属性表达
3	呼出气体残留在连接区形成死区（气体管道回路被致病微生物污染）	移动粉末	改变压力

4.5 查询功能库并产生方案

方案 12：通过查询"移动气体"，得到 119 个科学效应，选择"C43 达康效应"产生方案，即将中间锥形体改为带有曲率的锥形让气体贴近通道表面通过，降低呼出气体和氧气的接触。

方案 13：通过查询"移动气体"，得到 119 个科学效应，选择"V9 文丘里效应：流体在通过缩小的断面时压力降低的现象"产生方案，即将锥形体改为双锥体结构（见图 10-6），其中第二阀门内椎体半径更大，让空气在管道狭窄处加速，从而迅速流出腔体内。

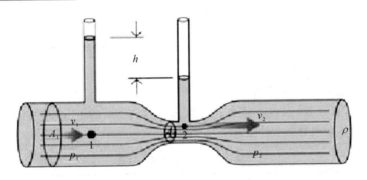

图 10-6 文丘里效应示意

方案 14：通过查询"移动气体"，得到 119 个科学效应，选择"V9 Ranque-Hilsch 效应"产生方案，即通过供给压缩空气将病人呼出的热气流和需要进入肺部的冷气流分开。

4.6 查询属性库并产生方案

方案 15：通过查询"改变压力"，得到 154 个科学效应，选择水流抽气效应：水流会使周围的空气压力降低，从而吸取气体产生方案，即通过呼出端放置低温物体，液化呼出气体，使气体形成水流，增加气体流出端负压力，让第二阀的正压更容易维持。

5.2 专利进化产生方案

在上文专利系统分析的基础上，根据专利进化问答表格的提示，填写表 10-5。

表 10-5　专利进化问答表格

序号	进化法则	系统现在所处阶段	进化概念方案(idea)
16	控制子系统完备性法则	无法实现自动控制,不能根据病人情况进行调节	加入微型计算机控制子系统,对病人的呼吸节奏进行监控,根据呼吸频率调整呼气和进气
17	性能参数协调	性能参数之间需要协调性	吸气时,气流可由呼吸阀进入气道;呼气时,因呼气阀末端被阻挡,气流经过没有阻力的上气道呼出,由于气流经过声带,患者能够进行发音训练
18	向微观进化	医用呼吸机大都比较复杂,便携性较差	在便携化的同时增强呼吸机的呼吸功能,以便满足尽可能多类型的病人使用
19	增强系统可控性	呼吸机作为独立系统,无法被远程控制和监督	呼吸机网络化,将呼吸机信息传入局域网、广域网以至因特网,是远程医疗的重要组成部分

6 方案汇总与评价

6.1 产生的概念方案汇总

根据解题过程,汇总全部产生的概念方案(见表 10-6),并对具体方案的实用性、新颖性和创造性进行评估。

表 10-6　概念方案汇总表

序号	方案名称	工具	新颖性	创造性	实用性
1	引入场来控制呼气阀的打开和关闭	减组件	高,完全没有	高,高度准确	低,难以实现、成本高
2	呼吸阀可拆卸,内部便于消毒,可重复使用	换组件	高,无类似专利方案	中,提高利用性	中,需要确保连续性
3	透明呼吸阀,二氧化碳变色结构	换组件	中,类似方案没有用于呼吸机	中,提高观测效果	高,提高观测效果
4	单向呼吸阀	加组件	低,使用较多	低,使用较多	高,阻止空气回流
5	同步吸入雾化药物	加组件	中,类似专利方案较少	中,在其他领域有使用	低,不完全适合问题情境

续表

序号	方案名称	工具	新颖性	创造性	实用性
6	加装过滤器	加组件	低,较为普遍	低,普遍且容易实现	高,净化空气
7	引入活性炭等吸收水和二氧化碳	加组件	低,较为普遍	低,普遍且容易实现	高,净化空气
8	接口处采用磁性物质连接,减少死区	拆组件	高,在本领域没使用过	高,连接效果极佳	低,电磁不兼容
9	震荡清痰	知识库	较高,没有形成产品	高,能够高效清除痰液	低,非本领域,成本
10	微波消毒,杀灭有害物质	知识库	低,有类似产品或专利	中,待确定	高,可以产业化
11	采用热膨胀材料管道	知识库	高,没有专利或产品	高,能够大大缓解通气	低,前景不明
12	改变锥形体形状,促进空气流动	知识库	中,使用较多	不确定,取决于具体方案	高,简单、长期
13	改为双锥结构,提高空气流速	知识库	高,暂无产品或专利	低,效果有待验证	低,制造困难
14	Ranque 效应将气体分流	知识库	中,其他领域有产品	低,普遍且容易实现	不确定,待评估
15	水流抽气效应,吸取气体	知识库	低,较为普遍	低,普遍且容易实现	不确定,待评估
16	微型计算机监控呼吸	进化法则	低,比较普遍	低,难以有新的突破	高,必备产品
17	进行气流发声练习	进化法则	高,没有	不确定	较低
18	微型化仪器	进化法则	中,目前主要方向	高	很高,市场需求大
19	呼吸机网络化,互联	进化法则	高,可以实现在线会诊,形成大数据平台	不确定,待研究	不确定,需要大量研究

6.2 拟申请专利汇总

（1）确定保护范围和申请专利的数量

由于本次破解的专利为医疗器械类，对产品的可行性和可靠性要求较高，因此在对上述创意方案的评估时，重点关注方案的创造性和实用性。根据最终分析结果，结合对现有专利的检索与评估，最终计划申请一个专利。如表 10-7 所示，根据对全部概念方案的评估结果，确定了 7 个有价值的待保护的概念方案。其中，需要保护的基本特征有 1 个（方案 2），被保护的重要从属特征 2 个（方案 4 和方案 12），作为创新点进行保护的重要特征有 3 个（方案 3、方案 6 和方案 7）。

表 10-7　待保护的有价值创意

序号	方案名称	新颖	创造	实用	最终评估
2	呼吸阀可拆卸，便于消毒，重复使用	高	中	中	作为基本特征进行保护，进一步明确具体结构
3	透明呼吸阀，二氧化碳变色结构	中	中	高	作为创新点采纳，提升方案的新颖性和创造性
4	单向呼吸阀	低	低	高	必备特征，作为创新点采纳，提升方案的实用性
6	加装过滤器	低	低	高	作为创新点采纳，提升方案的新颖性和创造性
7	引入活性炭等吸收水和二氧化碳	低	低	高	作为创新点采纳，提升方案的新颖性和创造性
12	改变锥形体形状，促进空气流动	中	高	高	作为主要特征进行保护，需进一步明确具体结构

（2）形成详细方案

在确定计划申请的专利数量和所要保护的范围后，还需要进一步明确详细方案，从而形成专利交底书。具体步骤如下。

首先，在保证新颖性的前提下，将基本特征进行拆解或合并，形成一个明确的整体结构。在本案例中，主要明确了特征 1 呼吸阀是可拆卸、可切换的结构（方案 2），以及特征 2 内部增加了可利用文丘里效应的锥形结构设计（方案 12），具体结果如表 10-8 所示。

表 10-8 确定专利方案的基本特征和重要

序号	原始创意方案	详细方案	评估和改进
特征 1	呼吸阀内部可拆卸，便于清洗，可以消毒	(1)内部设计为可切换状态，打开后可以清洗	在此基础上绘图，明确具体拆卸方案。尤其注意需要克服传统方案需要停机更换设备的不足，确保足够的新颖性
		(2)切换后直接更换另一个呼吸阀	
		(3)增加切换控制装置，打开呼吸阀时切换到另一个呼吸阀	
特征 2	采用锥形体促进空气流动	(1)明确特征 1 中内部结构，在呼吸阀中利用文丘里效应	结合特征 1 共同确定具体结构设计，并绘图
		(2)结合特征 1 和 4 进行绘图	

其次，在基本特征方案的基础上，逐个补充重要从属特征。在本案例中，先后增加了特征 3(方案 3)透明呼吸阀和二氧化碳变色指示、特征 4(方案 4)单向呼吸阀、特征 5(方案 6)加装过滤器、特征 6(方案 7)活性炭、特征 7(方案 8)连接部优化等，具体结果如表 10-9 所示。通过逐步增加创新点，可以一定程度上改善新颖性，显著提升专利方案的创造性程度并改善其解决问题的效果，同时提升产品的实用性。

表 10-9 增加从属特征方案

序号	原始创意方案	详细方案	评估与改进
特征 3	透明呼吸阀，二氧化碳变色指示	(1)确定材料	提升方案的创造性
		(2)将位置至于呼出气末端	
特征 4	单向呼吸阀	(1)结合锥形结构，设计单向阀	结合特征 1 和特征 2 确定，提升创造性
特征 5	加装过滤器	(1)设计一个进气清洁过滤	进出双过滤器，提升方案新颖性和创造性
		(2)设计一个出气清洁过滤	
		(3)设计两呼吸阀切换装置	

续表

序号	原始创意方案	详细方案	评估与改进
特征6	引入活性炭等吸收水和二氧化碳	(1)设计两组滤芯结构	为增加保护范围,无需明确指出采用活性炭或其他过滤材料
特征7	便于连接,避免形成死区(呼吸机的使用要求)	(1)确定连接状态为螺纹连接方式并绘图	提升方案的创造性
		(2)确定结构材料为柔性橡胶管,可在一定程度上弯折	

经过反复论证,最终将呼吸阀的整体确定为如图10-7所示的方案。本方案包括了进气口、出气口、前后过滤腔、换向开关、单向阀、二氧化碳检测等组件,清洁空气和呼出气体分别得到较好的过滤和分流。

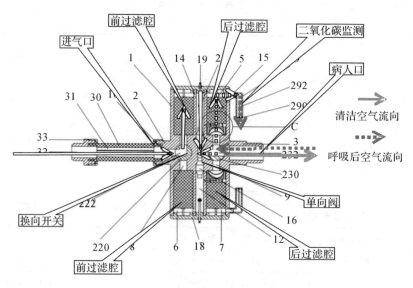

图 10-7　呼吸阀设计方案

(3)补充交底书的具体内容

在完成上述内容的基础上,还需要进一步补充交底书的具体内容。一般包括专利名称、技术领域、背景技术、发明内容、具体实施实例,部分专利还要求提交实验测试数据等内容。作为补充材料,不同代理机构和代理人的要求不尽相同。按照要解决的问题—具体实施方案—本方案的效果3个关键点,本专利中最终提供的详细交底书内容如下。

一、要解决的问题（背景）

（一）呼吸阀是呼吸机重要组件，但现有呼吸阀无法处理呼出气体

呼吸阀是呼吸机中氧气端和病人端相互连接的重要组件，主要用于连接呼吸机和病人，实现呼出气体与吸入气体的分离，从而保证呼吸动作的顺畅进行。目前呼吸阀的种类非常多，然而常见的呼吸阀内均不设置过滤器，其原因是呼吸机的氧气输出端会自带过滤器，但是遇到一些特殊病情的病人使用时，病人呼出的气体的飞沫中携带很多细菌、病毒等，这些细菌、病毒随着病人呼出气体中的飞沫逸出进入环境中，容易导致其他人感染。

（二）专家建议安装一次性过滤装置，但还未能设计实际产品

针对新冠患者使用呼吸机的情况，中华医学会呼吸病学分会呼吸治疗学组组织相关专家，撰写了《新型冠状病毒肺炎患者呼吸机使用感控管理专家共识》一文，以规范患者在使用呼吸机前后相关的院感防控措施，最大程度地降低疾病传播风险。该文中，专家"建议在呼吸机的吸气和呼气端分别安装一次性过滤器，以降低疾病传播风险"。

（三）现有的呼吸机没办法直接更换、循环使用、过滤空气

直接在吸气端管道、呼气端管道尾部串联一次性过滤器，但是使用一次性过滤器需要定时更换，更换过滤器时需要呼吸机停机，由于呼吸机本身非常紧缺，几乎没有备用的呼吸机，呼吸机停机更换滤芯的时候病人无法通过呼吸机呼吸，只能自然呼吸等待更换过滤器，这对病人肺部容易造成损伤；而且过滤器需要串联到管路中去，过滤器必要要有完整的外壳、滤芯，更换的时候外壳、滤芯都是整体更换，这对过滤器的生产带来极大的压力，而且成本较高。

二、拟申请的技术方案

（一）最主要技术特征（方案2）

（1）内部设计为可切换状态，打开后可以清洗，或者更换，可以重复使用；

（2）切换后直接更换另一个呼吸阀；

（3）增加切换控制装置，打开呼吸阀时切换到另一个呼吸阀，保证病人的呼吸不间断，同时持续保持呼出气的消毒。

一个呼吸阀本体，呼吸阀本体的左端设有进气接头，呼吸阀本体的右端设有吸气接头。呼吸阀本体的上端内部设有前过滤腔A、后过滤腔A，呼吸阀本体的下端内部设有前过滤腔B、后过滤腔B，所述前过滤腔A、前过滤腔B之间通过第一通道连通，所述后过滤腔A、后过滤腔B之间通过第二通道连通，所述进气接头内设有与第一通道侧面连通的进气通道，所述吸气接头内设有与第二通道连通的吸气通道。

（二）次要技术特征（方案 12）

进气部分采用锥形体促进空气流动，提升单向阀的止回效果

（1）特征 1：利用文丘里效应，具体原理如下：压缩空气从文丘里管的入口进入，少部分通过截面很小的喷管排出。随之截面逐渐减小，压缩空气的压强减小，流速变大。

（2）使吸入气体能够快速进入病人呼吸道，避免空气流动停滞。同时进入口变小，使得单向阀门能够更好地避免呼出气反流。

（三）其他辅助特征

（1）透明呼吸阀，二氧化碳变色指示试纸，指示位置在呼出气末端，利用卡托等方式连接，可更换（方案 3）。排气接头的外端连接有二氧化碳指示管，二氧化碳指示管的上端与排气接头卡接，二氧化碳指示管的下端设有托架，托架与二氧化碳指示管螺纹连接，托架的中心设有卡槽，卡槽内设有二氧化碳检测试纸。

（2）单向呼吸阀，结合文丘里效应的锥形结构设计单向阀（方案 4）。

（3）加装过滤器（方案 6）：设计一个进气清洁过滤，设计一个出气清洁过滤，设计两呼吸阀切换装置。

（4）引入活性炭等吸收水和二氧化碳（方案 7）：设计两组滤芯结构，便于连接，避免形成死区（呼吸机的使用要求）（方案 8），确定连接状态为螺纹连接方式并绘图，确定结构材料为柔性橡胶管，可在一定程度上弯折。

进气接头的外端设有柔性胶管，所述柔性胶管内设有若干氧气通道，所述柔性胶管的外端设有管接头，所述柔性胶管的内端通过螺纹连接套与进气接头连接，柔性胶管的外端通过螺纹连接套与管接头连接。

初步计划方案如图 10-8 所示，确定了大体结构以及空气流动的具体路径，但还未能增加其他细节。

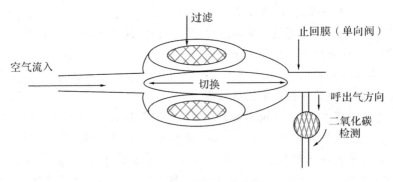

图 10-8　初步方案图草稿

点评：在运用创新方法破解专利时，首先需要形成概念方案，所谓的概念方

案是指在创新方法的提示下产生的解决问题的大致设想和计划。如在本次破解中，首先确定了空气流向和切换过滤的技术思路，而后再逐步添加和修正设计思路。

根据其他创新点和特征，综合考虑后修改为如图 10-9 所示的新方案。在此基础上可进一步绘制具体方案图。

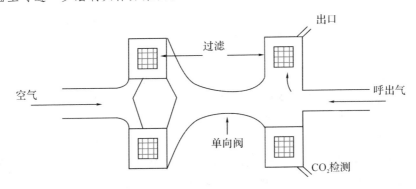

图 10-9　修改后的方案图草稿

经过发明人与代理人沟通，形成了最终方案（见图 10-10）。

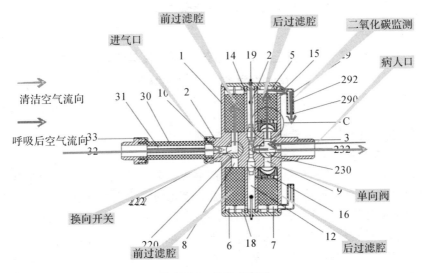

图 10-10　最终方案图

三、技术方案的优点

优点 1：在疫情防控期间，可最大程度提高呼吸阀的应用效率，避免呼吸阀等呼吸机关键配件不足，影响病人救治，是现阶段或未来应对呼吸系统疾病的重要医器械。

优点2:可以不停机切换,长期保证病人吸入和呼出的空气比较洁净,避免身体本就虚弱的病人交叉感染不同呼吸疾病。

优点3:空气流通效果有所增强,避免了使用传统呼吸阀时空气流通效果不佳的问题。

优点4:增加了二氧化碳指示装置,一旦病人呼出的气体出现异常,能够及时起到告警作用,提高医疗救护效果。

本专利申请方案已于2022年12月获发明专利授权。

经验与点评:在产生概念方案后,学员往往会止步不前,总认为距离专利申请和授权还很远。实际上,概念方案质量的新颖性和创造性在很大程度上是决定专利申请和授权的关键,此时距离专利授权也许就是"临门一脚"了。在已经产生的概念方案基础上,学员可以通过以下工作增加授权概率:第一,充分检索现有的专利库和同类产品方案,比较分析概念方案的新颖性、创造性和实用性如何,对已有方案的质量能够做到了然于胸;第二,根据分析结果,先确定主要的破解思路,在此基础上再将已经形成的其他概念方案叠加在主要方案上,增加专利申请方案的新颖性或创造性;第三,在现有方案的基础上,结合产品的适用场景,提供详细的设计方案,增加方案的实用性和创造性。

10.2 案例二:"一种带空气消毒净化功能 的支撑装置"的破解

1 专利背景及权利要求

1.1 专利的背景技术描述

为了解决目前展览会场因布展材料、参展设备、人流量大等而导致空气污染严重的难题,本发明提供了一种带空气消毒净化功能的支撑装置,能够对展览会场内各个展区的空气进行分部式消毒净化处理,同时还能方便灵活地与不同类型的显示装置相结合,形成空气消毒净化和多媒体显示为一体,既不占各个展位的面积,还能通过显示装置显示展览内容。以此替代现有的展览显示屏,既降低了设备使用成本,又解决了空气污染问题。

1.2 专利的具体实施方式

如图10-11所示,一种带空气消毒净化功能的支撑装置,箱体1上设置有进风口101和出风口102,还包括支撑部3,会场内显示装置5周边的污浊空气由进风口101进入空气消毒净化单元103,然后经过消毒净化后由出风口102排出,支撑部3上设置有连接单元6和显示装置5。箱体1内设置有总电源连接端和控制主板,控制空气消毒净化单元和电磁显示屏。

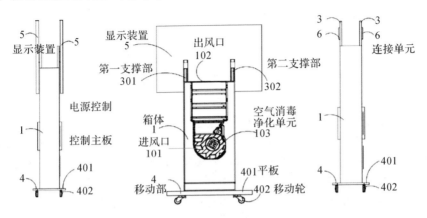

图 10-11　带空气消毒净化功能的支撑装置专利示意

1.3　专利权利声明分析

一种带空气消毒净化功能的支撑装置,箱体(1)上设置有进风口(101)和出风口(102),还包括支撑部(3),支撑部与箱体(1)固定连接,箱体(1)内设置有一个或一个以上的空气消毒净化单元(103),所述支撑部(3)上还设置有连接单元(6)。

所述支撑部包括第一支撑部(301)和第二支撑部(302),且第一支撑部(301)和第二支撑部(302)位于箱体的两侧。

根据权利要求1或2所述的带空气消毒净化的支撑装置,其特征在于,所述箱体(1)内设置有总电源连接端和控制主板,总电源连接端设置有一个或一个以上与空气消毒净化单元(103)相连接的电源接口。

根据权利要求1或2所述的带空气消毒净化的支撑装置,其特征在于,所述箱(1)上的进风口(101)位于出风口(102)的下方。

所述箱体(1)内设置有隔板(2),所述隔板(2)与第一支撑部(301)之间,或者隔板(2)与第二支撑部(302)之间,或者隔板(2)与隔板(2)之间均设置有一个或一个以上与空气消毒净化单元(103)。

所述空气消毒净化单元(103)与控制主板之间设置有电磁屏蔽装置,和/或所述空气消毒净化单元(103)也设置有电磁屏蔽装置。

2.1　专利文本分析

1. 一种带空气消毒净化功能的支撑装置,**箱体(1)**上设置**有进风口(101)**和出**风口(102)**,还包括**支撑部(3)**,支撑部与箱体(1)固定连接,箱体(1)内设置有**一个**

或一个以上的空气**消毒净化单元(103)**,所述支撑部(3)上还设置有连接单元(6)。

2.所述支撑部包括**第一支撑部(301)**和**第二支撑部(302)**,且第一支撑部(301)和第二支撑部(302)位于**箱体的两侧**。

3.根据权利要求1或2所述的带空气消毒净化的支撑装置,其特征在于,所述箱体(1)内设置有总电源连接端和控制主板,总电源连接端设置有**一个或一个以上**与空气消毒净化单元(103)相连接的电源接口。

4.根据权利要求1或2所述的带空气消毒净化的支撑装置,其特征在于,所述**箱(1)**上的进风口(101)位于**出风口(102)的下方**。

5.所述箱体(1)内设置有**隔板(2)**,所述隔板(2)与第一支撑部(301)之间,或者隔板(2)与第二支撑部(302)之间,或者隔板(2)与隔板(2)**之间**均设置有**一个或一个以上**与空气消毒净化单元(103)。

6.所述空气消毒净化单元(103)与控制主板之间设置有**电磁屏蔽**装置,和/或所述空气消毒净化单元(103)也设置有电磁屏蔽装置。

2 专利功能分析

2.2 专利系统组件列表

本系统的作用对象是:空气;

本系统的主要功能是:空气消毒装置改善空气纯度。

根据系统分析结果填写专利系统组件列表(见表10-10),列表共包含3个超系统组件:污浊空气、人、洁净空气,系统组件包括空气消毒净化单元、显示装置、支撑部、平板、箱体以及多个子组件。

表 10-10 专利系统组件列表

超系统组件	系统组件	子组件
污浊空气、人、洁净空气	空气消毒单元	进风口、出风口
	显示装置	连接装置
	支撑部	
	平板	
	移动轮	
	箱体	
	电源	

根据专利系统组件列表和功能结构关系,绘制本专利的功能模型图(见图10-12)。

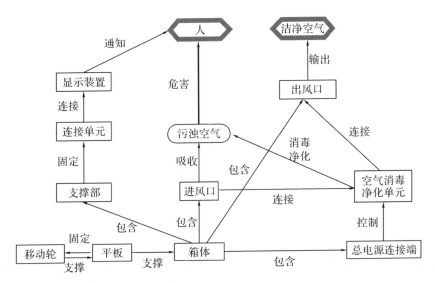

图 10-12　专利功能模型

根据专利系统失效分析结果,绘制本专利负面功能模型图(见图 10-13)。

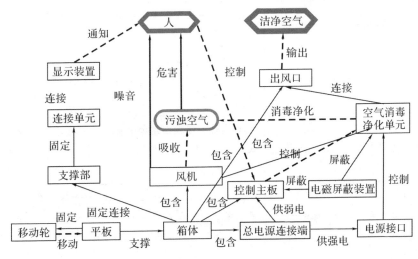

图 10-13　专利系统负面功能模型

2.5　专利功能分析结论

根据专利失效分析结果,从负面功能模型图中提取 10 个负面功能,其中 8 个不足作用,2 个有害作用。根据专利的实际情况,本文重点选择以下 3 个负面功能作为问题的突破点。

负面功能 1:风机吸收污浊空气的能力不足(不足作用);

负面功能 2:风机驱动功率大,噪声大(有害作用);

负面功能 3:消毒净化空气不彻底且效率低,对病毒和细菌的杀灭效率都比较低(不足作用)。

3　组件破解以及功能破解

3.2　组件破解产生方案

根据相应操作步骤,具体破解结果如表 10-11 所示,共产生 18 个解决方案。

表 10-11　组件层次专利破解

序号	操作维度	具体操作	形成概念方案(idea)
R-1	1 空间维度	分割	方案 1:支撑部和连接单元做成一体,可以根据需要放置在箱体的卡槽里
S-1	1 空间维度	曲面化	方案 2:设备的边缘采取圆角代替原来的棱角,或者采用圆柱体,防止碰伤人
S-2	1 空间维度	多维化	方案 3:移动轮换成万向轮,减少地形环境给机器人带来的不便,也更加适合空气消毒净化机器人的转向和自主导航问题
S-4	1 空间维度	分割	方案 4:裁剪圆柱形箱体下面一部分,把剪切的部分做成进风口,保证进风的流畅性,又增加了美观性,减轻了整体重量
S-5	2 时间维度	预先作用	方案 5:在装上显示装置之前,先转上喷雾装置(该喷雾装置平常挂在箱体侧面),对待空气净化的场所进行自动移动喷洒消毒,杀灭部分细菌和病毒
A-2	1 空间维度	多维化	方案 6:进风口从原来的一个改为 360°四面进风,增大对污浊空气的吸附力
A-3	1 空间维度	局部特性	方案 7:利用移动轮上方的平板的内部空间,内置一个充电宝

序号	操作维度	具体操作	形成概念方案(idea)
A-5	1 空间维度	分割	方案 8:为了方便净化器的拆卸,采用卡槽的方式相连接,这样既方便拆卸也方便连接,还节约空间
A-6	2 时间维度	预先防范	方案 9:具有前置滤网过期提醒功能,达到规定期使用限后,自动提示更换
A-7	2 时间维度	动态性	方案 10:增加传感器,自带的光感、烟感传感器自主对环境进行分析,当发现环境中某处突发烟雾过量(如抽烟等)可以下发指令通过自身移动进行空气净化,保护环境安全
A-8	2 时间维度	周期性动作	方案 11:采用多种不同模式,实现控制质量水平高、中、低时段的智能化判别,自主决策控制工作模式
A-11	3 功能维度	反馈	方案 12:增加手机 APP 远程控制功能或具有 LCD 显示功能,包括显示时钟,室内环境的湿度、温度、空气质量等级和滤芯寿命
A-15	3 功能维度	合并	方案 13:如果显示器比较小可以选择一个支撑部,如果显示屏比较大可以选择多个支撑部,合并起来增加承重
A-16	3 功能维度	多用性	方案 14:增加喷雾装置,可以用于场所的自主导航移动式消毒机器人
A-16	3 功能维度	多用性	方案 15:具有新风系统的空气消毒净化机,提供普通消毒净化模式、新风模式。如调至新风模式,则步进电机进入运转状态,控制挡板开启,风机将抽取室外空气;如调至普通模式,则步进电机进入运转状态,控制挡板关闭,风机将抽取室内空气,对无论是外部进来的还是内部的空气都能进行消毒净化
A-37	5 材料维度	变换颜色	方案 16:用不同颜色的指示灯来表示实时空气质量水平

续表

序号	操作维度	具体操作	形成概念方案(idea)
A-49	7 环境维度	利用环境资源作为附加物	方案 17:在充电桩上进行能量补充时,在电量充满的情况下可以脱离充电桩自由进行移动;当系统检测到能量不足的情况下,会自行启动程序回到充电桩进行能量的恢复
D-12	3 功能维度	抛弃与再生	方案 18:设计为太阳能空气消毒净化器。太阳能电池与本体分离,采用独特的抽屉式电池设计,具体而言电池通过插槽分别插在可打开的面板中,使得电池能够独立地抽出,以便于电池的充电,拆卸的电池的太阳能板可以以吸附在窗户玻璃上的方式来吸收太阳能

4.专利效应破解

4.1　运用效应库进行末端补救

根据专利功能分析结论,运用事后补救进行专利破解,并填写表 10-12。

表 10-12　运用末端补救进行专利破解

A 序号	B 现存的负面功能	C 如何消除负面功能	D 属性表达
1	进风口收集能力不足(突破点一)	聚集气体/粉末	改变位置
2	杀灭细菌的效果不足(突破点三)	分解固体	增加纯度
3	无法彻底杀灭病毒(突破点三)	加热气体	改变温度

4.2　查询功能库并产生方案

方案 19:查询"聚集气体",可运用科学效应"E52 静电学、I22 电离"形成概念方案,即采用静电吸附方式将含尘气体经过高压静电场时被电分离,尘粒与负离子结合带上负电后,趋向阳极表面放电而沉积,是一种利用静电场使气体电离从而使尘粒带电吸附到电极上的收尘方法,对消除空气中的细菌、病毒也有一定作用。

4.3　查询属性库并产生方案

方案 20:查询"改变温度",可运用科学效应"M43 微波辐射"形成概念方案,即采用波长为1 mm到1 m的电磁波改变空气温度,杀灭空气中的细菌。

4.4　运用效应库进行源头治理

根据专利功能分析结论,运用源头治理进行专利破解,并填写表10-13。

表 10-13　运用源头治理进行专利破解

A 现存的负面功能	B 如何消除负面功能	C 功能表达	D 属性表达
风机噪声大(突破点二)	低噪声驱动进风	移动气体	改变位置
空气消毒不彻底(突破点三)	杀菌消毒效果明显	清洁气体	改变纯度

4.5　查询功能库并产生方案

方案21:查询"清洁气体",可运用科学效应"R3 辐射"形成概念方案,即采用电离或非电离辐射杀灭空气中的细菌和病毒等物质,如紫外光辐射杀灭空气中的细菌等。

4.6　查询属性库并产生方案

方案22:查询"改变纯度",可运用科学效应"A16 活性炭"形成概念方案,即采用活性炭作为空气过滤材料,吸附空气中的细菌和灰尘等杂物,起到清洁和净化空气的效果。

方案23:查询"清洁气体",可运用科学效应"C91 旋风分离法:不使用过滤器,通过漩涡分离的方法从空气、水中去除颗粒物,利用重力和旋转效应,分离混合物中的固体和液体"形成概念方案,即采用旋风式分离装置进行改装,用于清洁气体中固体和液体,为后续杀菌消毒做准备。

5.2　专利进化产生方案

在上文对专利系统分析的基础上,根据专利进化问答表格的提示,填写表10-14。

表 10-14　专利进化问答表格

序号	技术系统进化路线	专利产品现在所处的发展阶段	概念方案
10	性能参数协调	自动化程度低,依赖人工调整和整理数据	方案24:空气净化器的智能终端通过整理学习使用者的需求进行数据汇总做出调节,在没有指令下发的前提下也可以把环境调控到使用者喜欢的舒适度

续表

序号	技术系统进化路线	专利产品现在所处的发展阶段	概念方案
11	工作节奏协调	自动化程度低，依赖人工调整和整理数据	方案25：消毒净化器云端连接互联网上的大数据，可根据当前或者一段时间内的环境状况反馈给智能控制器信息，根据反馈调节各个传感器的工作，并实时监测空气质量，当发现空气质量存在异常时则第一时间发送指令给空气净化装置进行工作
13	系统与超系统协调	无法自动感知环境情况并工作	方案26：空气净化器应该是一个高度智能的机器人，所以应该摒弃现有产品造型，对未来空气净化器进行重新定义，机器人需要移动，需要有多重传感器来感知环境和人的存在
17	向微观进化，简化并缩小尺寸	形状较大，较复杂，能耗高	方案27：微型化、便携式空气消毒净化器
20	提高动态性，增强系统可控性	可调节性差，适用性不够广泛	方案28：具有四级风速调节功能，在手动模式下可任意调节风速。具有4种工作模式，包括HM（手动）模式、AT（自动）模式、HS（高速）模式和SL（睡眠）模式。手动模式下，可以对各个模块进行单独调节；自动模式下，空气净化器可根据室内空气质量情况自动调节各个模块的工作状态，直到空气质量变优，停止工作；高速模式下，各模块都保持最好的工作状态，适用于室内空气污染严重的情况；睡眠模式下，在满足净化效果的前提下使噪声和功耗尽量低

6 方案汇总与评价

6.1 产生的概念方案汇总

根据解题过程，汇总全部产生的概念方案（见表10-15），并对具体方案的实用性、新颖性和创造性进行评估。

表 10-15 概念方案汇总表

序号	方案简要描述	所用工具	新颖	创造	实用
1	支撑部和连接单元做成一体,可以根据需要放置在箱体的卡槽里	减组件	低	中	中
2	设备的边缘采取圆角代替原来的棱角,或者采用圆柱体,防止碰伤人	换组件	低	中	中
3	移动轮换成万向轮,减少了地形环境给机器人带来的不便,也更加适合空气消毒净化机器人的转向和自主导航问题	换组件	低	中	中
4	裁剪圆柱形箱体下面一部分,把剪切的部分做成进风口,保证进风的流畅性,又增加了美观性,减轻了整体重量	换组件	低	中	中
5	在装上显示装置之前,先转上喷雾装置(该喷雾装置平常挂在箱体侧面),对待空气净化的场所进行自动移动喷洒消毒,杀灭部分细菌和病毒	换组件	中	高	中
6	进风口从原来的一个改为360°四面进风,增大对污浊空气的吸附力	加组件	中	中	高
7	利用移动轮上方的平板的内部空间,内置一个充电宝	加组件	中	中	高
8	为了方便净化器的拆卸,采用卡槽的方式相连接,这样既方便拆卸也方便连接,还节约空间	加组件	低	低	中
9	具有前置滤网过期提醒功能,达到规定期使用限后,自动提示更换	加组件	中	中	中
10	增加传感器,自带的光感、烟感传感器自主对环境进行分析,当发现环境中某处突发烟雾过量(如抽烟等)时可以下发指令通过自身移动进行空气净化,保护环境安全	加组件	中	中	中
11	采用多种不同模式,实现控制质量水平高、中、低时段的智能化判别,自主决策控制工作模式	加组件	中	低	高

续表

序号	方案简要描述	所用工具	新颖	创造	实用
12	增加手机 APP 远程控制功能或具有 LCD 显示功能。包括显示时钟,室内环境的湿度、温度、空气质量等级和滤芯寿命	加组件	中	低	高
13	如果显示器比较小可以选择一个支撑部,如果显示屏比较大可以选择多个支撑部,合并起来增加承重	加组件	中	低	高
14	增加喷雾装置,可以用于场所的自主导航移动式消毒机器人	加组件	中	低	高
15	具有新风系统的空气消毒净化机,提供普通消毒净化模式、新风模式	加组件	中	低	中
16	用不同颜色的指示灯来表示实时空气质量水平	加组件	中	低	高
17	在充电桩上进行能量的补充,在电量充满的情况下可以脱离充电桩自由进行移动,当系统检测到能量不足的情况下,会自行启动程序回到充电桩进行能量的恢复	加组件	中	中	高
18	设计为太阳能空气消毒净化器,太阳能电池是和本体分离的,采用独特的抽屉式电池设计	拆组件	中	中	高
19	静电吸附和电力除尘杀菌	效应库	低	中	高
20	微波辐射杀菌消毒清洁空气	效应库	低	中	高
21	紫外辐射等杀菌消毒清洁空气	效应库	低	中	高
22	活性炭作为吸附材料过滤空气中的粉尘和杂物	效应库	低	中	高
23	旋风分离法去除空气中的颗粒物和液体	效应库	低	中	高
24	空气净化器的智能终端自动调控环境	进化法则	低	中	高
25	消毒净化器云端连接互联网上的大数据,实时监测反馈和调整空气质量	进化法则	中	中	中
26	高度智能的可感知、可自由移动的、造型新颖的机器人	进化法则	中	中	高
27	微型化、便携式空气消毒净化器	进化法则	低	中	中
28	具有四级风速调节功能,在手动模式下可任意调节风速	进化法则	低	中	高

6.2 拟申请专利情况

根据上述 28 个概念方案，选定 4 个新颖性高、创造性强且具有显著实用性的方案作为主要保护特征，并将其他方案作为从属特征或附加创新点纳入对应的创意保护方案中。最终，综合专利查新结果计划申请 3 个发明专利、1 个实用新型专利，如表 10-16 所示。

表 10-16　拟申请专利情况列表

序号	拟申请专利名称	拟申请类型	对应概念方案
一	一种空气消毒净化支撑装置	实用新型专利	13、1、2、7、8 等
二	一种具有空气净化功能的智能消毒机器人	发明专利	24、25、26、27、20、21、22、23 等
三	一种具有空气消毒净化装置的太阳能信息显示屏	发明新型	18、12、10 等
四	一种空气净化微波消毒装置	发明专利	20、21、27、28 等

根据计划保护的创意方案，可以进一步对其他方案的价值进行评估，将其进行合理利用。以此专利的申请为例，说明如何对现有专利方案进行比较，以及形成详细方案。

(1) 拟申请专利一：一种空气消毒净化支撑装置

对比专利：申请号 ZL201911106913，名称"一种空气消毒净化功能的支撑装置"(在审状态)。

本专利要解决的问题：为了解决展厅、医院、地铁站、学校等公共场所，因人员密集、人流量大、空间封闭而造成的空气污染、病菌传播等问题，本发明提供了一种节能环保、带空气消毒净化功能的支撑装置。

本专利的具体解决方案如下。

① 万向轮上的平板里设有蓄电池和太阳能极板，这个太阳能极板与壳体分离，其采用独特的抽屉式电池设计，可以吸附在窗户玻璃上的方式来吸收太阳能充电，为风机和空气净化供电，节能环保。

② 箱体下部设置有 360°进风口，上部设有带格栅的出风口，顶部设有 1 个或多个高度和方向可调的支撑部，支撑部与箱体实现模块化，卡槽式加固安装，便于后期加装和搬运，该支撑部可连接不同类型的显示装置，不占用空间。

③ 具有自主学习、自主控制功能。空气净化器内的各种传感器会检测污浊空气并发送工作指令给空气净化装置，同时对有害物质和环境进行分析，数据传送给机器自带的智能控制器，空气净化装置可以根据数据进行功率的调节，保障

空气净化的顺利进行。

④ 可用于支撑垂直的屏幕、投影等，也可以用于支撑水平桌面式的屏幕，或者其他角度的屏幕，应用性广。

⑤ 壳体底部设有万向轮，具有可移动性，便于对公共场所空气进行分部式消毒净化处理，形成空气消毒净化和多媒体显示为一体，节省空间、节能环保、对病毒细菌的消毒净化效率高。

本专利的效果：第一，节能环保效果较好，第二，适用于多种应用场景。

(2)拟申请专利二：一种具有空气净化功能的智能消毒机器人

对比专利：申请号为 ZL201711158745，名称为"一种带有消毒液喷洒功能的室内空气净化设备"（未授权）；申请号为 201820000309.4，名称为"一种用于空气净化的净化消毒装置"（已授权）。

本专利要解决的问题：为了解决展厅、医院、学校等部分公共场所消毒装置自能化程度较低，需要大量人为干预，增加卫生工作人员暴露风险的问题，设计了一种具有空气消毒净化功能的智能消毒机器人。

本专利的具体解决方案如下。

① 包括净化装置本体，所述净化装置本体的底部安装有万向轮，万向轮上部设有平板，并设有一个蓄电池，可以在充电桩上进行能量的补充，在电量充满的情况下可以脱离充电桩自由进行移动，当系统检测到能量不足的情况下，会自行启动程序回到充电桩。

② 顶部还安装有消毒液喷洒装置，本体上还设有一个水箱，可根据空气质量情况加入合适的消毒液和水的配方进行自动搅拌，设有可多角度选择的喷洒头，对待消毒净化的场所进行智能自主导航移动喷洒消毒，杀灭部分细菌和病毒后再启动消毒净化模式，还可自消毒。

③ 设置有环境和人的传感器，可以根据空气质量水平和周边是否有人来选择开启和关闭空气消毒净化功能及高、中、低工作模式的自主选择工作模式。

④ 具有自主学习、自主控制功能。空气净化器内各种传感器会检测污浊空气并发送工作指令给空气净化装置，同时对有害物质和环境进行分析，数据传送给机器自带的智能控制器，空气净化装置可以根据数据进行功率的调节，保障空气净化的顺利进行。

⑤ 化学消毒与空气过滤净化消毒结合，消灭细菌、病毒等的效率高。

⑥ 该净化设备设有显示屏和智能控制系统，可手动、自动或远程遥控操作，尤其适用于病毒引起的疫情期的公共场所的空气消毒和净化，可以减少人工和避免人员被病毒感染，自动化、多功能、智能化，消毒净化效果好。

本专利的效果：第一，自动化程度高，避免过多的人为干预，降低高风险人群被感染的危险;第二,适用于多种应用场景,能够在多种场景中推广应用。

点评:本专利方案的新颖性和创造性总体上一般,技术都较为成熟,更多的是根据应用场景的差异,将现有的产品进行组合。因此,这类专利在申请中新颖性和创造性的评估都很困难,获得授权的时间也会相应增加。

(3)拟申请专利三:一种具有空气消毒净化装置的太阳能信息显示屏

对比专利:申请号为 ZL20182108315.6,名称为"一种带有空气消毒净化装置的交通信息显示屏"(已授权)。

本专利要解决的问题:为了解决公交站台附近汽车尾气、扬尘、PM2.5 等引起的空气污染问题及人员密集引起的病毒传染问题,本实用新型提供了一种具有空气消毒净化装置的太阳能信息显示屏。

本专利的具体解决方案如下。

① 上端设有太阳能电池、电池连接风机和空气消毒净化器,节能环保。

② 箱体内设置有多层过滤净化装置,其中包括紫外线消毒装置,如果在有阳光时可以利用环境中的紫外线进行杀毒。

③ 显示屏可作为广告宣传,公交线路情况展示,空气质量情况通知和报警,有语音提醒公交到站情况。

④ USB 接口、信号接收器、广告显示屏、装有空气质量检测装置,周期性显示空气质量水平,两侧进风口,显示屏下端有出风口,四周设置有环境和人的传感器,可以根据空气质量水平和周边是否有人来选择开启和关闭空气消毒净化功能及高、中、低工作模式的自主选择。

⑤ 消毒净化器云端连接互联网上的大数据,可根据当前或者一段时间内的环境状况反馈给智能控制器信息,根据反馈调节各个传感器的工作,并实时监测空气质量。

本专利的效果:通过空气消毒净化装置对显示屏周边空气进行消毒净化处理,降低了人们在公交站台等车时因空气污染导致疾病传播的风险,充分利用了免费的太阳能资源,节能环保,可以代替现有公交线路展示台和广告屏,不占用空间,又解决了空气污染问题。

(4)拟申请专利四:一种空气净化微波消毒装置

对比专利:申请号为 ZL200620021948.6,专利名称"微波消毒空气净化器"(已授权);申请号为 ZL200620021240.8,专利名称"微波消毒空气净化器"(已授权);申请号为 ZL201910342185.7,专利名称"一种微波空气消毒器"(未授权)。

本专利要解决的问题:为了解决目前空气净化消毒设备对细菌、病毒的灭活效率不高,不可移动,不智能等问题,本发明提供了一种可遥控移动的空气净化微波消毒器。

本专利解决问题的技术方案如下。

① 本发明采用微波对空气消毒，能实现运行稳定、高效灭菌和环保安全的消毒效果。

② 多孔结构的聚四氟乙烯可以吸附和固化更多的灰尘、颗粒物、细菌、病毒等，延长消毒时间，而且具有多孔结构的泡沫陶瓷及石墨烯都可以增加对微波的吸收，实现在有限的消毒器本体空间内，对空气进行长时间、有效微波消毒。

③ 波导管的设计可以控制微波方向，双层不锈钢箱体和紫铜网的封口能有效防止微波泄漏，不锈钢箱体内壁的S形设计可以加长微波反射衰减距离，避免微波对周围人员的辐射伤害。

④ 增加红外探测装置，当检测到人与设备的距离小于1 m时暂停微波消毒模式，确保人的安全。

⑤ 通过内置电池供电，摆脱了电源线的约束。在驱动装置和行走装置的作用下，可在一定区域内自由移动。显示装置可以显示电池电量信息。通过遥控器遥控净化器移动或控制净化器开关、风速、模式切换，可遥控任意需要空气净化消毒的地方，尤其适用于病毒引起疫情期的公共场所的空气消毒和净化，可以减少人工和避免人员被病毒感染。

本专利的效果：第一，结构简单且易于量产，既可小型化也可大型化；第二，应用范围广泛，可以用于医院、宾馆、写字楼、商场、影院、候车室、飞机、动车和大巴等封闭空间内，市场前景较好。

10.3 案例三:基于旋风分离法的空气消毒机

为了进一步说明如何将一个"idea"转变为"patent"中的成熟方案，本案例以案例二中的方案23为例，说明如何围绕概念方案形成最终解决方案，并撰写交底书。

在案例二中方案23的具体内容如下。

如图10-14所示，查询"清洁气体"，可获得科学效应"C91旋风分离法:不使用过滤器，通过漩涡分离的方法从空气、水中去除颗粒物，利用重力和旋转效应，分离混合物中的固体和液体"形成概念方案，即采用旋风式分离装置进行改装，用于清洁气体中固体和液体，为后续杀菌消毒做准备。

在本案例中，通过查询科学效应与知识库，获得"旋风分离器"的概念。为进一步明确其应用于空气消毒方面的潜力，还需要进一步评估。首先，查询论文和专业资料后发现该方案主要用于除尘，用途和功能比较局限；其次，进行仔细专利查新后发现该方案新颖性较高,制作较容易,经过评估后决定将其作为主要发明特征采用。此外,在查新过程中注意保留论文和专利中的重要技术方案,可以作为后续参考借鉴之用。

图 10-14　查询功能库"清洁＋气体"

图 10-15 是一种常见的工业用旋风分离器的结构图,主要用于分离空气中的固体颗粒物、灰尘等。

由于本方案中的目标已经十分明确,即采用旋风分离器的方法设计一款空气净化消毒装置,因此直接采用"基本特征＋补充辅助特征"的方法形成专利申请文本。

确定的主要特征如表 10-17 所示,并对其新颖性、创造性和实用性进行评估,以便后续进行针对性改进从而提高授权概率。

在确定主要技术特征后,可以进一步增加从属技术特征,进而提升方案的创造性,以改善空气净化效果。具体过程如下。

第一,考虑增加空气过滤的消毒灭菌效果。旋风分离器采用旋转式分离空气,空气中所有成分最终均会贴近旋风分离器主体的内壁。因此,根据经验判断可知,在空气旋转的过程中增加筛网进行过滤可以用于杀菌消毒。通过专利检索后发现申请号为 ZL201910927425.X,名称为"一种紫外线消毒和 HEPA 过滤联用的新风消毒净化设备"的专利提供了一种效果较好的空气筛网过滤方式。

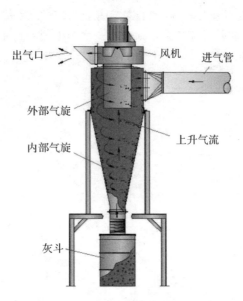

图 10-15 工业用旋风式分离器示意

参考上述专利,在分离器内部设计了三层过滤筛网:第一层为粉尘过滤层,第二层为 HEPA 过滤层,第三层为二氧化钛过滤层。此设计可以提升产品的创造性,在原有设计的基础上显著改善使用效果(见表 10-18)。

表 10-17 基于旋风分离法的空气消毒机的基本特征

序号	特征内容	新颖性	创造性	实用性
特征 1	(1)独立权利声明:旋风式空气消毒器 (2)形成原始创意和基本结构,通过对旋风分离器的内部结构进行改造,形成消毒机的基本结构设计	较高,空气消毒领域未曾使用过本方法	低,分离固体颗粒物的效果较好,但需要增加其他方法提升消毒效果	一般,取决于实际效果和体积

第二,可以继续增加附加特征,提升方案的创造性。由于筛网过滤具有瞬时性,其杀菌消毒效果难以持续,根据公开资料可知,紫外消毒是一种效果较好的、廉价的、便于使用的长时消毒方法。因此,考虑在分离器内部增加一盏紫外消毒灯提升杀菌消毒效果(见表 10-19)。

表 10-18 补充的专利特征方案

序号	特征内容	新颖性	创造性	实用性
特征2	(1)内部设计三层过滤网;(2)第一层为粉尘过滤层;(3)第二层为HE-PA过滤层;(4)第三层为二氧化钛过滤层	较低,大部分是现有技术	较高,创造性得到一定程度的提高	较高,制作成本较低,效果较好

表 10-19 补充的专利方案特征

序号	特征内容	新颖性	创造性	实用性
特征3	内部增加一个紫外消毒灯	较低,为公开知识	较高,可提升本方案的效果	较高,可以长时消毒
特征4	锥形体内部设计为紫外光反射式	低,公开知识	较高,可提升本方案的效果	较高,可延长消毒时间

第三,在查询专利库的过程中,意外发现申请号 ZL201910539093.8,名称为"一种空气消毒机"的中国专利采用了一种较好的方式继续提升紫外灯消毒效果。具体内容如下。

"本发明公开了一种空气消毒机,包括设备箱、设于所述设备箱内的消毒腔及设于所述设备箱顶部的安装板,所述设备箱顶部设有与所述安装板相配合的安装槽,所述安装槽与所述消毒腔相通,所述安装板底部设有消毒灯;所述消毒腔一侧设有储气腔,所述消毒腔另一侧设有出气腔,所述储气腔侧壁上设有第一筛网,所述出气腔侧壁上设有第二筛网,所述消毒腔内设有安装管,所述安装管内设有缓冲组件,所述安装管上绕设有第一输气管和第二输气管,所述第一输气管、所述第二输气管及所述安装管上均为透明石英材料制成;所述消毒腔内设有反射镜。"

该专利通过消毒腔内的反射镜进一步提升了消毒效果。考虑到紫外灯效果的结构比较传统,加上空气停留时间较短和部分区域无法被一盏紫外灯照射到的不足,采用上述方案将旋风分离器主体的内部依附反射镜,以便重复利用紫外光的能量。

根据上述分析后,绘制方案剖面图草稿(见图10-16)、方案正视图草稿(见图10-17)、方案俯视图草稿(见图10-18)。

在上述材料的基础上,补充相应的背景材料,即形成了完整的交底书,具体

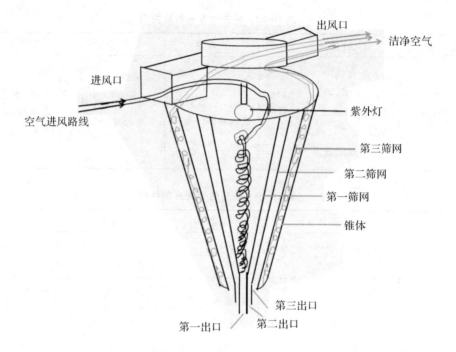

图 10-16　基于"旋风分离器"的空气消毒机剖面图草稿

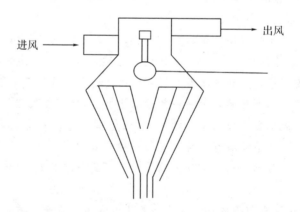

图 10-17　基于"旋风分离器"的空气消毒机剖面图草稿

如下。

一、待解决的问题

（一）空气消毒杀菌需求强烈

随着生活节奏加快和人口迁徙速度提升，流行性呼吸疾病更容易借助空气和飞沫在人群中传播。现有中央空调设备、送风气道无法对空气进行消毒，导致

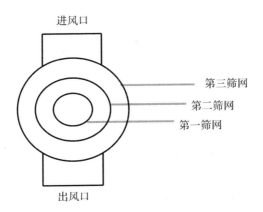

图 10-18 基于"旋风分离器"的空气消毒机剖面图草稿

含有粉尘、有害细菌、病毒的空气被空调送入房间内。在高传染性流行性呼吸疾病如 SARS、新冠等疫情暴发时,被污染的空气极易随空调送风装置在不同区域内循环,造成交叉感染甚至大规模感染。

(二)现有的滤网消毒等方式效果不足

现有的空气消毒设备大都采用滤网消毒,但传统滤网过滤导致空气流通效率不高、污染物难以处理、设备更换复杂等问题。空气中的污染物中灰尘粒度大小为 100 μm 以上,粉尘为 30 μm~50 μm,霉菌和汽车尾气为 1 μm~3 μm,细菌和烟雾为 0.1 μm~5 μm,病毒为 1 nm~20 nm。由于这些污染源的粒径大小不一,一般过滤网很难将其全部筛除。如果过滤网孔径太大则导致大量污染物通过,过滤网孔径太小则导致大量污染物堆积在筛网表面,这两种情况都会影响空气过滤效果,此外筛网过滤还存在空气流动过快而导致消毒不彻底的结果。

二、解决问题的具体技术方案

(一)主要技术特征:旋风式主体结构

旋风空气消毒器的筒体呈锥体结构设置,筒体顶部设有进风口并连接有螺旋状进风管,筒体顶部还设有出风口。内部有过滤网沿周向设置,过滤网将筒体分隔成内腔和外腔,内腔顶部与进风管连通,内腔底部设有排废口,外腔顶部与出风口连通,筒体内设有紫外线消毒灯。

(二)筒体周围包裹多级滤网

在锥体结构的内部设置有筒体和过滤网,空气进入进风口通过螺旋状进风管后进入内腔形成旋转气流,旋转气流贴近并穿过过滤网到达外腔。过滤网为多层结构设置,包括由内至外孔径依次减小的第一过滤层、第二过滤层和第三过滤层。第一过滤层和第二过滤层将内腔分隔为第一内腔、第二内腔和第三内腔,所述第一内腔底部设有第一排废口,所述第二内腔底部设有第二排废口,所述第三内腔底部设有第三排废口。

旋转气流被第一过滤层进行第一次分离后,粉尘和灰尘等较大颗粒物会被阻止在第一内腔中,同时顺着第一过滤层滑下至第一排废口,旋转气流则继续被第二过滤层过滤进入第二内腔。由于旋转作用继续保持离心趋势,空气在通过第二过滤层时受到第二层孔径更小的过滤网过滤,由于此过滤过程分离物很少,第二排废口可小于第一排废口。旋转气流继续被孔径更小的第三层过滤层过滤,过滤分离物更少,第三排废口可小于第二排废口。不同排废口将不同类型的杂质分离开来,方便分别清理。过滤网可以具有多层结构,仅用于高效除尘的第一层结构,可用于灭菌的两层结构,也可形成三层以上过滤网提供清洁度更高的空气。多层过滤网可设置为可拆卸结构,根据实际需求选择合适的过滤网材料和层数。

第一过滤层为粉尘过滤层,第二过滤层为 HEPA 过滤层,第三过滤层为二氧化钛过滤层。第一层孔径最大,用于过滤粉尘等尺寸较大的颗粒;第二层的高效 HEPA 过滤层的主要目的是从空气中去除细颗粒物,包括 PM2.5;二氧化钛过滤层可有效降解有机污染物,进一步净化空气。过滤网均为螺旋结构设置,所述过滤网孔径由内至外逐渐减小。

(三)紫外消毒灯和反射镜提升消毒效果

筒体内壁设置紫外线反射薄膜,借助筒体内的紫外线消毒灯,反射薄膜将全部紫外线灯光反射到整个空气消毒器内部,从而实现全过程紫外线消毒。紫外线消毒灯设置在内腔中心顶部。位于内腔中心顶部的紫外线消毒灯能阻挡内旋气流上升,使其继续在顶部旋转并从出风口排出,且此位置消毒效果好,也能更好地被紫外反射层反射。

三、解决方案的效果

相比于传统的技术方案,本技术方案具有以下有益效果。

(1)通过设置锥体筒体和螺旋式进风管,在筒体内形成旋风,利用离心力和过滤网有效分离洁净空气和粉尘杂质;

(2)通过设置多层过滤网多级过滤各类杂质,并方便对其分类处理;

(3)通过设置锥体结构过滤网延长过滤网使用寿命;

(4)通过设置螺旋式过滤网,增强分离效果;

(5)通过设置不同斜率的过滤网,减少过滤网清洗次数,且方便拆卸安装;

(6)通过设置紫外线消毒灯,配合紫外反射层,实现对空气的全程消毒;

(7)通过设置风机增强进风或出风速度,增强分离效果;

(8)通过设置进气密封腔,进一步增强分离效果。

点评与经验：在本案例中，由于主要概念方案的新颖性较低，创造性和实用性也存在疑问，申请的难度很大，因此进行了比较大范围的专利检索和比较。为了增加该方案被授权的可能性，笔者主要做了如下努力：第一，细致比较了现有专利和产品中用于净化和消毒的方案，分析了旋风分离器的主要使用方法，总结了各种方案和方法的优缺点；第二，在充分了解各种消毒法的基础上，使不同方法之间形成了效果互补，以旋风分离为基础引导空气流动，再采用滤网过滤（成熟方法）、紫外灯消毒灯（成熟产品）、反光镜加强紫外灯效果（专利方案），大大提高了产品的创造性；第三，在既有方案的基础上，提供了较为翔实的细节设计，突出了产品的实用性特征。在上述努力下，虽然本方案仍然缺乏新颖性，但由于创造性和实用性较为突出，因此获得授权的可能性大大提升。

本专利申请方案在经过进一步修改和完善后，已于 2022 年 4 月获得授权，授权证书如图 10-19 所示。

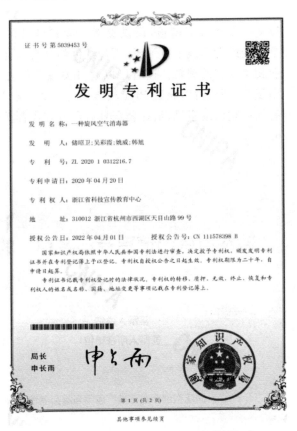

图 10-19　一种旋风空气消毒器专利授权书

附　录

附录 A：专利破解模板

　　以下是专利破解模板，仅供参考。读者可以在模板空白处或者横线上方编辑，页脚红色部分为本页说明，方便读者对本业相关内容的理解。读者可以通过关注微信公众号"创新咖啡厅"，回复"专利破解"，获取 PPT 模板原件。如对本书或本模板中的内容有任何建议或意见，请在公众号后台留言或者联系邮箱 gzkj321@126.com。

自主创新 方法先行

"请在引号内填写专利名称"的破解

答辩人姓名：

答辩人所在单位：

浙江省创新方法推广应用与服务基地

目录

3

1 专利背景及权利要求

1.1 专利的背景技术描述

请学员在此处填写，填写完毕删除下方红字

*本页说明：描述待破解专利所处的技术领域、背景技术以及所要解决的技术问题（可参考专利说明书中相关部分）

4

1 专利背景及权利要求

1.2 专利的具体实施方式

请学员在此处填写，填写完毕删除下方红字

*本页说明：描述现有专利具体实施方式（可参考专利说明书中相关部分）。要求利用文字及示意图，阐述系统的基本工作原理等（如空间不够，可复制本页幻灯片，添加页面详细论述）

5

1 专利背景及权利要求

1.3 专利的权利要求

请学员在此处填写，填写完毕删除下方红字

*本页说明：重点描述专利的独立权利要求，如有必要，有选择性地描述"非独立权利要求"中某些部分

6

2 专利功能分析

2.1 专利文本分析

请学员在此处填写，填写完毕删除下方说明

*本页说明：

① 名词——请用"红字"字体标出。表示组件、物质-场、结构特征、所处状态、品质特性等；

② 动词——请用"蓝色"字体标出。表示行为、动作、作用关系、功能特征、状态变化等；

③ 形容词/副词——请用"绿色"字体标出。表示位置、方向、程度、数量、物质类型、性质、颜色、大小、相互关系等。

7

2 专利功能分析

2.2 专利系统组件列表

本系统的作用对象是：_____（即SVOP中的O）

本系统的主要目标是：_____（即SVOP形式的表述）

超系统组件	组件	子组件
		将某组件拆分为相应的子组件，写在本列

8

2 专利功能分析

2.3 专利功能模型图

组件	标准作用
对象	不足作用
超系统	过度作用
文本	有害作用

*本页说明：

① 请依照本页提供的图例，在下一页空白处绘制专利系统的功能模型图；

② 图中"对象"指的是整个系统功能的作用对象；

③在功能模型图中，如果把组件分解成若干子组件，则组件本身就不在功能模型图中出现。例如，将汽车分解为发动机、轮胎等子组件，汽车本身就不出现在功能模型图中了。

9

2 专利功能分析

2.4 存在负面功能的专利功能模型图

组件	标准作用
对象	不足作用
超系统	过度作用
文本	有害作用

*本页说明：

① 遍历式思考功能模型图中的所有功能，尝试在特定的条件下，某一正常功能是否会转化为负面功能；

② 请以上一页正常的功能模型图为基础修改，在下一页空白处绘制"同时"存在所有负面功能的的专利功能模型图。

10

2 专利功能分析

2.5 专利功能分析结论

请学员在此处填写，填写完毕删除下方红字

*本页说明：要求列举出系统中存在的<u>所有</u>负面功能（用黑色字体）。从中重点选出若干负面功能（建议约3-5个）作为后续破解的重点（用红色字体标注出来）。

11

3 组件破解以及功能破解

3.1 组件破解的四种模式

序号	规避模式	具体操作方法
1	减组件	删除工具/组件来解决问题达成目标
2	换组件	换掉或改变工具/组件来解决问题达成目标
3	加组件	增加工具/组件来解决问题达成目标
4	拆组件	把工具/组件拆成多个以解决问题达成目标

*本页说明：依次尝试141种组件破解模式，将产生的方案填写在表格的最后一列；在填写的过程中，请充分学习学员手册、相关TRIZ教材及线上资料。

12

3 组件破解以及功能破解

3.2.1 组件破解之"减组件"

序号	操作维度	具体操作	形成概念方案（idea）
R-1	1空间维度	分割	
R-2	3功能维度	自服务	
R-3	3功能维度	抛弃与再生	
R-4	3功能维度	引入活性附加物	
R-5	4能量或场维度	引入场	
R-6	4能量与场维度	引入场来代替物质	

3 组件破解以及功能破解

3.2.1 组件破解之"减组件"

序号	操作维度	具体操作	形成概念方案（idea）
R-7	5材料维度	利用虚无物质	
R-8	5材料维度	引入能利用其分解产物的物质	
R-9	5材料维度	气压或液压结构	
R-10	6形态维度	相变	
R-11	6形态维度	利用物质粒子	

3 组件破解以及功能破解

3.2.2 组件破解之"换组件"

序号	操作维度	具体操作	形成概念方案（idea）
S-1	1空间维度	曲面化	
S-2	1空间维度	多维化	
S-3	1空间维度	不对称	
S-4	1空间维度	分割	
S-5	2时间维度	预先作用	
S-6	2时间维度	动态性	
S-7	2时间维度	周期性动作	

3 组件破解以及功能破解

3.2.2 组件破解之"换组件"

序号	操作维度	具体操作	形成概念方案（idea）
S-8	2时间维度	有效持续作用	
S-9	2时间维度	急速作用	
S-10	3功能维度	反向作用	
S-11	3功能维度	反馈	
S-12	3功能维度	抛弃与再生	
S-13	3功能维度	不足或过度作用	
S-14	3功能维度	向微观进化	

3 组件破解以及功能破解

3.2.2 组件破解之"换组件"

序号	操作维度	具体操作	形成概念方案（idea）
S-15	3功能维度	引入活性附加物	
S-16	4能量或场维度	振动	
S-17	4能量或场维度	构造场	
S-18	5材料维度	一次性用品替代	
S-19	5材料维度	替换机械系统	
S-20	5材料维度	气压或液压结构	
S-21	5材料维度	柔性壳体或薄膜结构	

3 组件破解以及功能破解

3.2.2 组件破解之"换组件"

序号	操作维度	具体操作	形成概念方案（idea）
S-22	5材料维度	多孔材料	
S-23	5材料维度	变换颜色	
S-24	5材料维度	同质	
S-25	5材料维度	复合材料	
S-26	5材料维度	构造物质	
S-27	5材料维度	间接方法引入物质	
S-28	6形态维度	状态和参数变化	

3 组件破解以及功能破解

3.2.2 组件破解之"换组件"

序号	操作维度	具体操作	形成概念方案（idea）
S-29	6形态维度	相变	
S-30	6形态维度	热膨胀	
S-31	7环境维度	惰性介质	
S-32	7环境维度	强氧化作用	
S-33	7环境维度	利用环境资源作为附加物	
S-34	7环境维度	引入由改变环境而产生的附加物	
S-35	7环境维度	在环境中引入附加物	
S-36	7环境维度	改变环境	
S-37	7环境维度	向铁磁场测量模型转换	

3 组件破解以及功能破解

3.2.3 组件破解之"加组件"

序号	操作维度	具体操作	形成概念方案（idea）
A-1	1空间维度	曲面化	
A-2	1空间维度	多维化	
A-3	1空间维度	局部特性	
A-4	1空间维度	嵌套	
A-5	1空间维度	分割	
A-6	2时间维度	预先防范	
A-7	2时间维度	动态性	

3 组件破解以及功能破解

3.2.3 组件破解之"加组件"

序号	操作维度	具体操作	形成概念方案（idea）
A-8	2时间维度	周期性动作	
A-9	2时间维度	有效持续作用	
A-10	2时间维度	急速作用	
A-11	3功能维度	反馈	
A-12	3功能维度	中介	
A-13	3功能维度	复制	
A-14	3功能维度	抛弃与再生	

3 组件破解以及功能破解

3.2.3 组件破解之"加组件"

序号	操作维度	具体操作	形成概念方案（idea）
A-15	3功能维度	合并	
A-16	3功能维度	多用性	
A-17	3功能维度	不足或过度作用	
A-18	3功能维度	消除或中和有害作用	
A-19	3功能维度	间接测量	
A-20	3功能维度	物理效应或现象	
A-21	3功能维度	测量系统的进化方向	

3 组件破解以及功能破解

3.2.3 组件破解之"加组件"

序号	操作维度	具体操作	形成概念方案（idea）
A-22	3功能维度	引入活性附加物	
A-23	4能量和场维度	动态铁磁场	
A-24	4能量或场维度	振动	
A-25	4能量或场维度	重量补偿	
A-26	4能量或场维度	构造场	
A-27	4能量或场维度	利用振动进行测量	
A-28	4能量或场维度	引入电流	

3 组件破解以及功能破解

3.2.3 组件破解之"加组件"

序号	操作维度	具体操作	形成概念方案（idea）
A-29	4能量或场维度	引入场	
A-30	4能量与场维度	引入磁性物质	
A-31	4能量与场维度	引入场来代替物质	
A-32	5材料维度	一次性用品替代	
A-33	5材料维度	替换机械系统	
A-34	5材料维度	气压或液压结构	
A-35	5材料维度	柔性壳体或薄膜结构	

3 组件破解以及功能破解

3.2.3 组件破解之"加组件"

序号	操作维度	具体操作	形成概念方案（idea）
A-36	5材料维度	多孔材料	
A-37	5材料维度	变换颜色	
A-38	5材料维度	同质	
A-39	5材料维度	复合材料	
A-40	5材料维度	利用虚无物质	
A-41	5材料维度	间接方法引入物质	
A-42	5材料维度	引入能利用其分解产物的物质	

3 组件破解以及功能破解

3.2.3 组件破解之"加组件"

序号	操作维度	具体操作	形成概念方案（idea）
A-43	6形态维度	状态和参数变化	
A-44	6形态维度	相变	
A-45	6形态维度	热膨胀	
A-46	6形态维度	利用物质粒子	
A-47	7环境维度	惰性介质	
A-48	7环境维度	强氧化作用	
A-49	7环境维度	利用环境资源作为附加物	
A-50	7环境维度	引入由改变环境而产生的附加物	

3 组件破解以及功能破解

3.2.4 组件破解之"拆组件"

序号	操作维度	具体操作	形成概念方案（idea）
D-1	1空间维度	分割	
D-2	1空间维度	曲面化	
D-3	1空间维度	局部特性	
D-4	1空间维度	嵌套	
D-5	2时间维度	动态性	
D-6	2时间维度	周期性动作	
D-7	2时间维度	有效持续作用	

27

3 组件破解以及功能破解

3.2.4 组件破解之"拆组件"

序号	操作维度	具体操作	形成概念方案（idea）
D-8	2时间维度	急速作用	
D-9	2时间维度	预先反作用	
D-10	3功能维度	抽取	
D-11	3功能维度	变害为益	
D-12	3功能维度	抛弃与再生	
D-13	3功能维度	不足或过度作用	
D-14	3功能维度	向微观进化	

28

3 组件破解以及功能破解

3.2.4 组件破解之"拆组件"

序号	操作维度	具体操作	形成概念方案（idea）
D-15	3功能维度	间接测量	
D-16	3功能维度	引入活性附加物	
D-17	3功能维度	物理效应或现象	
D-18	3功能维度	利用振动进行测量	
D-19	3功能维度	测量系统的进化方向	
D-20	3功能维度	复制	
D-21	4能量和场维度	动态铁磁场	

3 组件破解以及功能破解

3.2.4 组件破解之"拆组件"

序号	操作维度	具体操作	形成概念方案（idea）
D-22	4能量或场维度	等势	
D-23	4能量或场维度	构造场	
D-24	4能量或场维度	引入电流	
D-25	4能量或场维度	向铁磁场测量模型转换	
D-26	4能量或场维度	引入场	
D-27	4能量与场维度	引入磁性物质	
D-28	4能量与场维度	引入场来代替物质	

3 组件破解以及功能破解

3.2.4 组件破解之"拆组件"

序号	操作维度	具体操作	形成概念方案（idea）
D-29	5材料维度	多孔材料	
D-30	5材料维度	构造物质	
D-31	5材料维度	利用虚无物质	
D-32	5材料维度	间接方法引入物质	
D-33	5材料维度	引入能利用其分解产物的物质	
D-34	5材料维度	气压或液压结构	
D-35	6形态维度	相变	

3 组件破解以及功能破解

3.2.4 组件破解之"拆组件"

序号	操作维度	具体操作	形成概念方案（idea）
D-36	6形态维度	热膨胀	
D-37	6形态维度	利用物质粒子	
D-38	7环境维度	在环境中引入附加物	
D-39	7环境维度	改变环境	

4 专利效应破解

4.1 运用效应库进行事后补救

A 序号	B 现存的负面功能	C 如何消除负面功能	D 属性表达
1	如"热水壶外壳烫人"	冷却固体	降低温度
2			
3			
4			
5			
6...			

*本页说明：

① B列是挑选想要解决的现存的负面功能，C列是引入某种新功能抵消现有负面功能；

② C列用功能库中的规范术语表达，D列是用属性库中的规范术语表达；

③ 将查询功能库（C列）内容得到的方案写在4.2中，将查询属性库（D列）写在4.3中。

33

4 专利效应破解

4.2 查询功能库并产生方案

方案n：查询"_____（请填写C列中的内容）"，可运用科学效应"____（请填写所运用的科学效应的编号以及名称，例如D37多普勒效应。请注意，前面编号和后面名称缺一不可，不要省略）"。

运用上述效应形成概念方案，即____（请描述概念方案的具体内容。重点阐述现有的原理是什么，新的原理如何发挥作用）。

34

4 专利效应破解

4.3 查询属性库并产生方案

方案n：查询"_____（请填写D列中的内容）"，可运用科学效应"____（请填写所运用的科学效应的编号以及名称，例如D37多普勒效应。请注意，前面编号和后面名称缺一不可，不要省略）"。

运用上述效应形成概念方案，即____（请描述概念方案的具体内容。重点阐述现有的原理是什么，新的原理如何发挥作用）。

4 专利效应破解

4.4 运用效应库进行事先预防

A 现存的负面功能	B 正常功能	C 功能表达	D 属性表达
如"热水壶外壳烫人"	实现的正常功能是"烧水"	加热液体	增加温度

*本页说明：

① A列是挑选想要解决的现存的负面功能，B列是现存负面功能，一定是为了实现某种正常功能同时额外产生的，请用直白的语言描述要实现的正常功能是什么；

② C列用功能库中的规范术语表达，D列是用属性库中的规范术语表达；

③ 将查询功能库（C列）内容得到的方案写在4.5中，将查询属性库（D列）写在4.6中。

4 专利效应破解

4.5 查询功能库并产生方案

方案n：查询"＿＿＿＿（请填写C列中的内容）"，可运用科学效应"＿＿＿（请填写所运用的科学效应的编号以及名称，例如D37多普勒效应。请注意，前面编号和后面名称缺一不可，不要省略）"。

运用上述效应形成概念方案，即＿＿＿（请描述概念方案的具体内容。重点阐述现有的原理是什么，新的原理如何发挥作用）。

37

4 专利效应破解

4.6 查询属性库并产生方案

方案n：查询"＿＿＿＿（请填写D列中的内容）"，可运用科学效应"＿＿＿（请填写所运用的科学效应的编号以及名称，例如D37多普勒效应。请注意，前面编号和后面名称缺一不可，不要省略）"。

运用上述效应形成概念方案，即＿＿＿（请描述概念方案的具体内容。重点阐述现有的原理是什么，新的原理如何发挥作用）。

38

5 专利进化

5.1 专利进化问答表格

5 专利进化

5.1 专利进化问答表格

序号	进化路线	当前所处阶段	产生概念方案
1	**提升完备性**：引入执行子系统、传输子系统、动力子系统、控制子系统	（例如）当前系统在控制子系统方面不完备，仍需人为观察罩内真空度再手动调节阀门2	（例如）方案2：针对专利破解突破点2和3，增加自动压力测试仪，实时将罩内真空度反馈给阀门2，阀门2根据真空度实现自动调节
2	**减少能量损耗**：减少能量种类、转换次数、缩短能量传输路径		
3	**提升能量可控性**：如势能、机械能、热能、化学能、电磁能		

*本页说明：① 明确系统当前所处发展阶段，填写至表格"当前发展阶段"一列；
② 根据相应的进化路线向前或向后推进，形成完善的概念解决方案，填写在表格的最右一列；
③ 遍历表格中列举的15条进化路线，同一个进化路线可以围绕不同角度，产生多个概念方案（主要功能进化、辅助功能进化、不同的专利破解突破点进化），均可在表格中添加新行，清晰列举产生的概念方案。

5 专利进化

5.1 专利进化问答表格

序号	进化路线	当前所处阶段	产生概念方案
4	**提升协调性**：参数不协调或部分协调、完全协调、动态协调、蓄意反协调		
5	**单双多**：单系统、双系统、多系统、整合后的新的单系统（集成系统）		
6	**裁减**：裁减有害组件、裁减低价值组件、裁减辅助组件、裁剪后新系统		

*本页说明：① 明确系统当前所处发展阶段，填写至表格"当前发展阶段"一列；
② 根据相应的进化路线向前或向后推进，形成完善的概念解决方案，填写在表格的最右一列；
③ 遍历表格中列举的15条进化路线，同一个进化路线可以围绕不同角度，产生多个概念方案（主要功能进化、辅助功能进化、不同的专利破解突破点进化），均可在表格中添加新行，清晰列举产生的概念方案。

5 专利进化

5.1 专利进化问答表格

序号	进化路线	当前所处阶段	产生概念方案
7	**子系统均衡性**：子系统均衡发展、刻意实现子系统不均衡发展		
8	**向超系统转移**：功能或组件向超系统转移、与超系统集成发展		
9	**利用超系统资源**：利用超系统资源（产生成本或有害作用）、利用超系统免费或无害资源、回收内部多余能量、利用内部隐性资源		

*本页说明：① 明确系统当前所处发展阶段，填写至表格"当前发展阶段"一列；
② 根据相应的进化路线向前或向后推进，形成完善的概念解决方案，填写在表格的最右一列；
③ 遍历表格中列举的15条进化路线，同一个进化路线可以围绕不同角度，产生多个概念方案（主要功能进化、辅助功能进化、不同的专利破解突破点进化），均可在表格中添加新行，清晰列举产生的概念方案。

5 专利进化

5.1 专利进化问答表格

序号	进化路线	当前所处阶段	产生概念方案
10	**空间分割**：单一固体、中空结构、多重中空、毛细/多孔结构、多孔结构+有用元素		
11	**表面分割**：光滑表面、肋状表面、立体褶皱表面、褶皱表面+有用元素		
12	**物场分割**：单一固体、分割固体、粒状固体、液体、泡沫/气雾、气体、电浆、能场、中空		

*本页说明：① 明确系统当前所处发展阶段，填写至表格"当前发展阶段"一列；
② 根据相应的进化路线向前或向后推进，形成完善的概念解决方案，填写在表格的最右一列；
③ 遍历表格中列举的15条进化路线，同一个进化路线可以围绕不同角度，产生多个概念方案（主要功能进化、辅助功能进化、不同的专利破解突破点进化），均可在表格中添加新行，清晰列举产生的概念方案。

5 专利进化

5.1 专利进化问答表格

序号	进化路线	当前所处阶段	产生概念方案
13	**提升柔性**：刚性系统、多铰链系统、柔性系统		
14	**提升可移动性**：不可动系统、部分可动系统、高度可动系统		
15	**提升可控性**：直接控制、间接控制、反馈控制、自动控制（减少人为参与）		

*本页说明：① 明确系统当前所处发展阶段，填写至表格"当前发展阶段"一列；
② 根据相应的进化路线向前或向后推进，形成完善的概念解决方案，填写在表格的最右一列；
③ 遍历表格中列举的15条进化路线，同一个进化路线可以围绕不同角度，产生多个概念方案（主要功能进化、辅助功能进化、不同的专利破解突破点进化），均可在表格中添加新行，清晰列举产生的概念方案。

6 方案汇总及评价

6.1 产生的概念方案汇总

序号	方案简要描述	所用工具	实用	新颖	创造
1					
2					
3					
4					
5					
6					

*本页说明：重复方案不单独计算，本页不够可另加页面。

实用性、新颖性和创造性三个维度用"高-中-低"三个层次进行评价

6 方案汇总及评价

6.2 拟申请专利情况

序号	综合方案描述	拟申请专利
一		
二		
三		
四		

*本页说明：① 将上述概念方案综合，形成若干更具创造性的综合方案，并对其进行描述。

② 建议添加综合方案的示意图（或功能模型图），不够可加页；

③ 拟申请专利为"发明专利"或者"实用新型专利"，根据实际情况填写

附录 B:组件破解操作维度具体解释与案例

序号	操作维度	操作	具体解释	案例
R-1	1 空间维度	分割	将一个对象分解成多个相互独立的部分或将对象分成容易组装(或组合)和拆卸的部分(原理 1),或加大对工具物质的分割程度向微观控制转换(S2.2.2)	组合家具、"针式"混凝土
R-2	3 功能维度	自服务	使物体具有自补充、自恢复的功能;灵活利用废弃的材料、能量与物质(原理 25)	自清洁玻璃、自动饮水机
R-3	3 功能维度	抛弃与再生	采用溶解、蒸发等手段废弃已完成功能的零部件,或在工作过程中直接变化;在工作过程中迅速补充消耗或减少的部分(原理 34)(S5.1.1.6)(S5.1.3)	可消化性胶囊,水循环系统,放射性同位素检测人体内脏病变
R-4	3 功能维度	引入活性附加物	引入小剂量活性附加物,用于生成局的强化场(S5.1.1.4;5.1.1.5)或对难以测量和检测的系统或部件,引入易检测的附加物,测量附加物所引起的变化(S4.2.2)	在两个需要焊接的部件之间加入可以发出高热量的焊接剂
R-5	4 能量或场维度	引入场	利用系统中或环境中已存在的场,或引入能生成场的物质(S5.2.1—5.2.3)	传感器测量两物体的温度(摩擦产生的场),高空的风力发电站
R-6	4 能量与场维度	引入场来代替物质	用引入一个场来替代引入物质	测量移动细丝的伸展,引入电流
R-7	5 材料维度	利用虚无物质	利用"虚无物质"(如空洞、空间、空气、真空、气泡等)替代实物	采用添加泡沫的办法提高潜水服保温性能
R-8	5 材料维度	引入能利用其分解产物的物质	引入经分解能生成所需附加物的化合物(S5.1.1.8)	赛车用一氧化二氮代替氧气作为助燃气,可获得更高的能量

续表

序号	操作维度	操作	具体解释	案例
R-9	5 材料维度	气压或液压结构	利用气体或液体部件代替对象中的固体部件(原理 29)(S5.1.4)	用充气垫移走空难后的飞机
R-10	6 形态维度	相变	利用物质相变时产生的某种效应(如体积改变,吸热或放热)(原理 36)(S5.3.1—5.3.5)。	利用相变材料制作降温服,绝缘金属相变材料制造可变电容器
R-11	6 形态维度	利用物质粒子	通过分解更高或较低结构等级的物质来获得物质粒子(S5.5.1,S5.5.2)。或综合运用分解和合成之后的物质为系统获得需要不同特性的物质粒子(S5.5.3)	用电离法将水转变成氢和氧,植物光合作用合成氧,使用避雷针保护天线
S-1	1 空间维度	曲面化	将直线、平面用曲线、曲面代替,将立方结构改变成球体结构;运用柱状、球状和螺旋状的结构;将线性运动变成圆周运动以运用其产生的离心力(原理 14)	流线型在汽车、螺旋齿轮、滚筒甩干机上的应用
S-2	1 空间维度	多维化	将物体从一维变到二维或三维空间;利用多层结构替代单层结构;将对象倾斜或侧向放置;利用给定物体表面的反面(原理 17)	折叠式集装箱、立体车库、翻斗车、双头手电
S-3	1 空间维度	不对称	将对象由对称的变为不对称结构或增加其不对称程度(原理 4)	耳机线、USB 接口,不对称零件
S-4	1 空间维度	分割	将一个对象分解成多个相互独立的部分或将对象分成容易组装(或组合)和拆卸的部分(原理 1),或加大对工具物质的分割程度向微观控制转换(S2.2.2)	组合家具、"针式"混凝土
S-5	2 时间维度	预先作用	预先(部分或全部)完成所需的作用;预先准备对象,以便能及时地在最佳的位置发挥作用(原理 10)	包装袋上小缺口、邮票锯齿边缘、人"型"锁

序号	操作维度	操作	具体解释	案例
S-6	2 时间维度	动态性	提高动态化的程度使物体或其环境自动调整来改善其效率;把对象分解成可以互相内部移动的部件;使一个本来固定的对象可移动或具有可自适性的(原理 15)(S2.2.4)	可调整座椅、折叠机翼、变焦镜头
S-7	2 时间维度	周期性动作	将非周期性作用转变为周期性作用(或脉动);改变其周期(作用频率);利用脉动之间的间隙来执行另一动作(原理 19)	电焊、脉冲式真空吸尘器
S-8	2 时间维度	有效持续作用	持续采取行动,使对象的所有部分一直处于满负荷状态;排除无用的运作和中断(消除空闲和间歇性动作);用旋转运动代替往复运动(原理 20)	新式打印机在回程过程中也进行打印,用绞肉机代替菜刀来剁肉馅
S-9	2 时间维度	急速作用	通过加快其速度来避免出现问题或降低危害的程度(原理 21)	修理牙齿的钻头高速旋转,以防止牙组织升温被破坏
S-10	3 功能维度	反向作用	用一个反向动作的方式来替代常规动作;使物体中的运动部分静止,静止部分运动;使一个物体的位置颠倒(原理 13)	跑步机、扶梯、餐桌转盘、翻转式路灯
S-11	3 功能维度	反馈	引入反馈,以改善性能;改变已存在的反馈方式、控制反馈信号的大小或灵敏度(原理 23)	自动感应放水的抽水马桶、声控喷泉
S-12	3 功能维度	抛弃与再生	采用溶解、蒸发等手段废弃已完成功能的零部件,或在工作过程中直接变化;在工作过程中迅速补充消耗或减少的部分(原理 34)(S5.1.1.6)(S5.1.3)	可消化性胶囊,水循环系统,放射性同位素检测人体内脏病变
S-13	3 功能维度	不足或过度作用	让达到的效果与预期效果相比不到一点或者超过一点(原理 16),或先应用最大模式(最大作用场或最大物质)作为过渡形式,随后再设法将过量消除(S1.1.6—1.1.8)	侯氏制碱法,艺术雕刻,洗完衣服后的甩干

续表

序号	操作维度	操作	具体解释	案例
S-14	3 功能维度	向微观进化	将系统中的物质用能在原子、分子、粒子等各种场的作用下实现功能的物质来替代,以实现系统从宏观向微观系统的进化	微型电磁阀
S-15	3 功能维度	引入活性附加物	引入小剂量活性附加物,用于生成局部的强化场(S5.1.1.4;5.1.1.5)或对难以测量和检测的系统或部件,引入易检测的附加物,测量附加物所引起的变化(S4.2.2)	在两个需要焊接的部件之间加入可以发出高热量的焊接剂
S-16	4 能量或场维度	振动	使对象发生振动或提高振动的频率(直至超高频);运用共振、超声振动与电磁场;压电振动代替机械振动(原理18)	振动盘、超声波清洗机、机械手表换成电子手表
S-17	4 能量或场维度	构造场	利用异质的或可调的有组织结构的场(如电磁场)代替同质的或非组织结构的场(S2.2.5)(S2.4.9)	超声波焊接
S-18	5 材料维度	一次性用品替代	用一组廉价的对象替代昂贵的对象(原理27)	一次性的餐具、水杯、医疗耗材
S-19	5 材料维度	替换机械系统	用光学、声学或嗅觉方法替代机械系统;运用电场、磁场或电磁场与物体进行交换作用;用动态场替代静态场,确定场替代随机场(原理28)	红外感应垃圾桶、激光键盘、变色玻璃
S-20	5 材料维度	气压或液压结构	利用气体或液体部件代替对象中的固体部件(原理29)(S5.1.4)	用充气垫移走空难后的飞机
S-21	5 材料维度	柔性壳体或薄膜结构	用柔性壳体、活动的盖子或薄膜替代通常的结构或将物体与环境隔离(原理30)	薄膜开关、蚊帐
S-22	5 材料维度	多孔材料	改变物质结构,使成为具有毛细管或多孔的物质,或让气体或液体通过这些毛细管或多孔的物质(S2.2.3)(S2.4.4)(原理31)	空心砖、蜂窝煤

序号	操作维度	操作	具体解释	案例
S-23	5 材料维度	变换颜色	改变对象的颜色、透明度；采用有颜色的添加物，使不易被观察到的对象或过程被观察到；提高可视性（考虑使用荧光物质）（原理 32）	光敏玻璃、透明医用绷带
S-24	5 材料维度	同质	主要物体与其相互作用的其他物体采用同一材料或特性相近的材料（原理 33）	用金刚石切割钻石
S-25	5 材料维度	复合材料	使用复合物质替代单一同种材料（原理 40）	钢筋混凝土是由钢筋、水泥、小石头等物质组成
S-26	5 材料维度	构造物质	利用异质的或有组织结构的物质替代同质的或无序结构的物质（S2.2.6）。	橡胶球的制造
S-27	5 材料维度	间接方法引入物质	引入外部附加物替代内部附加物，或 5.1.1.8 引入经分解能生成所需附加物的化合物，或引入环境或物体本身经分解能获得所需的附加物	飞机上备有降落伞
S-28	6 形态维度	状态和参数变化	改变对象的物理聚集状态、浓度、密度、黏度、柔性（或灵活度）程度、温度、体积、压力（原理 35）	用液态形式运输氧、氮、天然气、洗手液代替固体肥皂
S-29	6 形态维度	相变	利用物质相变时产生的某种效应（如体积改变、吸热或放热）（原理 36）	利用相变材料制作的降温服
S-30	6 形态维度	热膨胀	加热时充分运用材料的膨胀（或缩小）特性；将几种热膨胀系数不同的对象组合起来使用（原理 37）	水银温度计、过盈装配、双金属片传感器
S-31	7 环境维度	惰性介质	用惰性介质替代普通的介质；向对象中添加中性或惰性成分；使用真空环境（原理 39）	惰性气体保护焊，食品采用真空包装袋

续表

序号	操作维度	操作	具体解释	案例
S-32	7 环境维度	强氧化作用	用富氧空气、纯氧取代普通的空气;用离子化氧代替纯氧;用臭氧(臭氧化氧)代替离子化氧(原理38)	将病人放入氧幕(氧气帐)中,臭氧杀毒
S-33	7 环境维度	利用环境资源作为附加物	利用环境资源作为物质内部外部附加物,建立与环境一起的物—场模型(S1.1.4)	利用船体内置的水箱来增强船体的稳定性
S-34	7 环境维度	引入由改变环境而产生的附加物	引入由改变环境而产生的附加物,建立与环境和附加物一起的物—场模型(S1.1.5)	在润滑油中引入电解液使润滑剂汽化
S-35	7 环境维度	在环境中引入附加物	在环境中引入附加物,构建与环境一起的测量物—场模型(S4.2.3)	X射线无法直接探测消化道损伤,通过钡餐造影可以进行清晰的检查
S-36	7 环境维度	改变环境	改变环境,从环境已有的物质中分解需要的附加物(S4.2.4)	通过裂变的方式激发聚变
S-37	7 环境维度	向铁磁场测量模型转换	构建原铁磁场、铁磁场、复合铁磁场、与环境一起的磁场测量模型,以及利用与磁场有关的知识效应或自然现象(S4.4.1—S4.4.5)	通过小磁环测量自行车转速,设计了能够测量自行车行驶速度的码表
A-1	1 空间维度	曲面化	将直线、平面用曲线、曲面代替,将立方结构改变成球体结构;运用柱状、球状和螺旋状的结构;将线性运动变成圆周运动以运用其产生的离心力(原理14)	流线型在汽车、螺旋齿轮、滚筒甩干机上的应用
A-2	1 空间维度	多维化	将物体从一维变到二维或三维空间;利用多层结构替代单层结构;将对象倾斜或侧向放置;利用给定物体表面的反面(原理17)	折叠式集装箱、立体车库、翻斗车、双头手电

续表

序号	操作维度	操作	具体解释	案例
A-3	1 空间维度	局部特性	将均匀结构变为不均匀结构;使对象的不同部分具有不同的功能和特性(原理 3),如使系统的部分与整体具有相反的特性(S3.1.5)	羊角锤、分层饭盒、自行车链条的刚性和柔性并存
A-4	1 空间维度	嵌套	把一个对象嵌入第二个对象,然后将这两个对象再嵌入第三个对象,依此类推;使一对象穿过另一对象的空腔(原理 7)	俄罗斯套娃、伸缩鱼竿
A-5	1 空间维度	分割	将一个对象分解成多个相互独立的部分或将对象分成容易组装(或组合)和拆卸的部分(原理 1),或加大对工具物质的分割程度向微观控制转换(S2.2.2)	组合家具、"针式"混凝土
A-6	2 时间维度	预先防范	增加预先准备好的应急措施或备用系统来补偿对象较低的可靠性(原理 11)	切菜手指护具、备用轮胎、应急电路照明
A-7	2 时间维度	动态性	提高动态化的程度使物体或其环境自动调整来改善其效率;把对象分解成可以互相内部移动的部件;使一个本来固定的对象可移动或具有可自适性的(原理 15)(S2.2.4)	可调整座椅、折叠机翼、变焦镜头
A-8	2 时间维度	周期性动作	将非周期性作用转变为周期性作用(或脉动);改变其周期(作用频率);利用脉动之间的间隙来执行另一动作(原理 19)	电焊、脉冲式真空吸尘器
A-9	2 时间维度	有效持续作用	持续采取行动,使对象的所有部分一直处于满负荷状态;排除无用的运作和中断(消除空闲和间歇性动作);用旋转运动代替往复运动(原理 20)	新式打印机在回程过程中也进行打印,用绞肉机代替菜刀来剁肉馅
A-10	2 时间维度	急速作用	通过加快其速度来避免出现问题或降低危害的程度(原理 21)	修理牙齿的钻头高速旋转,以防止牙组织升温被破坏

续表

序号	操作维度	操作	具体解释	案例
A-11	3 功能维度	反馈	引入反馈，以改善性能；改变已存在的反馈方式，控制反馈信号的大小或灵敏度（原理23）	自动感应放水的抽水马桶、声控喷泉
A-12	3 功能维度	中介	利用中介物来转移或传递某种作用；暂时把一个对象与另一个（很容易分离的）对象结合（原理24）	用拨子弹琴、饭店上菜的托盘
A-13	3 功能维度	复制	用简单的、低廉的复制品代替复杂的、昂贵的、易碎的或不易获得的物体；用光学拷贝或图像或数字模拟代替实物（原理26）(S5.1.1.7)(S4.1.2)	虚拟驾驶游戏机、用卫星照片代替实地考察、视频会议代替现场会议
A-14	3 功能维度	抛弃与再生	采用溶解、蒸发等手段废弃已完成功能的零部件，或在工作过程中直接变化；在工作过程中迅速补充消耗或减少的部分（原理34)(S5.1.1.6)(S5.1.3)	可消化性胶囊，水循环系统，放射性同位素检测人体内脏病变
A-15	3 功能维度	合并	在空间上或时间上将同类的（相关的、相邻的、辅助的）操作对象合并在一起（原理5），创建双、多级系统(S3.1.1—3.1.3)	单核CPU变为多核CPU，带过滤装置的泡茶杯，常开和常闭触点并存的继电器
A-16	3 功能维度	多用性	使一个对象同时有好几个功能（原理6）(S3.1.4)	瑞士军刀、沙发两用床
A-17	3 功能维度	不足或过度作用	让达到的效果与预期效果相比不到一点或者超过一点（原理16），或先应用最大模式（最大作用场或最大物质）作为过渡形式，随后再设法将过量消除(S1.1.6—1.1.8)	侯氏制碱法，艺术雕刻，洗完衣服后的甩干
A-18	3 功能维度	消除或中和有害作用	引入外部现成的物质，或第二个场，或系统中现有物质的变异物以消除有害作用，或用退磁（超过居里温度）的方法来消除有害磁性(S1.2.1—1.2.5)	医用无菌手套避免细菌感染，施加脉冲电场对肌肉进行理疗，起重机上施加电场抵消永磁体产生的磁场

序号	操作维度	操作	具体解释	案例
A-19	3 功能维度	间接测量	以系统的变化来替代检测或测量,使检测或测量不再需要(S4.1.1),或利用两次检测来替代(S4.1.3)	采用带夹套的分馏器的水的沸腾情况来观测温度变化(详见教材)
A-20	3 功能维度	物理效应或现象	利用物理效应或自然现象(S4.3.1)	利用压电效应测量压力
A-21	3 功能维度	测量系统的进化方向	向双、多级测量系统转换(S4.5.1)或向测量一级或二级派生物转换(S4.5.2)	直接测量物体的位移较为困难,可以通过测量速度与时间来间接测量位移
A-22	3 功能维度	引入活性附加物	引入小剂量活性附加物,用于生成局部的强化场(S5.1.1.4;5.1.1.5)或对难以测量和检测的系统或部件,引入易检测的附加物,测量附加物所引起的变化(S4.2.2)	在两个需要焊接的部件之间加入可以发出高热量的焊接剂
A-23	4 能量和场维度	动态铁磁场	将物质结构转化为动态的、可变的或能自我调节的铁磁场模型(S2.4.8)	测量无磁性不规则物体的壁厚
A-24	4 能量或场维度	振动	使对象发生振动或提高振动的频率(直至超高频);运用共振、超声振动与电磁场;压电振动代替机械振动(原理18)	振动盘、超声波清洗机、机械手表换成电子手表
A-25	4 能量或场维度	重量补偿	用另一个能产生提升力的物体补偿第一个物体的重量,通过跟环境的相互作用(空气动力、流体动力或其他力)来补偿对象的重量;利用环境中相反的力(或作用)来补偿系统的消极的(负面的)属性(原理8)	用气球携带广告条幅
A-26	4 能量或场维度	构造场	利用异质的或可调的有组织结构的场(如电磁场)代替同质的或非组织结构的场(S2.2.5)(S2.4.9)	渔网中针对不同鱼类设置噪声发生器,避免捕捉到特定鱼种

续表

序号	操作维度	操作	具体解释	案例
A-27	4 能量或场维度	利用振动进行测量	利用系统整体或部分的共振频率(S4.3.2)或连接已知特性的附加物后,利用其共振频率(S4.3.3),或通过匹配组成铁磁场模型中的场与物质元素的频率来获得增强原铁磁场模型或铁磁场模型(S2.4.10)	通过测量储水罐的共振频率,确定储水罐中水的重量
A-28	4 能量或场维度	引入电流	引入电流,建立电磁场模型(S2.4.11)或利用电流变流体(S2.4.12)	电流变流体轴承
A-29	4 能量或场维度	引入场	利用系统中或环境中已存在的场,或引入能生成场的物质(S5.2.1—5.2.3)	传感器测量两物体的温度(摩擦产生的场),高空的风力发电站
A-30	4 能量与场维度	引入磁性物质	引入固体铁磁物质或铁磁颗粒或磁性液体来增强两个物质间的有效作用和可控性(S2.4.1—2.4.7)	磁铁代替图钉张贴海报,在晶体中添加磁化颗粒来吸油,带有磁流变或电流变液体的电镀槽实现废金属分类
A-31	4 能量与场维度	引入场来代替物质	用引入一个场来替代引入物质	测量移动细丝的伸展,引入电流
A-32	5 材料维度	一次性用品替代	用一组廉价的对象替代昂贵的对象(原理27)	一次性的餐具、水杯、医疗耗材
A-33	5 材料维度	替换机械系统	用光学、声学或嗅觉方法替代机械系统;运用电场、磁场或电磁场与物体进行交换作用;用动态场替代静态场,确定场替代随机场(原理28)	红外感应垃圾桶、激光键盘、变色玻璃
A-34	5 材料维度	气压或液压结构	利用气体或液体部件代替对象中的固体部件(原理29)(S5.1.4)	用充气垫移走空难后的飞机

续表

序号	操作维度	操作	具体解释	案例
A-35	5 材料维度	柔性壳体或薄膜结构	用柔性壳体、活动的盖子或薄膜替代通常的结构或将物体与环境隔离(原理30)	薄膜开关、蚊帐
A-36	5 材料维度	多孔材料	改变物质结构,使成为具有毛细管或多孔的物质,或让气体或液体通过这些毛细管或多孔的物质(S2.2.3)(S2.4.4)(原理31)	空心砖、蜂窝煤
A-37	5 材料维度	变换颜色	改变对象的颜色、透明度;采用有颜色的添加物,使不易被观察到的对象或过程被观察到;提高可视性(考虑使用荧光物质)(原理32)	光敏玻璃、透明医用绷带
A-38	5 材料维度	同质	主要物体与其相互作用的其他物体采用同一材料或特性相近的材料(原理33)	用金刚石切割钻石
A-39	5 材料维度	复合材料	使用复合物质替代单一同种材料(原理40)	钢筋混凝土是由钢筋、水泥、小石头等物质组成
A-40	5 材料维度	利用虚无物质	利用"虚无物质"(如空洞、空间、空气、真空、气泡等)替代实物	采用添加泡沫的办法提高潜水服保温性能
A-41	5 材料维度	间接方法引入物质	引入外部附加物替代内部附加物,或引入经分解能生成所需附加物的化合物,或引入环境或物体本身经分解能获得所需的附加物	飞机上备有降落伞
A-42	5 材料维度	引入能利用其分解产物的物质	引入经分解能生成所需附加物的化合物(S5.1.1.8)	赛车用一氧化二氮代替氧气作为助燃气,可获得更高的能量
A-43	6 形态维度	状态和参数变化	改变对象的物理聚集状态、浓度、密度、黏度、柔性(或灵活度)程度、温度、体积、压力(原理35)	用液态形式运输氧、氮、天然气,洗手液代替固体肥皂

续表

序号	操作维度	操作	具体解释	案例
A-44	6 形态维度	相变	利用物质相变时产生的某种效应(如体积改变、吸热或放热)(原理 36)(S5.3.1-5.3.5)	利用相变材料制作降温服,绝缘金属相变材料制造可变电容器
A-45	6 形态维度	热膨胀	加热时充分运用材料的膨胀(或缩小)特性,将几种热膨胀系数不同的对象组合起来使用(原理 37)	水银温度计、过盈装配、双金属片传感器
A-46	6 形态维度	利用物质粒子	通过分解更高或较低结构等级的物质来获得物质粒子(S5.5.1,S5.5.2),或综合运用分解和合成之后的物质为系统获得需要不同特性的物质粒子(S5.5.3)	用电离法将水转变成氢和氧,植物在光合作用下合成氧,使用避雷针保护天线
A-47	7 环境维度	惰性介质	用惰性介质替代普通的介质,向对象中添加中性或惰性成分,使用真空环境(原理 39)	惰性气体保护焊,食品采用真空包装袋
A-48	7 环境维度	强氧化作用	用富氧空气、纯氧取代普通的空气,用离子化氧代替纯氧,用臭氧(臭氧化氧)代替离子化氧(原理 38)	将病人放入氧幕(氧气帐)中,臭氧杀毒
A-49	7 环境维度	利用环境资源作为附加物	利用环境资源作为物质内部外部附加物,建立与环境一起的物—场模型(S1.1.4)	利用船体内置的水箱来增强船体的稳定性
A-50	7 环境维度	引入由改变环境而产生的附加物	引入由改变环境而产生的附加物,建立与环境和附加物一起的物—场模型(S1.1.5)	在润滑油中引入电解液使润滑剂汽化
D-1	1 空间维度	分割	将一个对象分解成多个相互独立的部分或将对象分成容易组装(或组合)和拆卸的部分(原理 1),或加大对工具物质的分割程度向微观控制转换(S2.2.2)	组合家具、"针式"混凝土

序号	操作维度	操作	具体解释	案例
D-2	1 空间维度	曲面化	将直线、平面用曲线、曲面代替，将立方结构改变成球体结构；运用柱状、球状和螺旋状的结构；将线性运动变成圆周运动以运用其产生的离心力(原理 14)	流线型在汽车、螺旋齿轮、滚筒甩干机上的应用
D-3	1 空间维度	局部特性	将均匀结构变为不均匀结构；使对象的不同部分具有不同的功能和特性(原理 3)，如使系统的部分与整体具有相反的特性(S3.1.5)	羊角锤、分层饭盒、自行车链条的刚性和柔性并存
D-4	1 空间维度	嵌套	把一个对象嵌入第二个对象，然后将这两个对象再嵌入第三个对象，依此类推；使一对象穿过另一对象的空腔(原理 7)	俄罗斯套娃、伸缩鱼竿
D-5	2 时间维度	动态性	提高动态化的程度使物体或其环境自动调整来改善其效率；把对象分解成可以互相内部移动的部件；使一个本来固定的对象可移动或具有可自适性的(原理 15)(S2.2.4)	可调整座椅、折叠机翼、变焦镜头
D-6	2 时间维度	周期性动作	将非周期性作用转变为周期性作用(或脉动)；改变其周期(作用频率)；利用脉动之间的间隙来执行另一动作(原理 19)	电焊、脉冲式真空吸尘器
D-7	2 时间维度	有效持续作用	持续采取行动，使对象的所有部分一直处于满负荷状态；排除无用的运作和中断(消除空闲和间歇性动作)；用旋转运动代替往复运动(原理 20)	新式打印机在回程过程中也进行打印，用绞肉机代替菜刀来剁肉馅
D-8	2 时间维度	急速作用	通过加快其速度来避免出现问题或降低危害的程度(原理 21)	修理牙齿的钻头高速旋转，以防止牙组织升温被破坏
D-9	2 时间维度	预先反作用	预先施加反作用；如果物体处于或将处于受拉伸状态，预先增加压力(原理 9)	浇混凝土之前的预压缩钢筋

续表

序号	操作维度	操作	具体解释	案例
D-10	3 功能维度	抽取	从对象中抽取出产生负面影响的部分或属性;从对象中抽出有用的(主要的、重要的、必要的)部分或属性(原理2)	分体式空调、云计算
D-11	3 功能维度	变害为益	运用有破坏性的因素获得有用的效果(变废为宝);通过跟其他负面的因素相结合,排除某个负面因素(负负得正);维持或加大破坏性的因素直到它不再产生破坏性(以毒攻毒)(原理22)	燃烧垃圾发电;酸碱中和;病毒疫苗
D-12	3 功能维度	抛弃与再生	采用溶解、蒸发等手段废弃已完成功能的零部件,或在工作过程中直接变化;在工作过程中迅速补充消耗或减少的部分(原理34)(S5.1.1.6)(S5.1.3)	可消化性胶囊;水循环系统,放射性同位素检测人体内脏病变
D-13	3 功能维度	不足或过度作用	让达到的效果与预期效果相比不到一点或者超过一点(原理16),或先应用最大模式(最大作用场或最大物质)作为过渡形式,随后再设法将过量消除(S1.1.6—1.1.8)	侯氏制碱法,艺术雕刻,洗完衣服后的甩干
D-14	3 功能维度	向微观进化	将系统中的物质用能在原子、分子、粒子等各种场的作用下实现功能的物质来替代,以实现系统从宏观向微观系统的进化	微型电磁阀
D-15	3 功能维度	间接测量	以系统的变化来替代检测或测量,使检测或测量不再需要(S4.1.1),或利用两次检测来替代(S4.1.3)	曹冲称象,将大象质量的一次测量转变为二次测量石头的质量
D-16	3 功能维度	引入活性附加物	引入小剂量活性附加物,用于生成局部的强化场(S5.1.1.4;5.1.1.5)或对难以测量和检测的系统或部件,引入易检测的附加物,测量附加物所引起的变化(S4.2.2)	在两个需要焊接的部件之间加入可以发出高热量的焊接剂

序号	操作维度	操作	具体解释	案例
D-17	3 功能维度	物理效应或现象	利用物理效应或自然现象(S4.3.1)	利用压电效应测量压力
D-18	3 功能维度	利用振动进行测量	利用系统整体或部分的共振频率(S4.3.2)或连接已知特性的附加物后,利用其共振频率(S4.3.3),或通过匹配组成铁磁场模型中的场与物质元素的频率来获得增强原铁磁场模型或铁磁场模型(S2.4.10)	微波炉使分子共振产生热量从而加热食物
D-19	3 功能维度	测量系统的进化方向	向双、多级测量系统转换(S4.5.1)或向测量一级或二级派生物转换(S4.5.2)	通过测量速度和时间来测量位移
D-20	3 功能维度	复制	用简单的、低廉的复制品代替复杂的、昂贵的、易碎的或不易获得的物体;用光学拷贝或图像或数字模拟代替实物(原理26)(S5.1.1.7)(S4.1.2)	虚拟驾驶游戏机,用卫星照片代替实地考察,视频会议代替现场会议
D-21	4 能量和场维度	动态铁磁场	将物质结构转化为动态的、可变的或能自我调节的铁磁场模型(S2.4.8)	测量无磁性不规则物体的壁厚
D-22	4 能量或场维度	等势	不易或不能升降的对象可通过外部环境的改变达到相对升降的目的(原理12)	水平仪、汽车修理部的地下修理通道
D-23	4 能量或场维度	构造场	利用异质的或可调的有组织结构的场(如电磁场)代替同质的或非组织结构的场(S2.2.5)(S2.4.9)	超声波焊接
D-24	4 能量或场维度	引入电流	引入电流,建立电磁场模型(S2.4.11)或利用电流变流体(S2.4.12)	电流变流体轴承
D-25	4 能量或场维度	向铁磁场测量模型转换	构建原铁磁场、铁磁场、复合铁磁场、与环境一起的磁场测量模型,以及利用与磁场有关的知识效应或自然现象(S4.4.1—S4.4.5)	用磁场和磁性部件计数,统计过往的车辆和物体

续表

序号	操作维度	操作	具体解释	案例
D-26	4 能量或场维度	引入场	利用系统中或环境中已存在的场,或引入能生成场的物质(S5.2.1-5.2.3)	传感器测量两物体的温度(摩擦产生的场),高空的风力发电站
D-27	4 能量与场维度	引入磁性物质	引入固体铁磁物质或铁磁颗粒或磁性液体来增强两个物质间的有效作用和可控性(S2.4.1-2.4.7)	磁铁代替图钉张贴海报,在晶体中添加磁化颗粒来吸油,带有磁流变或电流变液体的电镀槽实现废金属分类
D-28	4 能量与场维度	引入场来代替物质	用引入一个场来替代引入物质	测量移动细丝的伸展,引入电流
D-29	5 材料维度	多孔材料	改变物质结构,使成为具有毛细管或多孔的物质,或让气体或液体通过这些毛细管或多孔的物质(S2.2.3)(S2.4.4)(原理31)	空心砖、蜂窝煤
D-30	5 材料维度	构造物质	利用异质的或有组织结构的物质替代同质的或无序结构的物质(S2.2.6)	橡胶球的制造
D-31	5 材料维度	利用虚无物质	利用"虚无物质"(如空洞、空间、空气、真空、气泡等)替代实物	采用添加泡沫的办法提高潜水服保温性能
D-32	5 材料维度	间接方法引入物质	引入外部附加物替代内部附加物,或引入经分解能生成所需附加物的化合物,或引入环境或物体本身经分解能获得所需的附加物	飞机上备有降落伞
D-33	5 材料维度	引入能利用其分解产物的物质	引入经分解能生成所需附加物的化合物(S5.1.1.8)	赛车用一氧化二氮代替氧气作为助燃气,可获得更高的能量

续表

序号	操作维度	操作	具体解释	案例
D-34	5 材料维度	气压或液压结构	利用气体或液体部件代替对象中的固体部件(原理 29)(S5.1.4)	用充气垫移走空难后的飞机
D-35	6 形态维度	相变	利用物质相变时产生的某种效应(如体积改变、吸热或放热)(原理 36)(S5.3.1—5.3.5)	利用相变材料制作的降温服,绝缘金属相变材料制造可变电容器
D-36	6 形态维度	热膨胀	加热时充分运用材料的膨胀(或缩小)特性;将几种热膨胀系数不同的对象组合起来使用(原理 37)	水银温度计、过盈装配、双金属片传感器
D-37	6 形态维度	利用物质粒子	通过分解更高或较低结构等级的物质来获得物质粒子(S5.5.1,S5.5.2),或综合运用分解和合成之后的物质为系统获得需要不同特性的物质粒子(S5.5.3)	用电离法将水转变成氢和氧,植物在光合作用下合成氧,使用避雷针保护天线
D-38	7 环境维度	在环境中引入附加物	在环境中引入附加物,构建与环境一起的测量物—场模型(S4.2.3)	在润滑油中加入荧光物质监测内容及内部的磨损情况
D-39	7 环境维度	改变环境	改变环境,从环境已有的物质中分解需要的附加物(S4.2.4)	苏联利用"超空化"效应制成了攻击速度最高的鱼雷——"暴风雪"鱼雷

附录C:流优化措施解释与案例

类型	序号	具体改进措施	措施解释	应用示例
减少或消除有害/过度流的17个改进措施	1	增加流转换次数	工程系统具有将经过有害流转变需经过多次转换的流的进化规律。通常每次流的转换(物质从一种状态转变为一种状态,能源类型的变化,信息呈现方法的变化)都伴随着有害流损失和延迟。因此,增加这样的转换会使(有害流的)导通性增加。在理想的情况下应该根本没有转换,流的所有组成部分应该同时呈现使用情境所需的形式	炼钢炉中钢水无法直视,通过摄像头转换成图像信号;用有线耳机接听手机电话
	2	在通道中引入停滞区	工程系统具有从不含有"停滞区"的有害流向含有"停滞区"的流进化的规律。所谓"停滞区"是指在区域该流的某一部分被长时间或永远地停止。结果,流的有效功率降低了,尽管名义上整个流仍然留在系统中。因此,引入"停滞区"导致在路径中对有害流的实际吸收	在人流密集场所设置安检区;促销季在商场外设排队等待区
	3	过渡到低导通性的流	工程系统具有从一个容易被转移的有害流向一个难以转移的流进化的规律	高辐射区域船上带铅板的防护服,对电焊的强光加滤光片
	4	减少通道部分的导通性	对于给定类型的导体,工程系统具有使有害流的各个分量的导通性减少到零的进化规律。由于对流的阻力在很大程度上取决于导体的属性,后者的改进将导致有害流导通性的减少。理想的情况下有害流的导通性应该达到零	对容易超速的路段设置弯道,在学校门口设置减速带
	5	增加(有害)流的长度	工程系统具有从短的有害流过渡到长流的进化规律。通常,很多损失和流阻力与其长度成正比。因此,为了增加对有害流的阻力,必须增加其通道长度	微波炉工作时人应该保持7米以上的距离,蛇形的排队区

类型	序号	具体改进措施	措施解释	应用示例
减少或消除有害/过度流的17个改进措施	6	通过添加到自身（实现再循环）来减弱有害流	工程系统具有通过将有害流加到自身来实现弱化其负面效应的进化规律	空调室内循环，空气净化器反复过滤空气
	7	在通道中引入瓶颈	工程系统具有从不含有"瓶颈"的有害流向含有"瓶颈"的流进化的规律。"瓶颈"是指阻力急剧增加的区域。显然，这些区域的引入大大降低了有害流的导通性	在重要的人流关口设立闸口（旋转闸或翼闸）
	8	在通道中引入灰色区	工程系统具有从不含"灰色区域"的有害流向含有"灰色区域"的流进化的规律。灰色区域是指，在该区域无法以足够高的精度预测流的行为	软件编程中应用随机数来打乱数列或模拟无规律运动轨迹，放射性废料深埋地下
	9	降低流的密度	工程系统具有从小的高密度流向低密度的大流过渡的进化规律	口罩，空气净化器降低空气中的粉尘数量
	10	利用旁路绕过	可以让流从其他通道绕行而不使用原来通道	网络布线时绕过高温区，避免加速电线老化
	11	对易受损害的对象提前预设足够的物质、能量和信息来中和有害流	工程系统具有在有害流的作用对象上预设足够的中和流组分的进化规律。如果不能提供中和流，则对易受有害流损害的对象预设足够的中和剂（包括物质、能量和信息）	洗手间放置除味剂，楼房内预置消防喷头，台北101大楼防风避震阻尼器
	12	避免共振	工程系统具有从任意频率的有害脉冲（可变的）流向远离流源、流通道或作用物体的固有频率的流进化的规律	水泵与管道软连接，机床安装在水泥浇注的地基上

续表

类型	序号	具体改进措施	措施解释	应用示例
减少或消除有害/过度流的17个改进措施	13	（按梯度）重新分配流	工程系统具有从均匀或任意地分布在空间中的有害流向其空间分布特性根据对象（对象的一部分、若干对象）的位置（变化而变化）的流进化的规律。重新分配有害流，使得它在最脆弱（薄弱）点具有最小强度。总流量没有下降，但其有害作用减少	将密集过量的游人引导到非密集区，以免发生踩踏事故
	14	组合流和反流	工程系统具有通过将有害流添加到反流中以减少其有害作用的进化规律。流的有害作用可以通过将其与另一个和已知流特征相反的流（反流）叠加来抵消有害的流被带到系统外部，以消除其有害作用或仅仅是减少系统负载	冷暖空调、自充气轮胎、反应装甲
	15	改变流的属性以减少其又害行为	有时，流的有害作用可以通过修改它来抵消，使得被流损坏的对象对流不敏感。在这种情况下，流仍然存在，但它不再有害。工程系统具有通过将有害流添加到反流中以减少其有害作用的进化规律。流的有害作用可以通过将其与另一个和已知流特征相反的流（反流）叠加来抵消	让酸性废气通过碱性废液热管；回收运货车遗撒的货物
	16	寄生流的吸收	寄生流是指被浪费的流，工程系统有完全或部分性吸收强寄生流从而实现向弱流进化的规律。有时，流的有害作用可以通过修改它来抵消，使得被流损坏的对象对流不敏感。在这种情况下，流仍然存在，但它不再有害	回收运货车遗撒的货物
	17	修改或修复被流损坏的对象以减少流的有害作用	工程系统具有赋予被流损坏的对象一系列属性来减少流的有害作用的进化规律。有时通过修改对象，可以中和流的有害作用，使得对象对流变得不敏感。在这种情况下，流确实不会停止存在，但它不再是有害的	焊好滴漏的管道，修补破损的道路，金属防锈涂层

续表

类型	序号	具体改进措施	措施解释	应用示例
改善流的导通性的13个改进措施	1	减少流的转换次数	工程系统具有将经过多次转换的流转变为同质流的进化规律。通常每次流的转换(物质从一种状态转变为一种状态,能源类型的变化,信息呈现方法的变化)都伴随着损失和延迟。因此,减少这样的转换会使导通性增加。在理想的情况下应该根本没有转换,流的所有组成部分应该同时呈现使用情境所需的形式	消除物流的中间环节,送货一次到位
	2	转化为更易转换的流	工程系统具有从难以转换的流向容易转换的流进化的规律。如果在流转换过程中存在显著的流阻力和损失相对较低,可将流转变为更容易转换的形式	OA系统代替纸介质文件系统,报纸变成网页或微信
	3	减少流的长度(把长流变成短流)	工程系统具有从长流过渡到短流的进化规律。通常,许多类型的流损失和阻力与其长度成正比。因此,为了提高导通性,应该减小流长度。理想情况下,流长应为零,即其组分应立即出现所需之处	长距离石油管道中间加压,减少火车车厢的节数
	4	清除灰色区	工程系统具有从含有"灰色区域"的流向无"灰色区域"流进化的规律。灰色区域是指,在该区域无法以足够高的精度预测流的行为。由于无法预测"灰色区域"内的流行为,因此通常根据经验选择参数。但足够数量的实验并不总能够实施,因此,这些区域通常不能进行完全优化,从而导致损失和阻力增加。因此,消除"灰色区域"可解决优化不足的问题,从而间接导致导通性的增加	在社区的死角加上摄像头,航空发动机上加传感器
	5	消除瓶颈	工程系统具有从包含"瓶颈"的流向无"瓶颈"的流进化的规律。瓶颈是指:该区域阻力远大于流通道阻力。瓶颈是流的一个区域,该区域阻力急剧增加。很明显消除这些区域会显著提高导通性	清除堵住匝道的车辆,拓宽道路

续表

类型	序号	具体改进措施	措施解释	应用示例
改善流的导通性的13个改进措施	6	利用旁路绕过	可以让流从系统外部的通道或超系统通道绕行而不使用系统内部通道	心脏搭桥、平面立交、不封闭的社区道路
	7	增加流各组分（或其通道）的导通性	对于给定类型的导体，工程系统具有使流的各个分量的导通性增加到物理极限的进化规律。由于对流的阻力在很大程度上取决于导体的属性，后者的改进将导致导通性的增加。理想的情况下流导通性应该达到给定类型的导体所能达到的物理极限	流量大的收费站增加收费窗口和 ETC 通道，超市快速付款通道
	8	增加流的密度	工程系统具有从低密度的大流过渡到高密度的小流的进化规律。通常对流的阻力不取决于其特定的特性。因此，为增加导通性，可以减少流量同时增加流密度。结果，更大的流可以通过同一导体，或者相同的流通过，但导体的成本可以降低	将棉花包压实，空啤酒铝罐压扁运送，回程货车配载
	9	把流的有用作用施加到其他流上	不同性质的流可以发挥作用在其他流上，这样系统的导通性就随之上升	电热水器利用自来水管的冷水水压来驱动热水
	10	将一个流的有用作用施加到另一个流的通道上	流可以改善另一个流的导体的特性，从而导致系统导通性的整体增加	在石油管道中连续加入"PIG"活塞，可以清理管壁
	11	引入一个流作为另一个流的载体	工程系统具有从异质流的独立传输向一个流承载另一个流（共同）传输进化的规律。不同性质的流可以用来互相携带；如物质流可以携带不同类型的能量，能量流可以携带信息等	光纤承载通信信号，有线电视同轴电缆承载宽带，网络信号和电信号同轴传输
	12	在一个通道上传输多个同质流	工程系统具有从通过独立通道传输的几个同质流向这些流共用一个通道进化的规律。在一个通道中组合几个同质流可以增加系统的整体导通性和降低每个流的传输（传导）成本	一根同轴电缆可以承载上百个有线电视和电台信号

类型	序号	具体改进措施	措施解释	应用示例
改善流的导通性的13个改进措施	13	改进流以增加导通性	工程系统具有赋予流一系列特征,使其有助于在给定类型的通道上传递的进化规律。有时可以修改流,使得对该流的阻力变小。这些改进包括:降低液体黏度的不同方法,流的层流化/湍流化,"透明窗"的使用等	交通上对汽车采取每周限行一天等
改善流的利用性的9个措施	1	消除"停滞区"	工程系统具有从含有"停滞区"的流向不含有"停滞区"的流进化的规律。所谓"停滞区"是指在区域内该流的某一部分被长时间或永远地停止。因此流的有效率(吞吐量)减少,好像存在泄漏一样,虽然整个流仍然存在于系统中。因此,消除"停滞区"可以提高有用流的利用效率,相当于增加了流利用的完备性而又不用提高流的总量	路口堵车时交警会给出四面红灯,先疏散路口滞留车辆
	2	利用共振	工程系统具有从任意频率的脉冲(变化)流向与流源,流通道或流作用对象的固有频率相同的流进化的规律。特别是,共振的使用使得能够提供选择性的高强度作用,并且总流量很低	核磁共振仪断层扫描,收音机利用共振原理来调台
	3	向脉冲动作转换	工程系统具有从常态流向脉冲流(即符号可变流,sign-variable flow)过渡的进化规律。通常流效率主要取决于其振幅值。因此,为提高流效率,切换到脉冲流是有益的。这种流总功率可能不是很高,因为它的实际价值很低,但效率却可能会很高,因为脉冲的幅度可能相当高,并且通过在脉冲期间累积能量,在脉冲模式下更容易提供高振幅暂停	变频空调、草坪自动洒水喷头
	4	调制流(使其与对象更匹配)	工程系统具有向其特性根据其所作用对象的特性的变化而随时间变化的流进化的规律。以这样的方式调制流,使得它仅在那些对此类操作最敏感的瞬间作用于对象。在这种情况下流的效率提高	港口船舶装卸调度,集成塔台指挥飞机的起飞与降落队列,核弹的引爆临界点,表白时间的选择

续表

类型	序号	具体改进措施	措施解释	应用示例
改善流的利用性的9个措施	5	(按梯度)重新分配流	工程系统具有从均匀或任意地分布在空间中的流向其空间分布特性根据对象(对象的一部分、若干对象)的位置(变化而变化)的流进化的规律。通常仅在某个特定区域(操作区)需要高强度的流,而成本则由总体强度决定。因此,为提高效率,采用具有梯度的流是有益的——即高强度的流在操作区,流在路径(通道)的其余区域较弱	物流按优先级重新配送(急的先送),仿真软件重新分配计算任务
	6	组合同质流	工程系统具有从一个强流向在需要的地方加在一起的几个弱流过渡的进化规律。为了确保流的局部集中,几个弱的同质流可以在操作区域中被添加在一起使用。对于有"波"性质的流,可以使用"干涉"现象。由于采用这种方法无法提高流的总功率,通常使用这种方法是在提供几个弱的流比提供一个强流更容易的时候使用	电脑主板 BUS总线,旅行社拼团
	7	流的多次(循环)利用	工程系统具有从强流过渡到多次通过操作区的弱流的进化规律。如果相对较弱的流可以多次通过操作区,则流的总功率可以被降低。通常,在难以创建强流或无法在一次传递过程中完全使用强流的情况下,可以这样做,同时可以累积来自强流的效果	将发动机尾气回馈燃烧室,增加缸压,提高输出功率
	8	应用两种非同质流来获得协同效应	工程系统具有从一个强流向组合两个可产生协同效应的弱异质流进化的规律。有时两个弱的异质流(具有协同效应)可以组合使用以替代一个强流,即产生 $1+1>2$ 的效果。因此,弱流保证了系统的高效率,而损失微不足道	将洗衣机内的水电离,含氢离子的弱酸性水杀菌,含氢氧根离子的弱碱性水洗涤

类型	序号	具体改进措施	措施解释	应用示例
改善流的利用性的9个措施	9	在操作区提前预设足够的物质、能量和信息	工程系统具有从一个强流向一个在对象上提前预设足够的(饱和的)该流成分的弱流进化的规律。在理想情况下,系统根本不用包含流,因为任何流都会导致损失以及系统的额外负载。如果操作区提前预制了足够的(饱和的)物质、能量和信息(无论类型和所需数量),那么可以把流完全裁剪掉。这种情况下,一个弱的启动信号通常就足以启动整个流程。如果操作区域不能完全饱和,则可以部分饱和。在这种情况下,有可能切换到使用弱流	在石油钻井的钻齿内部预先放置甲硫醇玻璃管,如果井口闻到甲硫醇味道,证明钻头断齿了

书　评

◇ 本书全面阐述了基于创新方法的专利破解之道，作者将其多年的研究成果和实践案例提炼出来并奉献给读者，通篇内容引人入胜，是一本特别值得企业研发人员和技术经纪人深学细悟的好书。**——陈敏玲，研究员，浙江省技术经纪人协会秘书长，原浙江省科技人才教育中心主任**

✧ 本书基于作者团队对于创新方法的理论研究和应用实践，全面阐述了基于系统化创新方法的专利破解之道，对于创新方法学习者和专利从业者都有非常好的指导意义。通读全书，酣畅淋漓，创新溯源，道法自然！**——梁雪梅，广东省创新方法推广与应用研究中心主任**

✤ 本书为企业利用创新方法破解专利、破除产品创新瓶颈、明确技术研发方向提供了实战思考和理论指导。**——吴永志，黑龙江省科学技术情报研究院研究员，黑龙江省技术创新方法研究会秘书长**

▣ 本书揭示了基于技术创新的专利之道，清晰阐述了实用的专利破解之法，道法结合，相得益彰。**——杨一帆，内蒙古创新方法研究会常务副理事长兼秘书长**

◈ 本书堪称专利实务领域的经典之作，该书详细阐述了如何利用创新方法进行专利破解及规避。姚威教授以其丰富的实践经验和卓越的专业素养，将专利实务的复杂性转化为通俗易懂的语言，让读者轻松理解和掌握。此外，书中丰富的案例也为读者提供了极具实用性的指导和启示。**——曹国新，美的集团中央研究院创新支持中心负责人，国际 TRIZ 协会董事会成员**

☆ 姚威教授新作揭示了用系统创新方法破解专利封锁的创新之道，对企业研发有直接指导意义。**——王方瑞，中电海康集团创新赋能中台总经理**

◉ 本书从专利检索分析和系统化创新方法讲起，将创新的利器（创新方法）和创新的产出（专利）深度融合，不仅可以规避目标专利，达到同等或近似功效，还可以超越目标专利，形成专利产品和技术的升级换代。本书不仅对专利的破解有系统化的指导作用，对专利的挖掘、布局和战略等也有很高的价值。**——曹喜营，正高级工程师，中钢集团洛阳耐火材料研究院有限公司研发中心副主任**

❖ 专利破解是"后发"制造型企业提升市场竞争力的有效手段,浙江大学姚威教授等人的新作《专利之道》提出以系统化创新方法破解专利的理论,对企业突破知识产权瓶颈、优化自身专利布局有着很强的指导意义和实用价值。

——于百库,中车齐齐哈尔车辆有限公司教授级高工,首席专家

❖ 创新是推动社会进步和人类文明发展的重要动力。本书深入探讨了应用创新方法破解专利的理论和实施流程,且这些内容历经多次实战,已证明了其有效性和可行性。本书作为新员工创新入门教材,效果极好! **——陈明珠,浙江大华技术股份有限公司研发中心副总裁,测试中心总经理**

· 本书立足实践,从创新方法的全新视角,建立了组件、功能、进化和流程多层次的专利破解算法,为企业有效实施专利攻击、防御等专利战略提供了可行的新路径。**——韩博,宁夏科技发展战略和信息研究所副研究员**

⚑ 一本让我觉得拥有专利不难,但创新必须不止的好书。**——吴雁南,国网北京市电力公司调控中心高级工程师,中国发明协会发明方法研究分会理事**

△ 本书浓缩众多专利破解经验,在活学活用之中"授人以渔",帮助读者逐步掌握"专利之道"。**——斯亚奇,城云科技副总裁**